Industriebetriebliche Energienutzung und Produktionsplanung

Hagener betriebswirtschaftliche Abhandlungen

Herausgegeben von

M. Bitz, G. Fandel, A. Kuß, D. Schneeloch
G. Schreyögg

Band 1
N. Winkeljohann
Nießbrauch an privatem und betrieblichem Grundbesitz
- Vorteilhaftigkeitsanalyse und Gestaltungsempfehlungen -
1987. 413 Seiten. Brosch. DM 79,-
ISBN 3-7908-0369-3

Johannes Wolf

Industriebetriebliche Energienutzung und Produktionsplanung

Mit 33 Abbildungen

Springer-Verlag Berlin Heidelberg GmbH

Dr. Johannes Wolf
Fachbereich Wirtschaftswissenschaft
Fernuniversität Hagen
Feithstraße 140 - AVZ II
D-5800 Hagen 1

CIP-Kurztitelaufnahme der Deutschen Bibliothek

Wolf, Johannes
Industriebetriebliche Energienutzung und Produktionsplanung
Johannes Wolf. - Heidelberg
Physica-Verlag, 1987
(Hagener betriebswirtschaftliche Abhandlungen; Bd. 2)

ISBN 978-3-7908-0371-6 ISBN 978-3-642-95879-3 (eBook)
DOI 10.1007/978-3-642-95879-3

NE: GT

Ursprünglich erschienen bei Physica-Verlag Heidelberg 1987

7120/7130-543210

Geleitwort

Die Ölkrisen der Vergangenheit haben deutlich werden lassen, daß die Industriebetriebe keine betriebswirtschaftlichen Entscheidungskonzepte einer wirtschaftlichen Energienutzung zur Hand hatten, mit denen sie auf die überraschenden Energiepreissteigerungen hätten reagieren können. Diesen praktischen Befund nimmt das vorliegende Buch zum Ausgangspunkt seiner Analyse, inwieweit Fragen einer rationellen industriebetrieblichen Energienutzung in die Produktions- und Investitionsplanung von Fertigungsunternehmen mit einbezogen werden können. Dabei liegt der Schwerpunkt der hierzu entwickelten entscheidungsorientierten Ansätze in der Verbindung mit Teilproblemen der Produktionsplanung.

Die bisherigen Entwicklungslinien industriebetrieblicher Energienutzung begründen die Relevanz der Thematik für die betriebswirtschaftliche Theorie und Praxis. Das zeigt die Diskussion der gesamtwirtschaftlichen Rahmenbedingungen zweier industriebetrieblicher Fallstudien aus dem Bereich des Maschinenbaus und des Ernährungsgewerbes. Für diese Unternehmen werden sehr plastisch die Energieverbräuche und die damit verbundenen Energiekosten in Abhängigkeit der einsetzbaren Energieträger dargestellt. Dabei wird offensichtlich, daß sich in einem Unternehmen im wesentlichen nur durch die Substitution innerhalb der Energieträgerstruktur Einsparungsmöglichkeiten eröffnen. Langfristig erfolgt dies durch die Investition in verbrauchsarme und auf unterschiedliche Energieträger umrüstbare Aggregate. Sind bereits verschiedene funktionsgleiche Aggregate mit unterschiedlichen Energieträgereinsätzen vorhanden, so kann das Einsparproblem kurzfristig durch eine Programmplanung mit integrierter

Verfahrenswahl bewältigt werden. Zur Entspannung der Verbrauchssituation steht alternativ kurzfristig die Prozeßsteuerung zur Verfügung, welche mit Hilfe von Abnahmeunterbrechungs- und Abschaltstrategien sowie Maschineneinsatzprogrammen eine bedarfsgesteuerte und wirtschaftliche Energienutzung ermöglicht. Zu diesen Varianten werden unterschiedliche entscheidungsorientierte Ansätze zur Verbindung von Produktionsplanung und betrieblicher Energienutzung formuliert, wie sie bisher in der Literatur nicht vorzufinden sind.

Im Bereich der Programmplanung und Verfahrenswahl werden zwei unterschiedliche Ansätze der einstufigen und mehrstufigen Anlagenauswahl vorgestellt. Die Formulierungen zur Programm- und Potentialgestaltung erfahren eine Erweiterung um eine partielle Investitionsrechnung für die Verwendung eines strom- oder ölbetriebenen Glühofens im Maschinenbau, wobei Sensitivitätsanalysen Auskunft darüber geben, wie sich die Vorteilhaftigkeit der Anlagenvarianten in Abhängigkeit der jeweiligen Energiepreise verändert; weitere Determinanten sind die Gesamtnutzungsdauer der Anlagen sowie der in Ansatz zu bringende Kalkulationszins. Die im Rahmen der Prozeßsteuerung modellmäßig abgeleiteten optimalen Maschineneinsatzprogramme werden in ihrer Anwendungsmöglichkeit für mehrere Anlagen und Meßperioden demonstriert. Als Lösungsmethode wird die lineare und die gemischtganzzahlige Programmierung eingesetzt.

Mit dem vorliegenden Buch ist es gelungen, Fragen eines effizienten Energieeinsatzes in Industriebetrieben in den konventionellen Rahmen der Produktionsplanung hineinzutragen.

Im Februar 1987 Günter Fandel

V O R W O R T

Dieses Buch entstand auf Anregung von Herrn Prof. Dr. Günter Fandel, dem ich dafür ganz herzlich danke. Er gab mir die wertvolle und unentbehrliche Unterstützung, ohne die die Arbeit in der vorliegenden Fassung nicht hätte entstehen können. Auch Herrn Prof. Dr. Georg Schreyögg, der sich mit Aufbau und Inhalt des Buches kritisch auseinandersetzte, möchte ich meinen Dank aussprechen.

Mein Dank gilt auch den Energieleitern zweier deutscher Großunternehmen, die mir durch entsprechendes Datenmaterial ihre betrieblichen Energienutzungsprozesse transparent machten und unter anderem die Untersuchung eines partiellen energieorientierten Investitionsproblems der Praxis ermöglichten. Auf diese Weise konnten die unternehmensübergreifenden und quantitativ-methodischen Überlegungen im Sinn von Fallstudien ergänzt werden.

Weiterhin möchte ich für die zahlreichen Hilfestellungen von anderer Seite danken, insbesondere meinen Kollegen, die durch anregende und kritische Diskussionen an der inhaltlichen Ausgestaltung der Arbeit mitwirkten, und Frau Gudrun Dorgerloh, die die reproduktionsreife Druckvorlage erstellte.

Ein besonderer Dank kommt meinen Eltern zu. Sie haben mir in verschiedener Hinsicht, beispielsweise beim Korrekturlesen des Manuskripts, wesentliche Unterstützung gewährt. Ihnen widme ich dieses Buch.

Schließlich habe ich mich sehr darüber gefreut, daß die Herausgeber der Schriftenreihe "Hagener betriebswirtschaftliche Abhandlungen" und der Physica-Verlag mir die Möglichkeit gegeben haben, das Buch in der vorliegenden Form zu veröffentlichen.

Im Februar 1987 Johannes Wolf

INHALTSVERZEICHNIS

Seite

Seite

Seite

ABKÜRZUNGSVERZEICHNIS

ADV	Automatische Datenverarbeitung
AIIE	American Institute of Industrial Engineers
BDI	Bundesverband der Deutschen Industrie
BdW	Blick durch die Wirtschaft
BFuP	Betriebswirtschaftliche Forschung und Praxis
BGBl.	Bundesgesetzblatt
BStBl.	Bundessteuerblatt
BWS	Bruttowertschöpfung
CDC	Control Data Corporation
CPU	Central Processing Unit
DIW	Deutsches Institut für Wirtschaftsforschung
EJOR	European Journal of Operational Research
EnWG	Energiewirtschaftsgesetz
EWI	Energiewirtschaftliches Institut an der Universität Köln
FAZ	Frankfurter Allgemeine Zeitung
FhG	Fraunhofer-Gesellschaft
GMBl.	Gemeinsames Ministerialblatt
HDSW	Handwörterbuch der Sozialwissenschaften
HWB	Handwörterbuch der Betriebswirtschaft
HWProd	Handwörterbuch der Produktionswirtschaft
HWRewes	Handwörterbuch des Rechnungswesens
IEEE	Institute of Electrical and Electronics Engineers
IHK	Industrie- und Handelskammer

IIASA	International Institute for Applied Systems Analysis
ISI	Fraunhofer-Institut für Systemtechnik und Innovationsforschung
lP	lineare Programmierung
o.J.	ohne Jahr
o.Jg.	ohne Jahrgang
o.O.	ohne Ort
OPEC	Organization of Petroleum Exporting Countries
OR	Operations Research
RGBl.	Reichsgesetzblatt
RÖE	Rohöleinheit
RWI	Rheinisch-Westfälisches Institut für Wirtschaftsforschung
SKE	Steinkohleneinheit
TA	Technische Anleitung
VDI	Verein Deutscher Ingenieure
versch. Jgge.	verschiedene Jahrgänge
VIK	Vereinigung Industrielle Kraftwirtschaft
ZfB	Zeitschrift für Betriebswirtschaft
ZfbF	Zeitschrift für betriebswirtschaftliche Forschung
ZfE	Zeitschrift für Energiewirtschaft

1. Problemzusammenhang und Vorgehensweise

1.1. Teilbereiche und quantitative Ansätze der Energiewirtschaft im Überblick

1.1.1. Abgrenzung von Teilbereichen der Energiewirtschaft

Der Begriff der Energiewirtschaft ist im Schrifttum mit verschiedenen Inhalten belegt. Abgesehen davon, daß der Terminus zum Teil institutional, andererseits aber auch funktional aufgefaßt wird, ist er nicht einheitlich auf die Angebots- oder Nachfrageseite der Energie bezogen und wird mit unterschiedlichem Aggregationsniveau des Objektbereiches verwendet.

Bei enger Begriffsabgrenzung erfolgt eine Beschränkung auf die volkswirtschaftlichen Sektoren der Elektrizitäts- und Gasversorgung [1)]. Häufiger ist die Erfassung der gesamten Versorgungsseite unter Einschluß weiterer Energieträger zusätzlich zu den beiden genannten anzutreffen, so daß der Wirtschaftsbereich der Energieversorgung aggregiert betrachtet wird [2)]. Mitunter werden aber auch einzelwirtschaftliche Fragestellungen von Versorgungsunternehmen mit einbezogen [3)].

Bedeutsamen Problemen der Energienachfrageseite wird ebenfalls Rechnung getragen: Bisweilen wird der Gegenstandsbereich der Energiewirtschaft auf ein einzelnes energienutzendes Wirtschaftssubjekt begrenzt und in der Weise kenntlich gemacht, daß von "industriebetrieblicher Energie-

---

1) Vgl. § 1 Abs. 1 Energiewirtschaftsgesetz vom 13.12.1935, RGBl. 1935, I, S. 1451; SELLIEN, R., und SELLIEN, H. (Hrsg.): Dr. Gablers Wirtschafts-Lexikon, Bd. I, 9. Aufl., Wiesbaden 1976, Sp. 1272 f.

2) Vgl. z.B. EBERSBACH, K.F., und SCHÄFER, H.: Begriffsbestimmungen, in: SCHÄFER, H. (Hrsg.): Struktur und Analyse des Energieverbrauchs der Bundesrepublik Deutschland, Gräfelfing/München 1980, S. 14; SCHNEIDER, H.K.: Energiewirtschaft, Produktion in der, in: HWProd, Stuttgart 1979, Sp. 488 ff.; THE WORLD ENERGY CONFERENCE: Standard Terms of the Energy Economy, Oxford et al. 1978, S. 3.

3) Vgl. SCHMITT, D., und SCHÜRMANN, H.J. (Hrsg.): Die Energiewirtschaft zu Beginn der 80er Jahre, München 1980, S. 120 ff.

wirtschaft" oder ähnlichem die Rede ist [1]. Eine recht weite Begriffsfassung ist in den Fällen gegeben, in denen Energieverwendung und -versorgung subsumiert sind, wobei eine über die Einzelwirtschaft hinausgehende, aggregierte Sichtweise vorherrscht [2].

Hier soll von einem alle angesprochenen Problemfelder umspannenden Begriff der Energiewirtschaft ausgegangen werden, der also sowohl auf Versorgungs- als auch auf Verwendungsaspekte ausgerichtet ist und Fragestellungen von Einzelwirtschaften und von zu Sektoren zusammengefaßten Wirtschaftssubjekten betrifft. Durch Anlegen dieser Kriterien ergibt sich eine Aufteilung des Gegenstandsbereiches der Energiewirtschaft und damit auch des Anwendungsfeldes von Energiemodellen in vier Teilgebiete, wie Abbildung 1 zeigt [3]:

	einzelwirtschaftlich	sektoral
Versorgung	1	2
Verwendung	4	3

Abb. 1: Teilbereiche der Energiewirtschaft

---

1) Vgl. BESTE, T.: Fertigungswirtschaft und Beschaffungswesen, in: HAX, K., und WESSELS, T. (Hrsg.): Handbuch der Wirtschaftswissenschaften, 2. Aufl., Bd. I, Köln - Opladen 1966, S. 163 f.; KERN, W.: Aktuelle Anforderungen an die industriebetriebliche Energiewirtschaft, in: Die Betriebswirtschaft, 41. Jg. (1981), S. 3.

2) Vgl. MUELLER, H.F.: Energiewirtschaft, in: HDSW, Bd. III, Stuttgart - Tübingen - Göttingen 1961, S. 210 ff.; SCHINDLER, H.-G.: Energiewirtschaft (wirtschaftsgeographisch), in: HWB, 3. Aufl., Bd. I, Stuttgart 1956, Sp. 1630 ff.; SCHNEIDER, H.K.: Energiewirtschaft, in: Staatslexikon, 6. Aufl., Bd. IX, Freiburg 1969, Sp. 661 ff.

3) Andere anwendungsbezogene Klassifizierungsschemata für Energiemodelle lassen einzelwirtschaftliche Fragestellungen, die für diese Arbeit bedeutsam sind, außer acht und unterteilen die sektoralen Objektgebiete z.B. nach der Anzahl der berücksichtigten Energieträger. Vgl. CHARPENTIER, J.-P.: A Review of Energy Models: No. 1, Laxenburg 1974, S. 2; GEISSLER, E.: Energiemodelle: Grundlagen, Methoden und Anwendungen, in: ZfE, o. Jg. (1978), S. 274; RATH-NAGEL, S., und VOSS, A.: Energy Models for Planning and Policy Assessment, in: EJOR, Vol. 8 (1981), S. 100 f.; SAMOUILIDIS, J.E.: Modelling for Energy Policy, in: Omega, Vol. 10 (1982), S. 446.

Das erste Teilgebiet hat demnach das einzelne Versorgungsunternehmen zum Inhalt, das zweite den Sektor der Energieversorgung, das heißt insbesondere die Unternehmen der Mineralölverarbeitung, des Kohlenbergbaus sowie der Strom- und Gasversorgung. Der dritte Teilbereich hat Haushalte und Unternehmen als Bedarfssektor aggregiert zum Gegenstand. Die Zusammenfassung der Wirtschaftssubjekte zu Versorgungs- bzw. Bedarfssektoren erfolgt in unterschiedlich weiten territorialen Abgrenzungen, so daß es um regionale, nationale oder supernationale Energiesysteme geht. Objekt des vierten Teilgebietes schließlich ist das einzelne energieverbrauchende Wirtschaftssubjekt. Ein Kohlekraftwerk oder eine Raffinerie gehört dann je nach dem gerade zugrunde gelegten Aspekt entweder zum Versorgungs- oder zum Bedarfsbereich.

1.1.2. Quantitative Ansätze in den Teilbereichen der Energiewirtschaft

Im folgenden soll in einem Überblick dargestellt werden, welche Arten bestehender quantitativer Ansätze ihrem vorgesehenen Objektbereich bzw. Anwendungszweck nach den so gebildeten Teilgebieten der Energiewirtschaft zugeordnet werden können. Es wird dabei nicht eine möglichst umfassende bzw. vollständige Auflistung von Energiemodellen angestrebt [1]; als wesentlicher wird es an dieser Stelle vielmehr erachtet, anhand einer begrenzten Anzahl von Ansätzen die wichtigsten bislang durch Energiemodelle im einzelnen in Angriff genommenen Problemfelder aufzuzeigen.

---

1) Es liegt eine Reihe von Arbeiten vor, die in dieser Hinsicht einen großen Dokumentationsbeitrag leisten: Vgl. insbes. CHARPENTIER, J.-P., 1974; derselbe: A Review of Energy Models: No. 2, Laxenburg 1975; BEAUJEAN, J.-M., und CHARPENTIER, J.-P. (Hrsg.): A Review of Energy Models: No. 3, Laxenburg 1976; dieselben (Hrsg.): A Review of Energy Models: No. 4, Laxenburg 1978; UMWELTBUNDESAMT (Hrsg.): UMPLIS - Verzeichnis rechnergestützter Umweltmodelle, Berlin 1978, vor allem S. 245 ff.; vgl. dazu aber auch MANNE, A.S., et al.: Energy Policy Modeling: A Survey, in: OR, Vol. 27 (1979), S. 1 ff.; RATH-NAGEL, S., und VOSS, A., 1981, S. 99 ff.

Diese Modellklassifizierung bildet zugleich die Grundlage für die Abgrenzung des Untersuchungsgegenstandes dieser Arbeit.

Für den Versorgungsbereich auf einzelwirtschaftlicher Ebene geht es unter anderem um die Beschreibung von Energieumwandlungsprozessen bzw. des Betriebsverhaltens von Versorgungseinrichtungen [1]. In erster Linie ist die Literatur aber um die Entwicklung entscheidungsorientierter Ansätze bemüht. Planungsmodelle für Energieversorgungsunternehmen entstanden bereits in der ersten Zeit der Verbreitung der linearen Programmierung. Hierbei standen Mineralölunternehmen im Vordergrund, und zwar im Hinblick auf ihre optimale Produktions- und Investitionsplanung, aber beispielsweise auch bezüglich einer optimalen unternehmensinternen Rohölallokation auf verschiedene Raffinerien [2]. Intensiv weiterverfolgt wurde insbesondere der Problemkreis der Produktions- und Investitionsplanung auch über die Mineralölindustrie hinaus. Zum Beispiel soll dann die kostenminimale Lastdeckung eines Elektrizitätsversorgungsunternehmens mit Hilfe verschiedener Kraftwerkstypen ermittelt werden [3].

---

1) Vgl. BIBA, V., et al.: Mathematisches Modell zur Kohlevergasung unter Druck, in: Energietechnik, 26. Jg. (1976), S. 28 ff. und 71 ff.

2) Vgl. MANNE, A.S.: Scheduling of Petroleum Refinery Operations, Cambridge/Mass. 1956; SYMONDS, G.H.: Linear Programming: The Solution of Refinery Problems, New York 1955.

3) Zu dieser Fragestellung, aber auch zu anderen Problemen der Produktions- und Investitionsplanung bei Versorgungsunternehmen vgl. ARNOLD, P.: Ein Simulationsverfahren für die Kraftwerksausbauplanung bei hydrothermischem Verbundbetrieb, in: Elektrizitätswirtschaft, 75. Jg. (1976), S. 233 ff.; BECKMANN, G., et al.: Integrierte leitungsgebundene Wärmeversorgung in Krefeld, Düsseldorf 1975; BRAUER, K.M.: Optimale Produktionsplanung in Kraftwerken. Die simultane Lösung komplexer Lastverteilungsprobleme mit Hilfe der Binären Optimierung, in: ZfB, 43. Jg. (1973), S. 421 ff.; HARBOE, R.: Deterministische Optimierungsmodelle für Speichersysteme, in: Wasserwirtschaft, 66. Jg. (1976), S. 221 ff.; POPYRIN, L.S., und SAUER, A.: Die Optimierung von Kraftwerksanlagen bei Ungewißheit der Eingangsinformation, in: Energietechnik, 24. Jg. (1974), S. 231 ff.; TRÖSCHER, H., und LANGE, H.-W.: Ein Modell zur Produktionskostensimulation und langfristigen Ausbauplanung für die Elektrizitätserzeugung, in: Elektrizitätswirtschaft, 75. Jg. (1976), S. 110 ff.

Bei Ansätzen für den Energieversorgungssektor geht es um die Strukturierung von Bereitstellungssystemen im Zusammenwirken der Versorgungsunternehmen, wobei das mit Energie zu beliefernde Gebiet eine Region oder ein Land sein kann, aber auch mehrere oder eine Vielzahl von Staaten umfassen kann.

Eine umfassende Sichtweise für diesen zweiten energiewirtschaftlichen Teilbereich liegt der Behandlung einer Energieträgerpalette und der Strukturplanung des gesamten Energieversorgungssystems zugrunde, wobei der Energiebedarf für das Modell eine exogene Größe ist. Eine in diesem Zusammenhang häufig aufgegriffene Zielsetzung ist die Minimierung der diskontierten Kosten der Energiebereitstellung, als Ergebnisse werden vielfach die Entwicklungen der Energieträgeranteile an der Versorgung und Angaben zum Erzeugungs- bzw. Umwandlungskapazitätsausbau abgeleitet, das heißt, auch die entsprechende Investitionstätigkeit wird als Entscheidungsvariable einbezogen [1].

In zahlreichen Fällen wird der Untersuchungsgegenstand auf einen einzelnen Energieträger bzw. eine Gruppe von Energieträgern gleicher Ausgangssubstanz beschränkt. Dies können Mineralölerzeugnisse sein; besonders häufig ist es Strom, dessen Erzeugung und Verteilung behandelt wird [2].

---

1) Vgl. STEHFEST, H.: A Methodology for Regional Energy Supply Optimization, Laxenburg 1976; TINTNER, G., et al.: Ein Energiekrisenmodell, in: Empirica, 2. Jg. (1975), S. 125 ff.

2) Vgl. INTERNATIONAL ATOMIC ENERGY AGENCY: Market Survey for Nuclear Power in Developing Countries, Wien 1973; MANNE, A.S.: Waiting for the Breeder, in: Review of Economic Studies, Vol. 41 (1974), S. 47 ff.; O'NEILL, R.P., et al.: A Mathematical Programming Model for Allocation of Natural Gas, in: OR, Vol. 27 (1979), S. 857 ff.; SALANT, S.W.: Imperfect Competition in the International Energy Market: A Computerized Nash-Cournot Model, in: OR, Vol. 30 (1982), S. 252 ff.

Auch die der Energiegewinnung und -umwandlung beizumessenden Umweltbelastungen werden oft mit berücksichtigt, zum Beispiel als Verunreinigungsobergrenzen und Emissionskoeffizienten für die Versorgungskapazitäten in Nebenbedingungen. Bisweilen stehen die ökologischen Auswirkungen der Energieversorgung jedoch auch im Zentrum des Untersuchungsgegenstandes von Modellanalysen [1].

Daneben wird eine Reihe weiterer Einzelfragen aufgegriffen und in Modellformulierungen überführt. Erwähnenswert erscheint neben der Kraftwerksstandortwahl [2] auch die den letztendlichen Strukturentscheidungen gegebenenfalls vorgelagerte Schätzung von Energieträgerreserven [3].

Für den Energieverbrauchssektor wurden einige an energiewirtschaftlich interessanten Statistiken anknüpfende explikative Ansätze entwickelt, insbesondere auch zur Analyse erzielter Einsparerfolge beim Energieverbrauch in der Industrie: Es wird dann zum Beispiel versucht, den gesamten Einsparerfolg eines Betrachtungszeitraumes aufzuspalten in einen Effekt, der auf verbesserter Technologie beruht, und einen anderen, der durch Verschiebungen in der Branchenstruktur erreicht wurde [4]. Andere Erklä-

---

1) Vgl. ARBEITSGRUPPE ENERGIEBEDARF - UMWELT - KRAFTWERKSBETRIEB: Bericht zur Antwort auf die - verkürzte - Frage: "Wie kann der zukünftige Energiebedarf durch umweltfreundliche Kraftwerksbetriebe gedeckt werden?", Mannheim 1983; BONKA, H., et al.: Zukünftige radioaktive Umweltbelastung in der Bundesrepublik Deutschland durch Radionuklide aus kerntechnischen Anlagen im Normalbetrieb, Jülich 1975.

2) Vgl. DUTTON, R., et al: The Optimal Location of Nuclear-Power Facilities in the Pacific Northwest, in: OR, Vol. 22 (1974), S. 478 ff.; HALBRITTER, G.: Vektorwertige Optimierung und Standortwahl von großtechnischen Anlagen, in: BILLETER, E., et al. (Hrsg.): Overlapping Tendencies in Operations Research, Systems Theory and Cybernetics, Basel - Stuttgart 1976, S. 169 ff.

3) Vgl. GRENON, M. (Hrsg.): Methods and Models for Assessing Energy Resources, New York 1979.

4) Vgl. GARNREITER, F., und LEGLER, H.: Hypothesen über den Zusammenhang zwischen Energieverbrauch und Wirtschaftswachstum und -struktur, Beschäftigung und internationaler Wettbewerbsfähigkeit, ISI-Arbeitspapier, Karlsruhe 1980, S. 19 ff.; HAMPICKE, U.: Wirtschaftspolitische Maßnahmen zur Einsparung von Energie in der Industrie, in: MEYER-ABICH, K.M. (Hrsg.): Energieeinsparung als neue Energiequelle, München - Wien 1979, S. 116 ff.

rungsansätze stellen eine Beziehung her zwischen der Höhe der in verschiedenen Industriezweigen erreichten Einsparungen und Größen, die möglicherweise einen Anstoß zu den entsprechenden Rationalisierungsbemühungen gegeben haben, etwa dem spezifischen Energieverbrauch oder dem Energiekostenanteil an den Gesamtkosten in der Anfangsphase des Beobachtungszeitraumes [1].

Den Schwerpunkt in diesem dritten Teilgebiet der Energiewirtschaft bilden jedoch Energieverbrauchsprognosemodelle, deren Objektbereiche in territorialer Hinsicht recht unterschiedlich weit gesteckt sind. Die Vorausschätzungen resultieren zum Teil aus der Extrapolation von vergangenheitsbezogenen Daten, zum Teil aber auch aus der Analyse der zukünftigen Wirtschaftstätigkeit im einzelnen. Ein häufig mit erfaßter Teilaspekt betrifft die Umweltbelastung aufgrund der Energieverwendung [2]. Der letzte Punkt ist bisweilen auch das hauptsächliche mit Hilfe einer Verbrauchsvorausschätzung angestrebte Untersuchungsergebnis [3].

---

1) Vgl. GARNREITER, F., und LEGLER, H., 1980, S. 17 ff.; HAMPICKE, U., 1979, S. 124 f.

2) Vgl. MOOZ, W.E.: Projecting California's Electrical Energy Demand, in: SEARL, M.F. (Hrsg.): Energy Modeling, Washington 1973, S. 266 ff.; SAKISAKA, M.: A Model for Assessing Long Term Energy Demand in Japanese Economy, Tokio 1973.
Vgl. dazu auch DIW, EWI und RWI (Hrsg.): Die künftige Entwicklung der Energienachfrage in der Bundesrepublik Deutschland und deren Deckung - Perspektiven bis zum Jahre 2000, Essen 1978; dieselben (Hrsg.): Der Energieverbrauch in der Bundesrepublik Deutschland und seine Deckung bis zum Jahre 1995, Essen 1981. Das Schwergewicht liegt bei den beiden letzteren Arbeiten allerdings auf der Präsentation der Prognoseergebnisse und weniger auf einer Erläuterung methodischer Details.

3) Vgl. GEIGER, B.: Die Auswirkungen des urbanen Energieumsatzes auf das Stadtklima, in: Gesundheits-Ingenieur, 96. Jg. (1975), S. 156 ff.; KREBS, J., und LIGAZZOLO, E.: Prognose der Luftqualität, in: REGIONALE PLANUNGSGEMEINSCHAFT UNTERMAIN (Hrsg.): Lufthygienisch-metereologische Modelluntersuchung in der Region Untermain, Frankfurt/M. 1974, S. 218 ff.

In neuerer Zeit wird die modellmäßige Integration des Versorgungs- und Bedarfssektors vorangetrieben. Dies kann sich in einer aufeinander abgestimmten Strukturierung des Energieangebotes und der Energienachfrage mit Aussagen zum künftigen Einsatz von Erzeugungs- und Nutzungstechnologien äußern, wobei der letztendliche Energiebedarf exogene Größe ist [1]. Der Energiebedarf wird jedoch zunehmend als endogene Variable einbezogen, wozu sich die Verknüpfung des Energiesystems mit wesentlichen Parametern des übrigen Wirtschaftssystems, wie Bevölkerungsentwicklung und Wirtschaftswachstum, als sinnvoll erweist [2]. Eine zusätzliche Erweiterung liegt in der Berücksichtigung von Substitutionseffekten zwischen den Produktionsfaktoren Energie, Arbeit und Kapital je nach der Entwicklung ihrer relativen Preise und ihrer Verfügbarkeit [3].

---

1) Vgl. ABILOCK, H., et al.: MARKAL, a Multiperiod Linear-Programming Model for Energy Systems Analysis (BNL Version), in: KAVANAGH, R. (Hrsg.): Energy Systems Analysis, Reidel - Dordrecht 1980, S. 482 ff.; FISHBONE, L.G., und ABILOCK, H.: MARKAL, a Linear-Programming Model for Energy Systems Analysis: Technical Description of the BNL Version, in: Energy Research, Vol. 5 (1981), S. 353 ff.

2) Vgl. BUNDESMINISTERIUM FÜR FORSCHUNG UND TECHNOLOGIE (Hrsg.): Künftiger Bedarf an elektrischer Energie in Abhängigkeit von wirtschafts- und gesellschaftspolitischen Entwicklungen und dessen Deckung, insbesondere mit Hilfe der Kernenergie, Eggenstein - Leopoldshafen 1976; HÖCKER, K.H., und UNGER, H.: Simulation des Systems Energie-Wirtschaft-Umwelt für begrenzte Wirtschaftsräume am Beispiel Baden-Württembergs, Stuttgart 1979; JOCHEM, E., et al.: Entwicklung eines Verfahrens zur Technikfolgen-Abschätzung (TA) mittels dynamischer Simulation am Beispiel eines veränderten Mineralölangebots, ISI-Bericht, o.O., 1976; RATH-NAGEL, S.: Alternative Entwicklungsmöglichkeiten der Energiewirtschaft in der BRD, Jülich 1975.

3) Vgl. MANNE, A.S.: Energy-Economy Interaction: An Overview of the ETA-MACRO Model, in: ROBERTS, F.S., et al. (Hrsg.): Energy Modeling and Net Energy Analysis, Colorado Springs 1978, S. 341 ff.

Es soll nun die Integration von Energieversorgungs- und -bedarfssektor und deren Einbettung in das gesamte Wirtschaftssystem einmal am Beispiel eines konkreten Ansatzes verdeutlicht werden. Es handelt sich dabei um ein am International Institute for Applied Systems Analysis (IIASA) entwickeltes Modellsystem, das zahlreiche energiewirtschaftliche Einzelfragen aufgreift und von unterschiedlichen Methoden Gebrauch macht [1)].

Hauptzweck des Ansatzes ist der Vergleich alternativer Energiestrategien, wobei der Betrachtungszeitraum und das betroffene Gebiet nicht festgelegt sind. Eine inzwischen durchgeführte Anwendung betraf den Zeitraum von 1975 bis 2030 und eine Anzahl von Weltregionen.

Die Grobstruktur des Modellsystems wird nun mit Hilfe der Abbildung 2 [2)] erläutert:

Ausgangspunkt eines Durchlaufs durch die Einzelmodelle ist die Szenariodefinition [3)], in der unter anderem Angaben zum Wirtschafts- und Bevölkerungswachstum im Betrachtungszeitraum zu machen sind. Der Ansatz insgesamt sieht verschiedene Iterationsschritte vor, so daß auch ursprüngliche Annahmen revidiert werden können. Einige wesentliche der auftretenden Rückkopplungen sind durch die gestrichelten Verbindungslinien in Abbildung 2 gekennzeichnet.

Im Energieverbrauchsmodell [4)] wird unter anderem für den Sektor Industrie die Höhe der End- und Nutzenergienachfrage

---

1) Vgl. BASILE, P.S.: The IIASA Set of Energy Models: Its Design and Application, Laxenburg 1980. Aufbau und Inhalt der beiden zentralen Teilmodelle für den Energieverbrauch und die Energieversorgung werden in zwei weiteren Publikationen im Detail dargestellt: Vgl. KHAN, A.M., und HOELZL, A.: Evolution of Future Energy Demands till 2030 in Different World Regions: An Assessment Made for the Two IIASA Scenarios, Laxenburg 1982; SCHRATTENHOLZER, L.: The Energy Supply Model MESSAGE, Laxenburg 1981.

2) Vgl. dazu BASILE, P.S., 1980, S. 6.

3) Vgl. ebenda, S. 5 ff.

4) Vgl. ebenda, S. 35 ff.

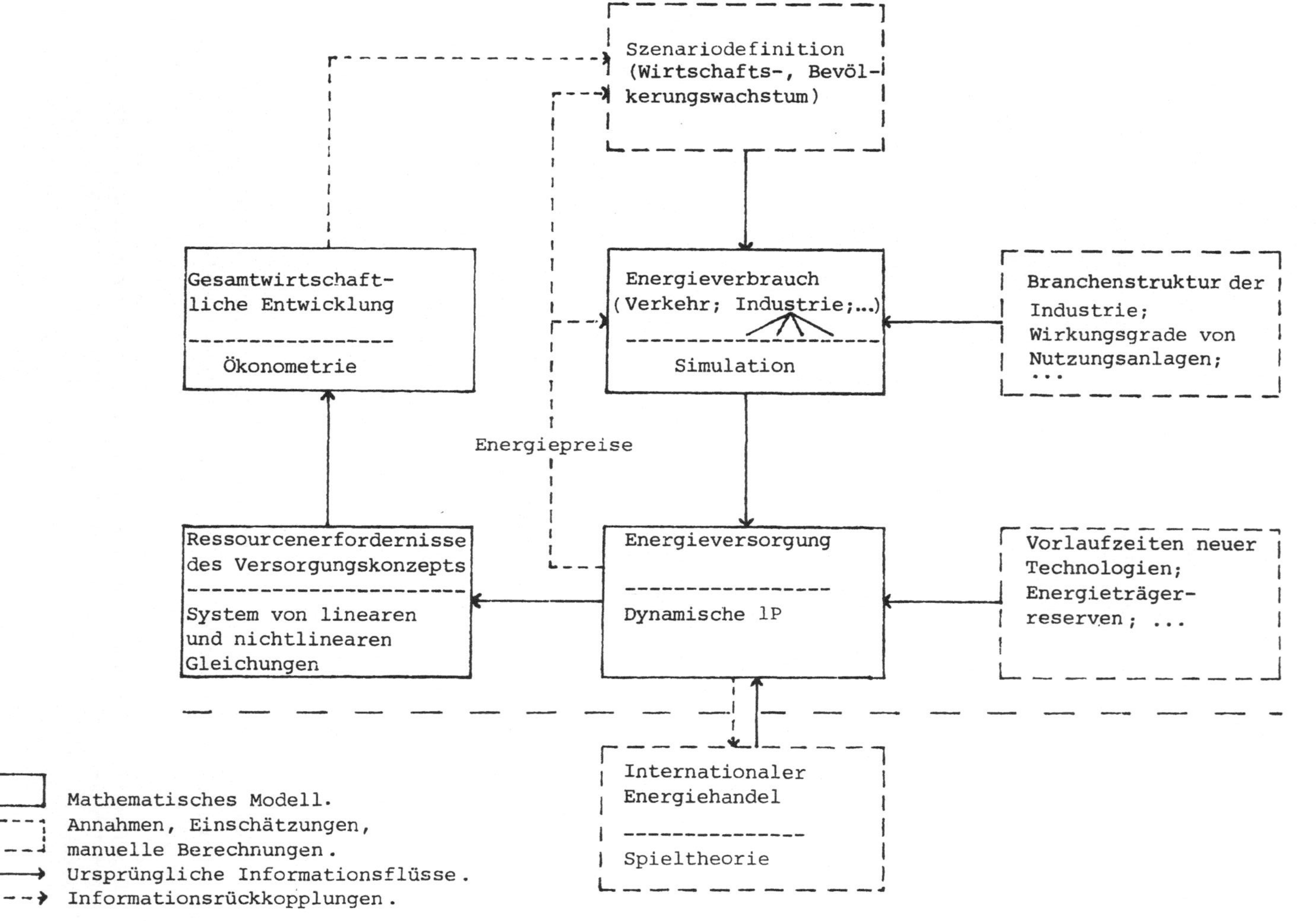

Abb. 2: Grobstruktur des IIASA-Energiemodellsystems

ermittelt, und zwar auf der Grundlage, daß für verschiedene Untersektoren jeweils Wertschöpfung und spezifischer Energieverbrauch der Wertschöpfung bestimmt werden. Ein von Eingabeparametern abhängiger Teil der Endenergie erlaubt Substitutionen unter den Energieträgern. Als Methode in diesem Teilmodell dient die Simulation.

Im Hinblick auf die so gekennzeichnete Bedarfsstruktur wird im Energieversorgungsmodell [1)] mit Hilfe der dynamischen linearen Programmierung eine kostenminimale Bereitstellungsstrategie errechnet: Das betrifft die einzusetzenden Primär- und Endenergieträger und die Umwandlungstechnologien. Die Umweltbelastungen als Folge eines solchen Versorgungskonzeptes werden skizziert. Die hier außerdem gewonnenen Schätzungen zu Energiepreisentwicklungen fließen in die vorangegangenen Elemente des Modellsystems zurück.

Einige der in diese Teilmodelle über die Angaben des Ausgangsszenarios hinaus eingehenden Annahmen sind in Abbildung 2 explizit aufgeführt. Diese beziehen sich unter anderem auf die Entwicklung der Branchenstruktur in der Industrie, die Wirkungsgrade von Nutzungsanlagen als Maß für die Effizienz der Ausnutzung der Energie, die Vorlaufzeiten neuer Technologien, beispielsweise im Bereich der Nuklearanlagen, die verfügbaren Energieträgerreserven, aber auch den internationalen Energiehandel. Um dessen Entwicklungslinien vorzeichnen zu können, ist ein Modell auf der Basis der Spieltheorie formuliert worden [2)].

Die Erfordernisse des somit entworfenen Energieversorgungssystems an Kapital, Arbeit und Material sind Gegenstand des nächsten Teilmodells [3)]. Zu diesem Zweck wer-

1) Vgl. BASILE, P.S., 1980, S. 41 ff.

2) Vgl. ebenda, S. 52 f.

3) Vgl. ebenda, S. 45 ff.

den in einer dynamischen Input-Output-Analyse die Verflechtungen der in Frage kommenden Zuliefersektoren mit Hilfe linearer und nichtlinearer Gleichungen beschrieben. In besonderem Maße sind hier die Investitionen für neue Technologien der Energiebereitstellung angesprochen.

Schließlich werden wesentliche Kenngrößen der gesamtwirtschaftlichen Entwicklung mit Hilfe ökonometrischer Gleichungen bestimmt [1], wie das Bruttoinlandsprodukt in Abhängigkeit vom Kapitalstock und der Beschäftigung.

Vor allem die letztgenannten Größen können dann zur Korrektur für einen weiteren Durchlauf des Ansatzes herangezogen werden.

In dem vierten der voneinander abgegrenzten Teilgebiete der Energiewirtschaft, dem Bereich des einzelwirtschaftlichen Bedarfs, existieren zum einen deskriptive und explikative Ansätze zur Erfassung, Abbildung bzw. Prognose des betrieblichen Energieeinsatzes [2], beispielsweise also zur adäquaten Einbeziehung energiewirtschaftlicher Vorgänge in das betriebliche Rechnungswesen.

Zum anderen sind energiebezogene Entscheidungen in Unternehmen Untersuchungsgegenstand. Diese können in recht umfassender Sicht den Energiebedarf und seine Deckung bei jeweils gegebenem Rahmen der Produktionsplanung und der Betriebsbedingungen der Anlagen betreffen [3]. Ein stärker

---

1) Vgl. BASILE, P.S., 1980, S. 49 ff.

2) Vgl. JETTER, U.: Anleitung zum Erstellen von Material- und Energiebilanzen im Produktionsbetrieb, Frankfurt/M. 1977; NEWTON, J.K.: Modelling Energy Consumption in Manufacturing Industry, in: EJOR, Vol. 19 (1985), S. 163 ff.
Auf Modelle, die den Energieverbrauch von Haushalten zum Gegenstand haben, soll hier nicht näher eingegangen werden.

3) Vgl. OHKUMA, R., et al.: Energy Problems and Energy Control System in the Japanese Steel Industry, in: AIIE Transactions, Vol. 13 (1981), S. 164 ff.

eingegrenztes Betrachtungsobjekt liegt vor, wenn es um Investitionen zur Rationalisierung der betrieblichen Energienutzung geht [1] - insbesondere wird in diesem Zusammenhang die Kraft-Wärme-Kopplung behandelt - oder die Steuerung des Einsatzes von leitungsgebundenen Energieträgern zur Vermeidung von kostensteigernden Bezugsspitzen in Angriff genommen wird [2].

Den Schwerpunkt des mathematisch-statistischen Instrumentariums, das in den in diesem Abschnitt angesprochenen Kategorien von Energiemodellen zur Anwendung kommt, bilden Simulation und lineare Programmierung; das heißt, ein heuristisches und ein analytisches Verfahren werden in etwa gleichrangig eingesetzt [3]. Diese beiden Methoden treten durchaus auch in einem Ansatz auf.

Ebenfalls von recht großer Bedeutung für das formale Instrumentarium sind lineare Gleichungssysteme und statistische Methoden, wie die Trendextrapolation und die Regressionsanalyse. Statistische Verfahren spielen auch eine wichtige Rolle im Rahmen der häufig aufgestellten ökonometrischen Ansätze.

Mitunter werden Modelle auf der Grundlage weiterer quantitativer Verfahren wie der nichtlinearen Programmierung [4] und der Spieltheorie [5] formuliert oder als Ansätze mit

---

1) Vgl. HAKE, B.: Eine Alternativ-Strategie für den Unternehmer, in: BdW (hrsg. v. der FAZ), Frankfurt/M., 23. Jg./Nr. 166, 21.7.1980, S. 3; PORTER, R.W., und MASTANAIAH, K.: Thermal-Economic Analysis of Heat-Matched Industrial Cogeneration Systems, in: Energy, Vol. 7 (1982), S. 171 ff.

2) Vgl. FATTI, L.P.: Optimal Smoothing of Demand for Industrial Gas, in: The Journal of the Operational Research Society, Vol. 34 (1983), S. 583 ff.; VOSS, G., und WARTMANN, R.: Untersuchung von Abschaltstrategien zum Vermeiden von Stromverbrauchsspitzen, in: ZfbF-Kontaktstudium, 29. Jg. (1977), S. 83 ff.

3) Vgl. dazu auch CHARPENTIER, J.-P., 1975, S. 3.

4) Vgl. BUNDESMINISTERIUM FÜR FORSCHUNG UND TECHNOLOGIE (Hrsg.), 1976.

5) Vgl. SALANT, S.W., 1982.

mehrfacher Zielsetzung [1] ausgestaltet.

Bei der Verteilung bestehender Modelle auf die vier Unterbereiche der Energiewirtschaft ist auffällig, daß der Anwendungsschwerpunkt auf den beiden sektorenorientierten Gebieten liegt. Eine sehr viel geringere Anzahl entfällt auf die einzelwirtschaftlichen Problemfelder; dabei ist der einzelwirtschaftliche Bedarfsbereich besonders schwach besetzt.

---

1) Vgl. KAVRAKOĞLU, I., und KIZILTAN, G.: Multiobjective Strategies in Power Systems Planning, in: EJOR, Vol. 12 (1983), S. 159 ff.

1.2. Gegenstand und Gang der Arbeit

Untersuchungsgegenstand dieser Arbeit ist ein Ausschnitt des energiewirtschaftlichen Bedarfsbereichs. Energie wird also nur als Input bzw. Produktionsfaktor betrachtet, nicht als abzusetzendes Produkt. Der Grenzfall des Stromverkaufs von Unternehmen des Verbrauchsbereichs, die über eigene Erzeugungsanlagen verfügen, ist hierbei zunächst zweitrangig.

Weiterhin erfolgt eine Beschränkung auf industrielle Unternehmen, zu deren Charakteristika ja ihr erheblicher Energiebedarf schon von den Produktionsverfahren her gehört. Die Abgrenzung des Industriesektors orientiert sich an der Energiebilanzstatistik für die Bundesrepublik Deutschland. Danach zählen insbesondere die Energieversorgungsbranchen einschließlich der Mineralölverarbeitung nicht dazu [1].

Durch den Untersuchungsgegenstand der industriebetrieblichen Energienutzung wird zum einen den noch bestehenden Arbeitsmöglichkeiten Rechnung getragen, die sich angesichts der geringen Zahl existierender quantitativer Ansätze, aber auch anderer Beiträge zu diesem betriebswirtschaftlichen Forschungsgebiet ergeben [2]. Daneben soll es jedoch nicht versäumt werden, die für den gesamten Industriesektor verfügbaren statistischen Daten zu nutzen, wobei zum Beispiel Branchendurchschnitte als Vergleichswerte auch wiederum einzelwirtschaftlich interessant sein können.

---

1) Außerdem wird auch der Bergbau ausgeklammert. Somit entspricht der in dieser Arbeit betrachtete Unternehmenssektor dem in der neueren Energiebilanzstatistik abgegrenzten Bereich "Verarbeitendes Gewerbe". In den maßgeblichen statistischen Veröffentlichungen ist der Begriff "Verarbeitendes Gewerbe" in den 70er Jahren anstelle des Ausdrucks "Verarbeitende Industrie" eingeführt worden, da inzwischen auch größere Handwerksbetriebe diesem Sektor zugerechnet werden. Vgl. ARBEITSGEMEINSCHAFT ENERGIEBILANZEN (Hrsg.): Energiebilanzen der Bundesrepublik Deutschland, Bd. II, Frankfurt/M. 1978, S. 11 f. und 17.

2) Vgl. dazu auch CHMIELEWICZ, K.: Forschungsschwerpunkte und Forschungsdefizite in der deutschen Betriebswirtschaftslehre, in: ZfbF, 36. Jg. (1984), S. 153; DINKELBACH, W.: Anmerkungen zum Produktionsfaktor Energie in der Betriebswirtschaftslehre, Diskussionsbeitrag des Fachbereichs Wirtschaftswissenschaft der Universität des Saarlandes, Saarbrücken 1983, S. 1 f.

Die Bedeutung des Produktionsfaktors Energie für die Industrie zeigte sich in der Zeit starker Preissteigerungen dieses Inputs, wie sie zwischen 1973 und 1985 zu beobachten waren, in Meldungen über angespannte Ertragslagen von Unternehmen oder gar Unternehmensschließungen, die von gestiegenen Energiekosten zu einem wesentlichen Teil mit verursacht waren [1]. Andererseits wurden ehrgeizige energieorientierte Rationalisierungsprojekte in Angriff genommen [2]. In diesen Zusammenhang gehören auch die Ergebnisse empirischer Untersuchungen zur Veränderung des Investitionsverhaltens in dieser Zeit, die eine bemerkenswerte Bedeutungszunahme des Investitionsmotivs der Energieverteuerung im Vergleich zu Anlässen wie dem technischen Fortschritt oder Veränderungen in der Nachfragestruktur verdeutlichen [3].

Wesentlicher auslösender Faktor für solche Entwicklungen war die eklatante Steigerung des Preises für Rohöl [4]. Die Nachlässe in jüngster Zeit sollten nicht dazu verleiten, volks- und betriebswirtschaftliche Fragen der Energiewirtschaft nunmehr abzutun und aus den Augen zu verlieren. Auf längere Sicht werden nämlich unter anderem wegen der wachsenden Energienachfrage der Entwick-

---

1) Vgl. KEMMER, H.-G.: Sie produzierten nur einen Sommer, in: Die Zeit, Hamburg, 37. Jg./Nr. 34, 20.8.1982b, S. 23; o.V.: CWH will Strukturschwächen ausmerzen, in: FAZ, Frankfurt/M., Nr. 27, 2.2.1982, S. 13.

2) Vgl. BOGDANDY, L.v.: Über die Verflechtung von Energiewirtschaft und Stahlerzeugung, in: Die Betriebswirtschaft, 43. Jg. (1983), S. 211 ff.; o.V.: Nippon Kokan verdient noch am Stahl, in: FAZ, Frankfurt/M., Nr. 266, 16.11.1981, S. 17; o.V.: Umweltfreundliches Energiekonzept vorgestellt, in: Handelsblatt, Düsseldorf - Frankfurt/M., Nr. 97, 22.5.1985, S. 15.

3) Vgl. NEUMANN, F.: Energieverteuerung gewinnt als Investitionsmotiv erheblich an Bedeutung, in: Ifo-Schnelldienst, Berlin - München, 34. Jg./Nr. 13, 8.5.1981, S. 3 ff., insbes. S. 4; o.V.: Investitionsimpulse aus der Energieverteuerung, in: Ifo-Schnelldienst, Berlin - München, 34. Jg./Nr. 3, 26.1.1981, S. 1.

4) Vgl. dazu MICHAELIS, H.: Die Bedeutung des Strukturwandels im Energiebereich für die Industriebetriebe, Essen 1981, S. 5 f.; PILGRIM, E.v.: Rohstoffpreise bis zuletzt gesunken, in: Ifo-Schnelldienst, Berlin - München, 35. Jg./Nr. 7/8, 15.3.1982, S. 9.

lungsländer und der Erschöpfung der Rohölreserven in den Förderländern außerhalb der OPEC neuerliche starke Teuerungen für wahrscheinlich gehalten [1].

Betrachtet man einmal die Folgezeit der drastischen Preissteigerungen von 1973/74 und 1979/80, so ist es augenfällig, daß in 1975 und 1982 negative Wachstumsraten des realen Bruttcsozialprodukts der Bundesrepublik Deutschland auftraten. Noch ausgeprägtere Rückgänge findet man bei der realen Bruttowertschöpfung der Industrie in den Jahren 1974, 1975 und 1980 bis 1982. Die genannten Rückschrittsphasen der Produktion sind zunächst auch die einzigen nach 1967 [2]. Ohne nun eine Monokausalität für die ökonomischen Probleme der Bundesrepublik bzw. der bundesdeutschen Industrie in den angegebenen Zeitintervallen unterstellen zu wollen, weist man den Ölpreisschüben und ihren mittelbaren Wirkungen doch einen wesentlichen Teil der Verantwortung für die nachfolgenden Wachstumsschwächen und weitere negative Entwicklungen zu [3].

Diese Arbeit soll dazu beitragen, die Auswirkungen der Energiepreissteigerungen zu verdeutlichen und Ansätze

---

1) Vgl. CHRIST, P.: Kaputtes Kartell, in: Die Zeit, Hamburg, 38. Jg./ Nr. 5, 28.1.1983, S. 1; INTERNATIONAL ENERGY AGENCY: World Energy Outlook, Paris 1982, S. 13 und 461; SCHNEIDER, H.K.: Unternehmenspolitische Folgerungen aus der aktuellen Energieversorgungssituation, in: Die Betriebswirtschaft, 41. Jg. (1981), S. 173 f.; SPILLER, L.N.: The Energy Wolf is still out there, in: Harvard Business Review, Vol. 63 (1985), S. 119 f.
Zur Theorie der Rohstoffpreisschwankungen vgl. DYCKHOFF, H.: Handelsgewinne rohstoffarmer Industrieländer und rohstoffreicher Entwicklungsländer, Berlin - Heidelberg - New York 1983, S. 190 ff.

2) Vgl. STATISTISCHES BUNDESAMT (Hrsg.): Fachserie 18 - Volkswirtschaftliche Gesamtrechnungen, Reihe S.8 - Revidierte Ergebnisse 1960 bis 1984, Stuttgart - Mainz 1985, S. 29 ff. und 50 ff.
Den realen Sozialproduktskennzahlen liegt hier wie auch in Kapitel 3. als Preisbasisperiode das Jahr 1980 zugrunde.

3) Vgl. INTERNATIONAL ENERGY AGENCY, 1982, S. 64; LAMBERTS, W.: Wettbewerbsfähigkeit und Energieversorgung, in: Mitteilungen des Rheinisch-Westfälischen Instituts für Wirtschaftsforschung, 33. Jg. (1982), S. 103 f.; SCHNEIDER, H.K., 1981, S. 177 f.; o.V.: Der Einfluß des zweiten Ölpreisschocks auf die Wirtschaft der Bundesrepublik Deutschland, in: Monatsberichte der Deutschen Bundesbank, 33. Jg. (1981), H. 4, S. 13 ff.

zur Bewältigung energiewirtschaftlicher Problemstellungen aufzuzeigen:

Die folgenden Ausführungen sind dabei so aufgebaut, daß zunächst in dem sich nun anschließenden zweiten Kapitel Grundtatbestände und grundlegende Ansatzmöglichkeiten vom Energiebegriff über Ziele und Wege der industriebetrieblichen Energienutzung bis hin zu den energiepolitischen Rahmenbedingungen dargestellt und erörtert werden.

Im dritten Kapitel soll als Grundlage normativer Überlegungen anhand empirischer Daten überprüft werden, ob den Unternehmen der bundesdeutschen Industrie ein hinreichend großer Handlungsspielraum für energiewirtschaftliche Rationalisierungsmaßnahmen zur Verfügung steht und inwieweit sie in der Vergangenheit flexibel auf Änderungen energiewirtschaftlicher Rahmenbedingungen reagiert haben. Denn hier geht es um zwei wesentliche Voraussetzungen dafür, daß die Formulierung quantitativer normativer Ansätze erfolgversprechend ist, daß also die Möglichkeit und die Bereitschaft gegeben sind, Anpassungsmaßnahmen vorzunehmen. Es werden zu diesem Zweck sowohl allgemein zugängliche Statistiken als auch durch eigene Praxiskontakte gewonnene einzelwirtschaftliche Daten ausgewertet.

Die Ergebnisse dieser Untersuchungen lassen es als sinnvoll erscheinen, zur Fundierung einzelwirtschaftlicher Rationalisierungsmaßnahmen im Hinblick auf den Produktionsfaktor Energie normative Ansätze zu formulieren. Hiermit beschäftigt sich das vierte Kapitel. Da in Industrieunternehmen die Fertigung den eigentlichen Bedarfsbereich für Energie ausmacht, sind die gegenseitigen Abhängigkeiten von Produktions- und Energieplanung Untersuchungsgegenstand. In die quantitativ-methodischen Überlegungen gehen soweit möglich auch die zur Verfügung gestellten einzelwirtschaftlichen Daten und sonstigen Informationen ein.

2. Grundlagen und Ansatzpunkte der industriebetrieblichen Energienutzung

2.1. Zum Phänomen der Energie und ihrer Quantifizierung

2.1.1. Der Energiebegriff

Die heutigen Bedeutungen, die dem Terminus Energie beigemessen werden, lassen eine enge Verbindung zu seiner Herkunft erkennen, die mit ἐνέργεια - Tätigkeit, Betätigung - bzw. ἐνεργής - tatkräftig - im Griechischen liegt. Es sind im wesentlichen zwei Interpretationen, die zur Anwendung gelangen und auch Eingang in die wirtschaftswissenschaftliche Literatur gefunden haben:

Zum einen wird Energie als Eigenschaft von Objekten aufgefaßt. Ohne daß genaue Kenntnis über ihr physikalisches Wesen vorliegt [1], wird sie beschrieben als die Fähigkeit, Arbeit zu leisten, zum Beispiel eine Last zu heben [2]. Das Maß für die Arbeit, nämlich das Produkt von aufgewendeter Kraft und zurückgelegtem Weg, ist dabei ohne Zeitbezug formuliert [3].

In der zweiten gebräuchlichen Begriffsversion wird Energie mit den sachlichen Energieträgern als den Instrumenten der Arbeitsfähigkeit gleichgesetzt, ähnlich wie auch der Terminus Liquidität häufig als Synonym für liquide Mittel auftritt. Dies wird beispielsweise deutlich, wenn von leitungsgebundener Energie die Rede ist [4].

---

1) Vgl. FEYNMAN, R.P., et al.: The FEYNMAN Lectures on Physics, 5th printing, Reading/Mass. et al. 1970, S. 4-2.

2) Vgl. z.B. KERN, W., 1981, S. 3; VOSS, G.: Energie, Köln 1981, S. 29.

3) Bei der pro Zeiteinheit verrichteten Arbeit spricht man von Leistung. Vgl. dazu GERTHSEN, C., und KNESER, H.O.: Physik, 11. Aufl., Berlin - Heidelberg - New York 1971, S. 27 ff.

4) Vgl. z.B. KERN, W., 1981, S. 13.

Obwohl die Definition der Energie als Arbeitsfähigkeit für die meisten physikalischen Energieformen gut geeignet ist, darf sie nicht als allgemein gültige Begriffsbestimmung verstanden und als alleiniger Ansatzpunkt einer Quantifizierung von Energie verwendet werden. Denn insbesondere Wärmemengen erweisen sich als Ausnahme bezüglich dieses Energieverständnisses, da ihr Energieinhalt schon theoretisch aufgespalten ist: Ein Teil ist in der Lage, Arbeit zu verrichten - dieser wird unabhängig von der Energieart auch als Exergie bezeichnet -, während sich aus dem anderen Teil keine Arbeit gewinnen läßt - dieser wird auch Anergie genannt. In einem solchen Fall ist Energie also weiter gefaßt als die Fähigkeit, Arbeit zu leisten [1].

In dieser Arbeit soll Energie als Eigenschaft von Objekten verstanden werden, die dementsprechend ganz wesentlich, aber nicht abschließend durch Arbeitsfähigkeit gekennzeichnet ist, und die sich in verschiedenen, im folgenden Abschnitt erläuterten physikalischen Formen zeigt [2]. Weiterhin wird bezüglich der Medien, die Energie in diesem Sinne besitzen, eine Beschränkung auf die sachlichen Energieträger vorgenommen. Dies bedeutet insbesondere, daß die menschliche Arbeitskraft ausgeklammert bleibt, da sie eine andere Betrachtungsweise nahelegt, wie es zum Beispiel in der Trennung der betriebswirtschaftlichen Objektbereiche der Personalwirtschaft und der Materialwirtschaft zum Ausdruck kommt.

---

1) Vgl. BOSSEL, H.: Neue Gesichtspunkte bei der Energienutzung, in: Sonnenenergie & Wärmepumpe, 6. Jg. (1981), S. 10.

2) Wenn man, wie hier, Energie als Eigenschaft auffassen will, läßt sich eine solche, nicht ganz zufriedenstellende Begriffsbestimmung wegen der noch ausstehenden physikalischen Erkenntnisse schwerlich vermeiden.

2.1.2. Energie- und Energieträgerarten

Durch das Anlegen verschiedener Kriterien lassen sich jeweils unterschiedliche Energie- und Energieträgerarten hinsichtlich ihres Aufkommens bzw. ihrer Verwendung voneinander abgrenzen:

Nach der physikalischen Ausprägungsform der Energie, also im wesentlichen charakterisiert durch die Fähigkeit, Arbeit zu leisten, unterscheidet man eine Reihe von Arten [1)]: Potentielle Gravitationsenergie hat ein Objekt wegen seiner Lage relativ zur Erdoberfläche. Dies ist zum Beispiel bei einem auf ein erhöhtes Niveau gebrachten Gewicht der Fall, das bei Bedarf als Antriebsmedium benutzt werden kann. Die zweite Art potentieller Energie, die Spannenergie, ist durch die Fähigkeit eines elastischen Körpers gekennzeichnet, aufgrund seiner Verformung Arbeit zu leisten, wie zum Beispiel bei einer gespannten Feder.

Bei der kinetischen Energie beruht die Arbeitsfähigkeit hingegen auf der tatsächlichen Bewegung von Objekten, zum Beispiel des als Antriebskraft im Fall befindlichen Gewichts. Wärmeenergie ist als kinetische Energie im Innern eines Körpers, das heißt als Bewegung seiner Atome anzusehen; dies trifft zum Beispiel auch auf die in einem Raum befindliche, erwärmte Luft als gasförmigen Körper zu. Elektrische Energie beruht auf der Nutzung der Anziehungs- und Abstoßkräfte elektrischer Ladungen.

Chemische Energie, die zum Beispiel im Mineralöl gespeichert ist, liegt in der Anziehungskraft der Atome begründet und wird in chemischen Reaktionen freigesetzt. Sie wird heute als eine Kombination einer kinetischen Komponente, die den Elektronen innerhalb der Atome zuzurechnen ist, und eines elektrischen Bestandteils, der in der Interaktion der Elektronen und Protonen liegt, verstan-

---

1) Vgl. FEYNMAN, R.P., et al., 1970, S. 4-2 ff.

den. Ebenso ist Strahlungs- bzw. Lichtenergie keine völlig neue, sondern eine Sonderform der elektrischen Energie, da Licht als Schwingungen im elektromagnetischen Feld aufgefaßt werden kann.

Kernenergie beruht auf der Anordnung der Teile im Atomkern, also der Protonen und Neutronen; daß es sich hierbei um eine eigenständige Energieform handelt, ist angesichts des fehlenden vollständigen Verständnisses nur eine, wenn auch begründet erscheinende Annahme. Energie der Masse schließlich besitzen Objekte allein aufgrund ihrer reinen Existenz, so daß bei der Energiezufuhr bzw. -abgabe eines Körpers seine Masse zu- bzw. abnimmt.

Außer der letztgenannten Art werden alle aufgeführten physikalischen Formen heute technologisch kontrolliert genutzt und sind für die Deckung des industriellen Energiebedarfs zumindest indirekt über die Versorgungsunternehmen von Bedeutung [1].

Für die existierenden Energieformen gilt nach einem der grundlegenden Sätze der Physik, der sich, ohne bewiesen zu sein, durch Erfahrung immer wieder bestätigt hat, folgende Beziehung [2]: Die Größe, die man Energie nennt, ist in einem geschlossenen System konstant. Dies bedeutet, daß auch durch Umwandlung von einer Form in eine andere keine Verluste auftreten und daß man Energie weder erzeugen noch vernichten kann. Allerdings kann Energie für produktive Zwecke zum Teil unbrauchbar gemacht, das heißt ihre Arbeitsfähigkeit reduziert werden, wenn zum Beispiel kinetische Energie in Wärme nahe der Umgebungstemperatur umgewandelt wird [3]. Dies ist

---

1) Diese Aufzählung könnte sicherlich durch weitere Unterformen, z.B. Schallenergie, erweitert werden. Für die Erörterung der wesentlichen energiephänomenologischen Aspekte der Physik sollen jedoch die obigen Ausführungen genügen.

2) Vgl. FEYNMAN, R.P., et al., 1970, S. 4-1.

3) Vgl. BOSSEL, H., 1981, S. 10.

ein häufig auftretender, ungewollter Nebeneffekt bei energetischen Prozessen, wie zum Beispiel auch bei der Erzeugung von Elektrizität mit Hilfe kinetischer Energie in einem Generator [1].

In bezug auf die Wandlungsstufen, die bei der Energienutzung durchlaufen werden, hat sich auch im wirtschaftswissenschaftlichen Sprachgebrauch eine Unterscheidung von vier Energiearten herausgebildet [2]:

Mit Primärenergie bezeichnet man die Summe von Exergie und Anergie bei Energieträgern in ihrer natürlichen Erscheinungsform, zum Beispiel bei Rohbraunkohle und Rohöl. Sekundärenergie entsteht dann durch Umwandlung bzw. Veredelung von Primärenergieträgern, um sie zweckgebunden einsetzen zu können. Endenergie ist die vom Verbraucher zur endgültigen Nutzung eingesetzte Energie. Diese Verwendung umfaßt sowohl Primär- als auch Sekundärenergieträger und schließt insbesondere den selbsterzeugten Strom ein. Hingegen werden die zur Eigenstromerzeugung benutzten Energieträger nicht zu dieser Kategorie gerechnet. Der Begriff der Nutzenergie schließlich zielt auf die Leistungsabgabe der Energieträger bei ihrem letztendlichen Einsatz und kennzeichnet die vom Anwender gewünschten Erscheinungsformen, wie Wärme und Kraft. In einem Mengenkonzept ist Nutzenergie dann der Teil der aufgewendeten Endenergie, der auch tatsächlich dem gewollten Effekt zugute kommt und nicht für den entsprechenden Prozeß verlorengeht.

Vor allem zu den ersten beiden Formen bleibt anzumerken, daß ihre angesprochene Definition sich an den heutigen

---

1) Der Erkenntnis, daß die Energie in einem geschlossenen System konstant bleibt und weder erzeugt noch vernichtet werden kann, sollte man sich bei Begriffen wie dem des Energieverbrauchs bewußt sein. Die gebräuchliche Terminologie ist insofern etwas mißverständlich.

2) Vgl. ARBEITSGEMEINSCHAFT ENERGIEBILANZEN (Hrsg.), Bd. II, 1978, S. 7 ff.; KERN, W., 1981, S. 4 ff.; VOSS, G., 1981, S. 201 ff.

Gegebenheiten der Erde ausrichtet und daß ihre Abgrenzung auch anders handhabbar wäre. Da die eigentliche Energiequelle und damit auch eine Art Primärenergieträger für fast die gesamte auf der Erde umgesetzte Energie die Sonne ist, könnte die gängige Interpretation der Unterteilung Primär- und Sekundärenergie, die hier allerdings schon zur Vermeidung von Mißverständnissen beibehalten werden soll, auch in sinnvoller Weise abgewandelt werden. Bei den zur primären Kategorie gezählten Energieträgern Kohle, Erdöl und Erdgas in ihrer unveredelten Form handelt es sich zum Beispiel um umgewandelte und chemisch gespeicherte Sonnenenergie, das heißt aus Kernfusion hervorgegangene Strahlungsenergie [1)].

Das Kriterium der Erneuerbarkeit führt zu der Zweiteilung in regenerative und nicht regenerative Energieträger [2)]. Bei der Zuordnung zu diesen beiden Arten stellt man auf überschaubare Zeiträume ab, so daß Holz als regenerativ gilt, Mineralöl jedoch nicht. Für die nicht regenerativen Energieträger stellt ihre Erschöpfbarkeit dabei um so mehr eine werterhöhende Komponente dar, je teurer ihre weitere Ausbeutung wird, je näher der Zeitpunkt des Endes ihrer Vorräte rückt und je weniger sie in bestimmten Verwendungszwecken substituierbar sind.

Eine Unterteilung in leitungsgebundene und nicht leitungsgebundene Energieträger wird durch den Aspekt der Distribution nahegelegt [3)]. Strom, Gas und Fernwärme rechnet man der ersten Art zu. Diese Klassifizierung ist auch insofern von Bedeutung, als sich Unterschiede in der typischen Form der Beschaffungsmärkte für die jeweiligen Energieträger zeigen: Bei den leitungsgebundenen Arten spielen abge-

---

1) Vgl. LEUSSINK, H.: Wenn das Licht in die Falle geht, in: Die Zeit, Hamburg, 36. Jg./Nr. 50, 4.12.1981, S. 40.

2) Vgl. SCHNEIDER, H.K., 1979, Sp. 488.

3) Vgl. KERN, W., 1981, S. 10 und 13.

grenzte Gebiete der Versorgungsunternehmen eine prägende Rolle, wodurch eine wesentliche Beschränkung des Wettbewerbs auf der Angebotsseite hervorgerufen wird [1], während sich bei den nicht leitungsgebundenen Formen eine stärkere Anbieterkonkurrenz entwickeln kann.

Es existieren weitere Abgrenzungskriterien, wie beispielsweise Speicherfähigkeit oder Umweltfreundlichkeit [2], die für die Energienutzung in Industriebetrieben bedeutsam sind und zusätzliche Klassifizierungen ermöglichen. Zur energiephänomenologischen Grundlegung sollen jedoch die vier erörterten Kriterien reichen, die zusammen mit den entsprechenden Ausprägungen in Tabelle 1 zusammengefaßt sind.

2.1.3. Messung der Energie und der Effizienz ihrer Nutzung

Im Rahmen des internationalen Systems von Einheiten im Meßwesen sind auch in der Bundesrepublik als gesetzliche Einheiten das Joule für die Quantifizierung von Arbeit, Energie und Wärmemenge, also für Mengenangaben ohne Zeitbezug, sowie das Watt insbesondere für die Messung der Leistung, also der Arbeit pro Zeiteinheit [3], verbindlich [4].

---

1) Vgl. KERN, W., 1981, S. 14. Auch im Energiewirtschaftsgesetz ist die Möglichkeit abgegrenzter Versorgungsgebiete, bezogen auf Gas- und Elektrizitätsversorgungsunternehmen, vorgesehen: Vgl. § 6 Abs. 1 EnWG, 1935, S. 1452.

2) Vgl. KERN, W., 1981, S. 10.

3) Ein Watt ist definiert als Leistung, bei der während einer Sekunde die Energie von einem Joule umgesetzt wird. Watt- bzw. Kilowattstunden können dann wieder zur Bezeichnung absoluter Energiemengen herangezogen werden.

4) Vgl. Gesetz über Einheiten im Meßwesen vom 2.7.1969, BGBl. 1969, I, S. 709 ff., in Verbindung mit §§ 23 und 24 der Ausführungsverordnung vom 26.6.1970, BGBl. 1970, I, S. 985.

Abgrenzungskriterien	Arten			
Physikalische Ausprägungsform	Potentielle Energie	Kinetische Energie	Wärmeenergie	Elektrische Energie
	Chemische Energie	Strahlungsenergie	Kernenergie	Masseenergie
Umwandlungsstufe	Primärenergie	Sekundärenergie	Endenergie	Nutzenergie
Erneuerbarkeit	Regenerative Energieträger		Nicht regenerative Energieträger	
Distribution	Leitungsgebundene Energieträger		Nicht leitungsgebundene Energieträger	

Tab. 1: Energie- und Energieträgerarten

Die bisher bevorzugt verwendeten Maßgrößen für absolute Energiemengen, die Kalorie und die von ihr abgeleiteten und zugleich an den konkreten Energieträgern orientierten Steinkohlen- und Rohöleinheiten mußten im amtlichen und geschäftlichen Verkehr abgelöst werden, sind in der wirtschaftswissenschaftlichen Literatur jedoch auch weiterhin anzutreffen. Die Umrechnungsfaktoren dieser Einheiten, die keinen Schwankungen im Zeitablauf unterliegen, sind in Tabelle 2 angegeben [1].

Die genannten absoluten Maßgrößen kommen zur Anwendung, um die Energieinhalte verschiedener Energieträger einheitlich zu quantifizieren. Zu diesem Zweck werden nach Möglichkeit deren Heizwerte als Maße für ihr Potential an Wärmeenergie herangezogen, andererseits, wo es nötig ist, jedoch auch Surrogate benutzt, beispielsweise bei der Wasserkraft [2]. Die Heizwerte bestimmter Energieträgermengen sind als Durchschnittswerte zu sehen und können zudem Verschiebungen im Zeitablauf unterworfen sein, wenn sich zum Beispiel aufgrund veränderter geologischer Verhältnisse bei der Förderung die Qualität eines Energieträgers ändert. Aus Tabelle 2 gehen auch die Heizwerte verschiedener Energieträger hervor, die in für sie typischen Mengeneinheiten ausgedrückt sind [3].

---

1) Quellen: ARBEITSGEMEINSCHAFT ENERGIEBILANZEN (Hrsg.), Bd. II, 1978, S. 12; SACHVERSTÄNDIGENRAT ZUR BEGUTACHTUNG DER GESAMTWIRTSCHAFTLICHEN ENTWICKLUNG: Herausforderung von außen - Jahresgutachten 1979/80, Stuttgart - Mainz 1979, S. 199.

2) Die Surrogate bei solchen Energieträgern geben letztlich die Heizwerte von an ihrer Stelle einsetzbaren anderen Energieträgern wieder.

3) Quellen: ARBEITSGEMEINSCHAFT ENERGIEBILANZEN (Hrsg.), Bd. II, 1978, S. 9 ff.; dieselbe (Hrsg.): Energiebilanzen der Bundesrepublik Deutschland, Bd. II, Frankfurt/M. 1980, S. 13.

Maßeinheiten / Energieträger	Basen	Maßeinheiten kJ	kcal	kWh	kg SKE	kg RÖE
kJ	1	-	0,239	0,000278	0,0000341	0,0000239
kcal	1	4,1868	-	0,00116	0,000143	0,0001
kWh	1	3.600	860	-	0,123	0,086
kg SKE	1	29.308	7.000	8,14	-	0,7
kg RÖE	1	41.868	10.000	11,63	1,4286	-
Steinkohle	1 kg	29.674	7.100	8,25	1,01	0,71
Braunkohle	1 kg	8.545	2.040	2,38	0,29	0,21
Brennholz	1 kg	14.654	3.500	4,07	0,50	0,35
Heizöl, leicht	1 kg	42.705	10.200	11,87	1,45	1,02
Heizöl, schwer	1 kg	41.031	9.800	11,41	1,40	0,98
Motorenbenzin	1 kg	43.543	10.400	12,10	1,48	1,05
Erdgas	1 m^3	31.736	7.580	8,82	1,08	0,76
Orts- u. Kokereigas	1 m^3	15.994	3.820	4,45	0,54	0,38
Strom	1 kWh	3.600	860	-	0,12	0,09

SKE: Steinkohleneinheiten; RÖE: Rohöleinheiten.
Als Vorsätze der Energiemaßeinheiten werden verwendet: Kilo 10^3 Tausend, Mega 10^6 Million, Giga 10^9 Milliarde, Tera 10^{12} Billion, Peta 10^{15} Billiarde, Exa 10^{18} Trillion.

Tab. 2: Umrechnungsfaktoren von Maßeinheiten und Heizwerte von Energieträgern (letztere auf dem Stand von 1980)

Zur Charakterisierung der betrieblichen Energienutzung in statischer und dynamischer Sicht wird eine Reihe von Kennzahlen und Funktionen empfohlen [1]:

Die Gesamtbeanspruchung vor allem an leitungsgebundenen Energieträgern kann in Belastungsfunktionen zusammengefaßt werden, die den Leistungsbedarf über einen Zeitraum, zum Beispiel im Tagesverlauf abbilden. Eine Aufbereitung dieser Kennzahlen in der Weise, daß die Bedarfsmengen pro Zeiteinheit ihrer Höhe nach geordnet werden, verdeutlicht ähnlich wie bei Verteilungsfunktionen die Zeitspannen, während derer eine bestimmte Leistungsabnahme nicht unterschritten wird [2]. Diese Daten können auch als Ansatzpunkt für Bemühungen dienen, den Verlauf des Bedarfs an Strom, Gas und Fernwärme zu glätten bzw. Abnahmespitzen zu senken, um bei insgesamt konstantem Einsatz durch bessere Ausnutzung der Vertragsbedingungen für den Bezug des entsprechenden Energieträgers eine Kostenreduktion zu erreichen.

Ein Maß für die Effizienz der Energienutzung erhält man, indem man im Sinne eines Produktionskoeffizienten die benötigte Energieträgermenge auf das Produktionsergebnis bezieht. Diese Kennzahl wird insbesondere auch zur Messung von Einsparerfolgen herangezogen und als spezifischer Energieverbrauch bezeichnet [3].

---

1) Vgl. z.B. KERN, W., 1981, S. 9; MAIER, K.H.: Energieversorgung, betriebliche, in: HWProd, Stuttgart 1979, Sp. 474 f.
An dieser Stelle soll jedoch nicht auf die die Grundlagen überschreitenden Techniken zur energiebezogenen Betriebsdatenerfassung und -aufbereitung eingegangen werden. Zur Einführung in die kostenrechnerische Problematik vgl. z.B. HENNIGER, C.: Wieviel Energie braucht eigentlich mein Unternehmen?, in: BdW (hrsg. v. der FAZ), Frankfurt/M., 23. Jg./Nr. 157, 10.7.1980, S. 3.

2) Vgl. MAIER, K.H., 1979, Sp. 474.

3) Vgl. ebenda, Sp. 474 f.; WAHL, B., et al.: Technologien zur Einsparung von Energie - Kurzfassung und Erläuterung des technischen Teils -, durchgeführt von FICHTNER Beratende Ingenieure, Stuttgart 1977, S. 6 f.
Es wurde bereits im vorangegangenen Abschnitt darauf hingewiesen, daß es zu Mißverständnissen führen kann, vom Verbrauch von Energie zu sprechen. Der Begriff des spezifischen Energieverbrauchs soll jedoch um der Beibehaltung des geläufigen Sprachgebrauchs willen auch im folgenden verwendet werden.

Ebenfalls aus der Produktionstheorie bekannt und unter der Bezeichnung Verbrauchsfunktion geläufig ist das Konzept, solche spezifischen Inputs bei einer Fertigungsanlage in Abhängigkeit von der Anlagenintensität abzubilden, um so auch Aussagen über die verbrauchsminimale Betriebsweise treffen zu können [1)].

Der Kehrwert des spezifischen Verbrauchs bei einer bestimmten Intensität gibt Auskunft über die Produktivität des Energieeinsatzes [2)]. Wenn bei dieser Verhältniszahl im Zähler als Output die erhaltene Nutzenergie gewählt wird, erhält man den energetischen Wirkungsgrad [3)]. Für eine Maschine kann der energetische Wirkungsgrad zum Beispiel durch den Quotienten aus abgegebener Nutzleistung und aufgewandter Antriebsleistung ausgedrückt werden, aus dem auch die Energieverluste aus der Sicht des Anwenders erkennbar sind.

---

1) Vgl. MAIER, K.H., 1979, Sp. 475.

2) Vgl. KARL, H.-D.: Die Entwicklung des spezifischen Energieverbrauchs der Industrie, in: Ifo-Schnelldienst, Berlin - München, 33. Jg./Nr. 17/18, 24.6.1980, S. 48.

3) Vgl. KERN, W., 1981, S. 9.
Soll die Sicht auf die Arbeitsfähigkeit der Energie beschränkt werden, so ist die Formulierung eines exergetischen Wirkungsgrades als Quotient von Nutzexergie und zugeführter Exergie sinnvoll - vgl. dazu BOSSEL, H., 1981, S. 10 ff.

2.2. Energiewandlungsstufen aus industriebetrieblicher Sicht

Unter Rückgriff auf die bereits vorgestellte Energieartenabgrenzung nach den entsprechenden Wandlungsstufen sollen nun die wichtigsten Stationen und Positionen des Energieumformungsprozesses und -trägerflusses aus der Sicht der Industrieunternehmungen behandelt werden [1]. In Abbildung 3a ist zunächst der Energiefluß ganz allgemein dargestellt, wobei die der Unternehmung vorgelagerten energiewirtschaftlichen Prozesse besonders stark komprimiert und die unternehmensinternen Funktionen der Energieträgerlagerung und -verteilung aus Gründen der Vereinfachung nur für eine Stufe explizit genannt sind. Zusätzlich werden Komponenten beispielhaft aufgeführt, die auf den einzelnen Stationen solcher Energiesysteme anzutreffen sind. In Abbildung 3b wird ein konkreter Ausschnitt aus der betrieblichen Energiewirtschaft gezeigt, für den der in der Industrie häufige Fall der eigenen Stromerzeugung und das oftmals bereits genutzte Verfahren der Wärmerückführung aufgegriffen wurden.

Die Übertragung der physikalischen Erkenntnis, daß die Energiemenge in einem geschlossenen System konstant bleibt, auf das offene System Unternehmung führt zu der Notwendigkeit, bei der Ermittlung des Energiebestandes neben dem Anfangsbestand auch die Zu- und Abgänge in dem betreffenden Zeitraum mit zu berücksich-

---

1) In der Literatur findet man zahlreiche volkswirtschaftlich orientierte Energieflußabbildungen: Vgl. z.B. ARBEITSGEMEINSCHAFT ENERGIEBILANZEN (Hrsg.), Bd. II, 1978, S. 8; HOFFMAN, K.C.: A Unified Framework for Energy System Planning, in: SEARL, M.F. (Hrsg.): Energy Modeling, Washington 1973, S. 142; MAIER, K.H., 1979, Sp. 471 f.; RATH-NAGEL, S., und VOSS, A., 1981, S. 105; RHEINISCH-WESTFÄLISCHE ELEKTRIZITÄTSWERKE (Hrsg.): Energieflußbild der Bundesrepublik Deutschland 1981, in: Sachverhalte, 9. Jg. (1983), Nr. 2.
Daneben existieren aber auch betriebswirtschaftlich ausgerichtete Prozeßdarstellungen: Vgl. z.B. KERN, W., 1981, S. 12; WAHL, B., et al., 1977, S. 19.

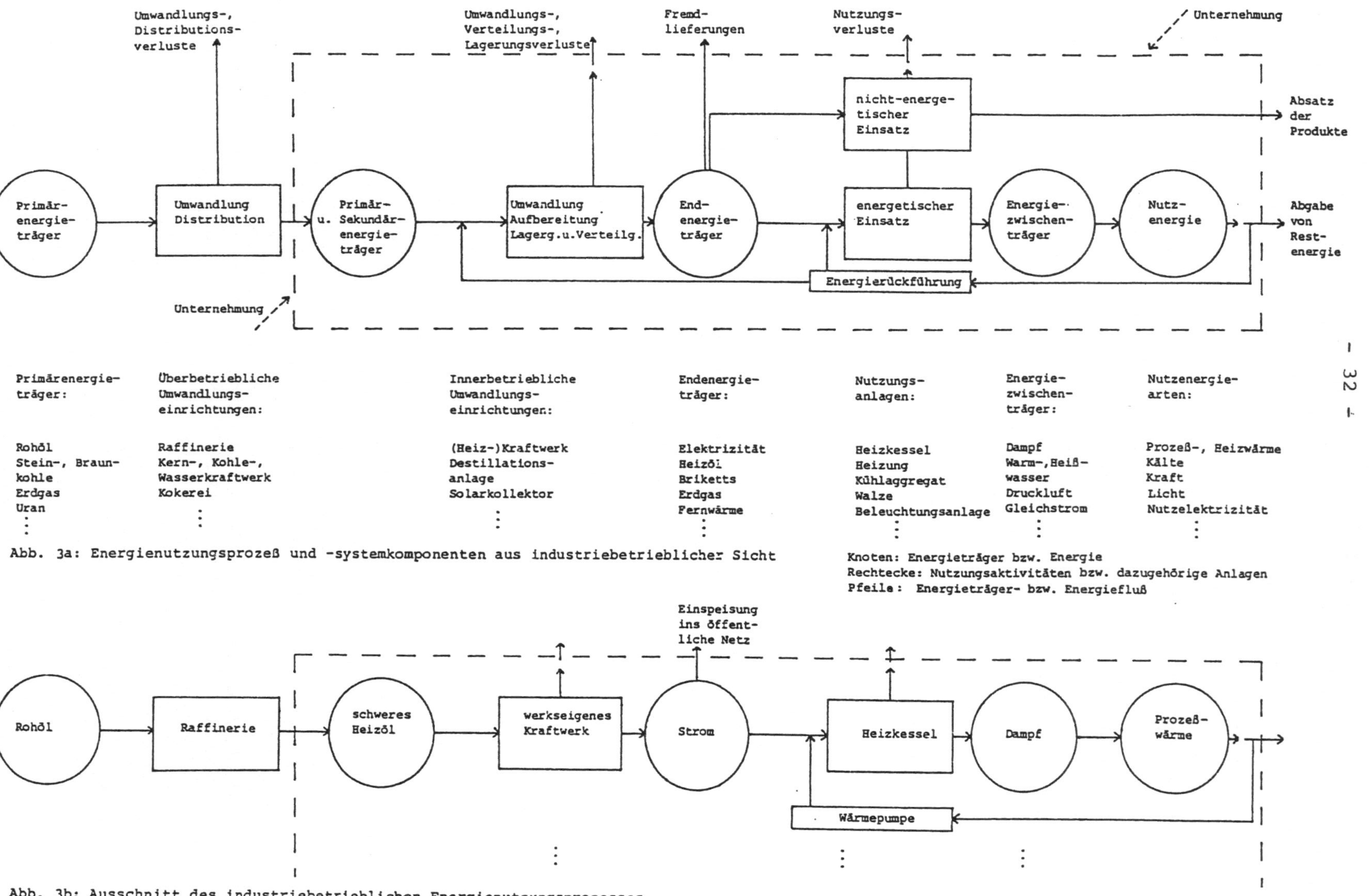

Abb. 3a: Energienutzungsprozeß und -systemkomponenten aus industriebetrieblicher Sicht

Abb. 3b: Ausschnitt des industriebetrieblichen Energienutzungsprozesses

tigen [1]. Hierbei ist zur vollständigen Erfassung der Energieabflüsse eine Differenzierung erforderlich, da neben der Veräußerung selbst hergestellter Energieformen - wie Strom - und dem Absatz von Produkten, in die Energieträger als Bestandteil eingegangen sind, in hohem Maße Verluste im Zusammenhang mit der internen Lagerung, Umwandlung, Verteilung und Nutzung als unwillkommene Komponente des Energiemengenverbleibs einzubeziehen sind. So wird Nutzenergie heute zwar oftmals direkt oder nach einer Aufbereitung der energetischen Verwendung wieder zugeführt, der größte Teil dieser genutzten Energie verbleibt jedoch schließlich innerhalb und außerhalb der Unternehmung in einer für die energetischen Prozesse unbrauchbaren Form, das heißt in der Regel als Wärme nahe der Umgebungstemperatur [2].

Die beiden grundsätzlichen Verwendungsarten von Energieträgern liegen zum einen in dem Einsatz für energetische Prozesse, das heißt insbesondere der Freisetzung von Arbeitsfähigkeit, zum anderen im nicht-energetischen Gebrauch, bei dem chemisch gebundene Energie vor allem als Produktbestandteil benötigt und nicht in Wärme, Kraft oder eine andere Nutzenergieart transformiert wird.

Diese Zweiteilung findet in etwa ihre Entsprechung in verschiedenen betriebswirtschaftlichen Systematisierungen produktiver Faktoren [3]: Energieträger, denen dort im allgemeinen trotz ihrer gestiegenen Bedeutung immer noch keine größere Beachtung geschenkt wird [4], sind je

---

1) Vgl. dazu auch FEYNMAN, R.P., et al., 1970, S. 4-1 f.

2) Vgl. BOSSEL, H., 1981, S. 10; KERN, W., 1981, S. 11.

3) Vgl. WEBER, H.K.: Zum System produktiver Faktoren, in: ZfbF, 32. Jg. (1980), S. 1058 ff.
Solche Faktorsysteme sind ja ohnehin dem Gegenstand dieser Arbeit entsprechend stark an industriellen Gegebenheiten orientiert.

4) Nur in wenigen Fällen wird der Energie bzw. den Energieträgern in betriebswirtschaftlichen Systemen produktiver Faktoren explizit eine besondere Bedeutung beigemessen oder sogar eine Stellung als Produktionsfaktor eigener Art zugedacht, wie bei DINKELBACH, W., 1983, S. 12 ff., und GÄLWEILER, A.: Produktionskosten und Produk-

Fortsetzung Fußnote siehe S. 34

nach benutzter Terminologie und Abgrenzung zum Beispiel der Obergruppe der Elementarfaktoren [1] oder der Repetierfaktoren [2] zuzurechnen.

Wenn man der Systematik von BUSSE VON COLBE und LASSMANN [3] folgt, so wird die ganze Palette des industriellen Energieträgereinsatzes unter den Elementarfaktoren auch noch von der Untergruppe der Verbrauchsfaktoren abgedeckt. In dieser Kategorie sind Energieträger unter den Erzeugniseinsatzfaktoren - Rohstoffen usw. - zu subsumieren, wenn sie substantiell in die Produkte eingehen und somit in dieser Weise nicht-energetisch verwendet werden, dagegen unter den Betriebsstoffen, wenn sie nicht zu Produktteilen bestimmt sind, das heißt zum größeren Teil energetisch, allerdings zum Beispiel als Schmiermittel auch nichtenergetisch genutzt werden.

An dem gesamten volkswirtschaftlichen Energiebedarf für nicht-energetische Zwecke hat die chemische Industrie den größten Anteil. Die Bedarfsdeckung erfolgt ganz überwiegend durch Mineralölprodukte, in geringerem Umfang durch Gase und kaum noch durch Kohle, die als klassischer nichtenergetischer Grundstoff inzwischen weitgehend verdrängt worden ist [4]. Dies kann unter anderem darauf zurückge-

---

Fortsetzung Fußnote 4 von S. 33

tionsgeschwindigkeit, Wiesbaden 1960, S. 114 ff.
Hingegen gewinnt die Energie in volkswirtschaftlich orientierten Faktorabgrenzungen zunehmend an Eigenständigkeit: Vgl. Abschnitt 3.1.2.1. dieser Arbeit.

1) Vgl. BUSSE VON COLBE, W., und LASSMANN, G.: Betriebswirtschaftstheorie, Bd. 1: Grundlagen, Produktions- und Kostentheorie, 2. Aufl., Berlin - Heidelberg - New York 1983, S. 73 f.; GUTENBERG, E.: Grundlagen der Betriebswirtschaftslehre, Bd. 1: Die Produktion, 24. Aufl., Berlin - Heidelberg - New York 1983, S. 3 ff.

2) Vgl. HEINEN, E.: Betriebswirtschaftliche Kostenlehre, 5. Aufl., Wiesbaden 1978, S. 223.

3) Vgl. BUSSE VON COLBE, W., und LASSMANN, G., 1983, S. 73 f.

4) Vgl. DIW, EWI und RWI (Hrsg.), 1978, S. 47; dieselben (Hrsg.), 1981, insbes. S. 162 f.; LIMAYE, D.R., und SHARKO, J.R.: Analytical Techniques for Energy Policy Evaluation, in: SEARL, M.F. (Hrsg.), 1973, S. 338.

führt werden, daß die Gruppe der fossilen Energieträger unter dem Aspekt der Verwendungseignung als Roh- bzw. Hilfsstoff in zwei Arten aufgespalten ist: Die Kohlenwasserstoffe Erdöl und Erdgas haben aufgrund ihrer chemischen Zusammensetzung einen besonderen Wert und sind der Kohle überlegen, die in ihrer ursprünglichen Konsistenz keinen Wasserstoff enthält [1].

In bezug auf die energetische Verwendung von Energieträgern in der Industrie wären insbesondere auch statistische Angaben über die Zusammenhänge zwischen End- und Nutzenergieformen von Interesse, die jedoch bislang nicht im wünschenswerten Umfang verfügbar sind. So ist man letztlich auf Schätzungen angewiesen, wenn über die globalen Einsatzmengen der Endenergieträger hinausgehend Strukturanalysen über ihre Verwendungen vorgenommen werden sollen. Eine solche mit den entsprechenden Unschärfen behaftete Aufschlüsselung ist für das Jahr 1981 in Tabelle 3 wiedergegeben [2].

Auf der einen Seite ist keinem der in Tabelle 3 aufgeführten Endenergieträger eine überragende Bedeutung zuzuschreiben. Auf der anderen Seite bildet jedoch die Nutzungskategorie Prozeßwärme einen industrietypischen Schwerpunkt - im Unterschied dazu spielen im Haushalts- und Kleinverbrauchssektor die Heizwärme und im Verkehrssektor die Kraft als Nutzungsarten die dominierende

---

1) Vgl. SAMMET, R.: Die Energiesituation in den 80er und 90er Jahren aus der Sicht der chemischen Industrie, in: GEMPER, B.B. (Hrsg.): Energieversorgung, München 1981, S. 243 f.

2) Quelle: DECKER, E.: Energiebilanzen industrieller Prozeßwärmeverfahren, in: Elektrizitätswirtschaft, 82. Jg. (1983), S. 661. Die in dieser Quelle ausgewiesenen Zahlen gehen insbes. auf Untersuchungen der Forschungsstelle für Energiewirtschaft in München zurück.
In Tab. 3 wird zur Darstellung der absoluten Energiemengen auf die vielleicht doch etwas anschaulichere Maßeinheit kWh zurückgegriffen, während im 3. Kapitel dann die in Zukunft wohl überwiegend benutzte Einheit Joule zum Ansatz kommen wird.

Endenergieträger / Nutzenergiearten	TeraWh*)	%	Prozeßwärme		Raumwärme		Kraft und Licht		Summe
TeraWh*)			523		75		91		689
%			75,9		10,9		13,2		100
Strom	146,5	21,3	10,6	*37,9*	2,1	*1,1*	98,2	*61,0*	*100*
Kohle	161,9	23,5	27,5	*88,9*	23,9	*11,1*	-	-	*100*
Öl	158,5	23,0	24,9	*82,0*	36,9	*17,5*	0,9	*0,5*	*100*
Gas	212,3	30,8	35,8	*88,1*	32,7	*11,5*	0,9	*0,4*	*100*
Rest	9,8	1,4	1,2	*66,3*	4,4	*33,7*	-	-	*100*
Summe	689,0	100	100		100		100		

Industrie hier der Quelle entsprechend und im Unterschied zu den Zahlenangaben im 3. Kapitel einschließlich "Übriger Bergbau", der am gesamten Endenergieverbrauch allerdings nur mit knapp 1 % beteiligt war.

*) TeraWh = Billionen Wh = Milliarden kWh. Zu den gebräuchlichen Energiemaßeinheiten vgl. Tabelle 2 auf Seite 28 dieser Arbeit.

Tab. 3: Industrieller Einsatz von Endenergieträgern für verschiedene Nutzenergiearten in 1981

Rolle [1]. Bei der Verknüpfung, das heißt den Prozentsätzen, mit denen jeweils ein Endenergieträger in die drei Nutzenergiearten fließt, und umgekehrt den Anteilen der verschiedenen Endenergieträger an jeweils einer Nutzungsart, fällt insbesondere auf, daß der größte Teil der Brennstoffe zur Erzeugung von Prozeßwärme eingesetzt wird, während Strom überwiegend für Kraft und Licht Verwendung findet. Für diese letztere Nutzungskategorie ist Strom zudem der einzig maßgebliche direkte Input.

---

1) Vgl. DECKER, E., 1983, S. 661.
Für die Jahre 1975 bzw. 1980 vgl. EBERSBACH, K.F., und GEIGER, B.: Überblick über die Gesamtentwicklung, in: SCHAEFER, H. (Hrsg.), 1980, S. 75, bzw. GEIGER, B.: Rationelle Verwendung neuer Techniken zur Wärmeversorgung privater Haushalte, in: Bayerisches Landwirtschaftliches Jahrbuch, 59. Jg., Sonderheft 2/1982, S. 172.

2.3. Leitlinien der industriebetrieblichen Energienutzung

2.3.1. Ziele der industriebetrieblichen Energienutzung

Die beiden wesentlichen Ziele der industriebetrieblichen Energienutzung ergeben sich aus einer Differenzierung der Aufgabenstellung in technischer und ökonomischer Sichtweise und einer Ausrichtung an den entsprechenden Komponenten aus der Spitze der unternehmerischen Zielhierarchie:

Aus dem Oberziel der Sicherheit läßt sich so zum einen das Bereichsziel ableiten, Nutzenergie und für die nicht-energetische Verwendung benötigte Energieträger zuverlässig zur Verfügung zu stellen, das heißt in der erforderlichen Menge und Güte zum richtigen Zeitpunkt am richtigen Ort und mit tolerierten Nebenwirkungen. Dieses Postulat ist eng an Überlegungen angelehnt, die zur betrieblichen Materialwirtschaft angestellt worden sind [1], allerdings denen gegenüber hinsichtlich der Erfüllung von Umweltschutzauflagen ergänzt. Weiterhin soll keine Beschränkung auf die Beschaffung der Energieträger vorgenommen werden, wie es eine materialwirtschaftliche Sichtweise nahelegen mag, sondern insbesondere auch die Betriebsbereitschaft der Anlagen zur Energieumwandlung und Nutzenergieerzeugung und die benötigten Arbeitsleistungen einbezogen werden.

Darin, daß die Bereitstellung von Energieträgern als Roh- und Hilfsstoffe, Schmiermittel usw. explizit eingeschlossen ist, liegt auch eine Erweiterung gegenüber den Zielformulierungen, die in der Literatur für die industriebetriebliche Energiewirtschaft anzutreffen sind [2].

---

1) Vgl. GROCHLA, E.: Grundlagen der Materialwirtschaft, 3. Aufl., Wiesbaden 1978, S. 18.

2) Vgl. BRENDL, E., und WAHL, B.: Man kann nicht ausweichen: Energie wird noch teurer und knapper, in: BdW (hrsg. v. der FAZ), Frankfurt/M., 23. Jg./ Nr. 115, 19.5.1980, S. 3; KERN, W., 1981, S. 6.

Die nicht-energetische Energieträgernutzung ist mit zu berücksichtigen, wenn man vermeiden will, daß nur ein Teil der denkbaren Energieträgerbezüge der betrieblichen Energiewirtschaft zugeordnet ist. Diese Teilaufgabe ist allerdings hinsichtlich ihrer praktischen Bedeutung als ein Randgebiet zu sehen, da sie in der Industrie lediglich für die Chemie eine größere Rolle spielt, und wird in dieser Arbeit auch nicht Gegenstand von Optimierungsüberlegungen sein.

Wenn bei dem in dieser Weise abgegrenzten technischen Ziel von der erforderlichen Menge an Energieleistungen und entsprechenden Grundstoffen die Rede ist, so muß man beachten, daß der Bedarf zwar kurzfristig durch Produktionsprogramm und -verfahren weitgehend vorgegeben ist, daß er aber langfristig zumindest in gewissen Grenzen als variabel angesehen werden kann und zum Beispiel in bezug auf das Produktionsverfahren im Zusammenhang der günstigsten Kombination mit den übrigen Verbrauchsfaktoren, Betriebsmitteln und Arbeitsleistungen festzulegen ist. Weiterhin kann die mit der Bedarfsbestimmung eng verbundene Beschaffung von unterschiedlichen Motiven geleitet sein, so daß zum Beispiel im Fall der Spekulation eine andere Bestellpolitik für lagerfähige Energieträger verfolgt wird, als es aufgrund des reinen Vorsichtsmotivs angemessen ist [1]. Die letzteren Überlegungen leiten zugleich über zu dem Gesichtspunkt der Wirtschaftlichkeit und damit zur zweiten Zielsetzung der industriebetrieblichen Energiewirtschaft, auf die nun eingegangen werden soll.

Die Forderung der kostenminimalen Energieversorgung [2] ist auf die Zielvorschrift der Gewinn- bzw. Rentabilitätsmaximierung für das Gesamtunternehmen zurückzuführen. Diese ökonomische Zielformulierung für die Energiebereit-

---

1) Vgl. GROCHLA, E., 1978, S. 27.

2) Vgl. KERN, W., 1981, S. 6.

stellung erscheint unproblematisch, wenn in einer kurzfristigen Sichtweise der Bedarf gegeben ist. Auf längere Sicht darf sie jedoch nicht so aufgefaßt werden, daß eine isolierte Bereichsoptimierung durchgeführt werden soll. Vielmehr sind, wie bereits angesprochen, die Relationen aller in Frage kommenden Produktionsfaktoren, das heißt nur unter anderem die energiewirtschaftlich benötigten Inputs, im Hinblick auf die obersten Formalziele festzulegen.

Im betrieblichen Energiebereich selbst spielen zunächst die Materialkosten aus dem Bezug der Energieträger eine bedeutsame Rolle. Darüber hinaus ist jedoch eine Reihe weiterer Kostenkomponenten zu berücksichtigen, die zum einen aus den nötigen Sachmitteln bei der Lagerung, Verteilung und innerbetrieblichen Umwandlung der Energieträger resultieren, zum anderen aber auch auf die mit der Energienutzung verbundenen Arbeitsleistungen im Produktionsprozeß und in der Verwaltung zurückgehen.

In diesem Zusammenhang ist auch die Anschaffung der Energiewandler und -nutzungsanlagen und die Aufrechterhaltung ihrer Betriebsbereitschaft anzuführen [1]. Vor allem dieser letzteren, die Gruppe der Betriebsmittel betreffenden Kategorie, sind Maßnahmen zur Reduktion von Umweltbelastungen zuzurechnen, die aufgrund der Energienutzung und der damit verbundenen Auflagen erforderlich sind. Es können schließlich noch andere Kostenbestandteile Gewicht erlangen, wie zum Beispiel letztlich durch Energieversorgungsstörungen hervorgerufene Konventionalstrafen, die an Kunden zu zahlen sind.

---

1) Die in der Literatur zusammengestellten Kostenkomponenten weichen im einzelnen durchaus voneinander ab, z.B. was die Einbeziehung der Nutzungsanlagen betrifft. Vgl. KERN, W., 1981, S. 6; MAIER, K.H., 1979, Sp. 472; REISTER, D.B., und DEVINE, W.D.: Total Costs of Energy Services, in: Energy, Vol. 6 (1981), S. 305 f.

Die verursachungsgerechte Zuordnung entstandener Kosten zum Energiebereich bereitet bei verschiedenen der aufgeführten Komponenten erhebliche Schwierigkeiten; insbesondere müßte häufig eine Aufteilung und anteilige Verrechnung von Betriebsmittel- und Arbeitskosten vorgenommen werden. Diese Problematik ist letztlich auch als ein wesentlicher Grund dafür anzusehen, daß in verschiedenen vorliegenden statistischen Untersuchungen über die Energiekosten in der Industrie lediglich die Energieträgerbezüge erfaßt werden [1].

Gegenüber den Kosten von weitaus geringerer Bedeutung sind die der betrieblichen Energiewirtschaft sinnvoll zurechenbaren Erlöse. Solche positiven Gewinnbeiträge können sich beispielsweise aus der Einspeisung eigenerstellten Stroms ins öffentliche Netz ergeben.

Verglichen mit den beiden erörterten Zielen der industriebetrieblichen Energiewirtschaft ist anderen nur eine nachgeordnete Bedeutung beizumessen. Beispielhaft kann hier noch die Bestrebung angeführt werden, eine Erleichterung der Arbeitsbedingungen für die Beschäftigten zu erreichen [2].

Konflikte zwischen dem technischen und ökonomischen Ziel können in der Art auftreten, daß zusätzliche Belastungen verursachende Maßnahmen zur Erhöhung der Versorgungssicherheit der Zielsetzung der Kostenminimierung abträglich sind, insbesondere dann, wenn sich nachträglich die Überflüssigkeit solcher Sicherungsmaßnahmen herausstellt. Anderer-

---

1) Vgl. GARNREITER, F., und LEGLER, H., 1980, S. 17 ff.; MIES, W., und NAUJOKS, W.: Die Reaktion der Unternehmen auf den zweiten Ölpreisschub. Energiekostenentwicklung 1978 - 1980, Ergebnisse einer Untersuchung der IHK Koblenz und Düsseldorf sowie der Industriekreditbank AG - Deutsche Industriebank, o.O., o.J., S. 26 und 85 f.

2) Vgl. MAIER, K.H., 1979, Sp. 472.

seits können sie dazu beitragen, in einer später auftretenden externen Versorgungskrise betriebsinterne Störungen zu verhindern bzw. zu lindern und dadurch auf längere Sicht eine kostenminimale Energiewirtschaft erst ermöglichen. Ex ante ist dann unter Beachtung der Risikoneigung des betreffenden Entscheidungsträgers festzulegen, welche Kombination bzw. welcher Kompromiß aus Sicherungskosten und Risiken von Betriebsstörungen verfolgt werden soll. Eine formale Koordinierungsmöglichkeit für dieses Abstimmungsproblem ist durch das Konzept der Strafkosten für Fehlmengen bzw. Produktionsverzögerungen gegeben [1], das es ermöglicht, auch das Ziel der Versorgungssicherheit der Kostenminimierung unterzuordnen.

2.3.2. Wege der industriebetrieblichen Energienutzung

Es sind vor allem drei Wege, die in der Literatur als Möglichkeiten Beachtung finden, die beiden vorrangigen energiewirtschaftlichen Bereichsziele erfolgversprechend anzustreben:

In erster Linie der Erhöhung der Versorgungssicherheit dienen Diversifizierungsmaßnahmen. So kann zum einen eine Erweiterung der Palette der verwendeten Energieträger dazu beitragen, die Abhängigkeit des Betriebsprozesses von einzelnen Inputsorten zu vermindern, insbesondere wenn gleichzeitig Nutzungsanlagen eingesetzt werden, die mit verschiedenen Energieträgern betrieben werden können [2]. Zum anderen wird sich häufig durch die Streuung des Lieferantenkreises eine risikomindernde Wirkung erreichen lassen. Allerdings ist diese Diversifizierung, soweit sie bei leitungsgebundenen Energieträgern durchgeführt werden soll, wegen der bestehenden abgegrenzten Versorgungsgebiete mit großen Schwierigkeiten behaftet, wenn auch die Ver-

---

1) Vgl. KERN, W., 1981, S. 6.

2) Vgl. ebenda, S. 19.

sorgungsunternehmen die Durchleitung von Strom und Gas grundsätzlich nicht verweigern dürfen [1].

Die Substitution von Energieträgern [2], beispielsweise von Mineralölprodukten in energetischer Verwendung, ist als ein wesentliches Instrument zur Verfolgung beider Zielsetzungen anzusehen [3]. So kann durch Anpassungen an veränderte Preisrelationen unter den Energieträgern eine Kostenreduzierung ermöglicht werden. Hierbei sind allerdings nicht nur gegebenenfalls nötige Umstellungskosten und veränderte Wirkungsgrade der Nutzungsanlagen mit in den Kalkül zu ziehen, sondern auch weitere Substitutionskriterien, wie die erforderliche Lagerkapazität, die Regelbarkeit, die Rückstandsbildung bei der Verbrennung und die Notwendigkeit von Zusatzinvestitionen zur Erfüllung von Umweltschutzauflagen [4]. Daß in der bundesdeutschen Industrie die Preise in der Vergangenheit tatsächlich als wesentliche Substitutionsdeterminanten gewirkt haben, wird später noch aufgezeigt werden [5]. Ein anderes Substitutionsmotiv liegt darin, die Abhängigkeit von solchen Energieträgern zu verringern, für die am ehesten Versorgungsengpässe zu erwarten sind [6]. Dieser ri-

---

1) Vgl. § 103 Abs. 5 des Gesetzes gegen Wettbewerbsbeschränkungen in der Fassung vom 24.9.1980, BGBl. 1980, I, S. 1789 f.
Vgl. dazu auch KEMMER, H.-G.: Da gibt es solche Strauchdiebe ..., in: Die Zeit, Hamburg, 37. Jg./Nr. 32, 6.8.1982a, S. 21.

2) Substitutionsbewegungen unter den Produktionsfaktoren, die über den betrieblichen Energiebereich hinausgehen und weitere Arten von Inputgütern einbeziehen, sollen an dieser Stelle nicht näher erörtert werden. Sie kommen allerdings im etwas weiter gesteckten Rahmen empirischer energiewirtschaftlicher Entwicklungslinien in Abschnitt 3.1.2.1. mit zur Sprache.

3) Vgl. SACHVERSTÄNDIGENRAT ZUR BEGUTACHTUNG DER GESAMTWIRTSCHAFTLICHEN ENTWICKLUNG, 1979, S. 164.

4) Vgl. RAMMNER, P.: "Weg vom Öl" durch Substitution und neue Technologien, in: Ifo-Schnelldienst, Berlin - München, 33. Jg./Nr. 17/18, 24.6.1980, S. 35; VERBAND DER ENERGIEABNEHMER (Hrsg.): Energietips für Einkauf und Betrieb, bearbeitet von BISCHOFF, G., et al., Hannover 1978, S. 19 f.

5) Vgl. dazu auch RAMMNER, P., 1980, S. 36.

6) Vgl. KERN, W., 1981, S. 19.

sikomindernde Effekt wird um so mehr angestrebt werden, je besser er sich mit einer Kostenreduzierung verbinden läßt.

Schließlich können Einsparungen im Energiebereich [1] sowohl dem Kosten- als auch dem Versorgungssicherheitsziel förderlich sein: Einer Verringerung der pro Einheit des Outputs benötigten Energieträgermengen sind die dafür erforderlichen Maßnahmen und Belastungen gegenüberzustellen, um die Kostenwirksamkeit solcher Mengeneinsparungen beurteilen zu können. Tatsächlich lassen sich Senkungen des spezifischen Energieverbrauchs in der Industrie bereits lange vor dem ersten Ölpreisschub in 1973/74 nachweisen [2], wie später ebenfalls noch eingehender dargelegt werden wird. Diese Erfolge sind allerdings häufig als Nebeneffekt bei Investitionen aufgetreten, die aus anderen Motiven heraus durchgeführt worden sind [3], so daß eine Isolierung der für die Senkung des Energieträgerbedarfs anzusetzenden Kosten schwierig ist. Einsparungen im Sinn von Kostenreduktionen sind auch bei konstanten Verbrauchsmengen und ohne Substitution von Energieträgern möglich, indem zum Beispiel der Energieeinsatz besser auf die Lieferbedingungen der Energieversorgungsunternehmen abgestimmt wird [4]. Was die Zielsetzung der reibungslosen Energiebereitstellung anbelangt, so wirkt sich ein verminderter Bedarf insbesondere an solchen Energieträgern, in deren Versorgung besondere Risiken liegen, förderlich aus.

Daß sich die Anwendung einzelner Instrumente häufig in entgegengesetzter Richtung auf die beiden Ziele auswirkt,

---

1) Vgl. z.B. RICHARTS, F.: Energieeinsparung und verbesserte Energieausnutzung im industriellen und gewerblichen Bereich, in: IHK zu Köln (Hrsg.): Energie wirtschaftlicher einsetzen, Köln 1976, S. 73 ff.

2) Vgl. z.B. SACHVERSTÄNDIGENRAT ZUR BEGUTACHTUNG DER GESAMTWIRTSCHAFTLICHEN ENTWICKLUNG, 1979, S. 163.

3) Vgl. HAMPICKE, U., 1979, S. 132 ff.

4) Vgl. VERBAND DER ENERGIEABNEHMER (Hrsg.), 1978, S. 6 f., 27 und 33.

läßt sich anhand der Diversifizierung zeigen [1]: Eine Erweiterung der Energieträgerpalette in der Absicht, die betriebliche Versorgungssicherheit zu erhöhen, kann zugleich mit dem Verzicht auf Mengenrabatte und günstigere Frachtkostensätze verbunden sein, die sich bei größeren Liefermengen einzelner Energieträger hätten aushandeln lassen. Ebenfalls mit dem Verlust dieser Vorteile kann eine Diversifizierung des Lieferantenkreises einhergehen; zudem entsteht eine weitere Erhöhung der Transportkosten möglicherweise aus der Notwendigkeit, größere Entfernungen als bisher zu überbrücken.

Das Beschreiten der Wege der Diversifizierung, Substitution und Einsparung erfordert in der Regel Anpassungen im Bereich des Produktionsprogramms bzw. der Produktionstechnologie [2]:

So kann eine Änderung der Struktur des bestehenden Produktionsprogramms und eine Neuaufnahme bereits von anderer Seite lancierter Produkte in die eigene Fertigung in der Weise energiewirtschaftlich motiviert sein, daß eine Verringerung des spezifischen Energieverbrauchs erreicht werden soll. Außerdem besteht die Möglichkeit, unternehmensintern neuentwickelte Güter und extern hervorgebrachte Produktinnovationen in das Produktionsprogramm einzugliedern, um beispielsweise bei vorgegebener Funktion eines Produktes den Energieeinsatz zu beeinflussen, der zu seiner Erzeugung nötig ist.

---

1) Vgl. dazu auch GROCHLA, E., 1978, S. 20 f.

2) Vgl. GARNREITER, F., und LEGLER, H., 1980, S. 20; HAMPICKE, U., 1979, S. 109; diese Autoren benutzen eine derartige Maßnahmenkategorisierung zur Erklärung industrieller Einsparerfolge aus volkswirtschaftlicher Sicht. Eine im Grunde sehr ähnliche, nur im einzelnen weiter aufgefächerte Systematisierung in betriebswirtschaftlicher Sicht existiert ebenfalls: Vgl. KERN, W., 1981, S. 14 ff.; derselbe: Konzepte zur Energiebewirtschaftung in industriellen Betrieben, in: BFuP, 36. Jg. (1984), S. 114.

Andererseits wird auch die industrielle Produktionstechnologie bzw. Verfahrenstechnik durch Innovationen vorangetrieben. Um diese Fortschritte zur Rationalisierung des Energieeinsatzes nutzbar zu machen, aber auch um schon gebräuchliche Technologien mit dieser Absicht in die Fertigung einzubeziehen, sind entsprechende Investitionen zum Ersatz und zur Erweiterung des Betriebsmittelbestandes erforderlich [1]. Schließlich kann auch eine rationellere Nutzung des gegebenen Anlagenbestandes ohne Durchführung von Investitionen der Unterstützung energiewirtschaftlicher Bestrebungen von der Technologieseite her dienen.

Oftmals erweist sich eine Kombination von Produktionsprogramm- und -technologieansatz als sinnvoll oder unumgänglich: So wird eine veränderte Produktgestaltung häufig auch ein verändertes Produktionsverfahren mit sich bringen. Als Beispiel hierfür kann die Wahl des Festigkeitsträgers bei der Reifenproduktion herangezogen werden, wodurch zugleich die benötigte Energiemenge wesentlich beeinflußt wird [2].

2.3.3. Zusammenfassung

Die vorstehend behandelten Elemente der industriebetrieblichen Energiedisposition sind in Abbildung 4 noch einmal in ihrem Zusammenhang aufgeführt.

---

1) Vgl. dazu SACHVERSTÄNDIGENRAT ZUR BEGUTACHTUNG DER GESAMTWIRTSCHAFTLICHEN ENTWICKLUNG, 1979, S. 156.

2) Vgl. DAIMLER, B.H., und HUPJE, W.H.: Steigende Kosten verlangen laufend neue Entwicklungen, in: Handelsblatt, Düsseldorf - Frankfurt/M., Nr. 184, 24.9.1980, S. 28.

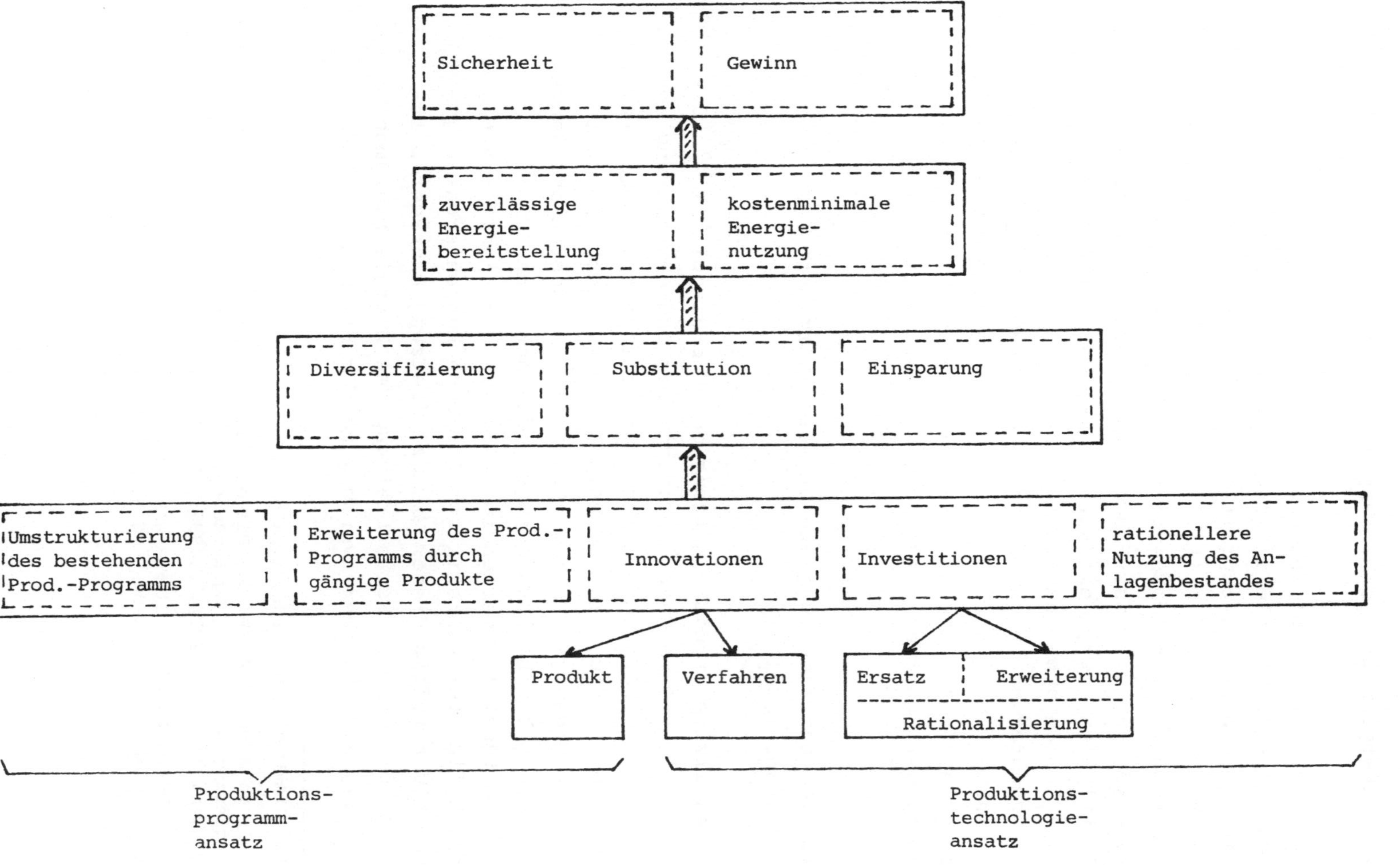

Abb. 4: Ziele und Anpassungswege der industriebetrieblichen Energiewirtschaft

2.4. Energiepolitischer Rahmen

Die industriebetriebliche Energienutzung vollzieht sich im Rahmen einer speziell auf die Energiewirtschaft zugeschnittenen Wirtschaftspolitik. Zu deren Aufgaben gehört es auch, verläßliche Leitlinien vorzugeben, an denen sich die Entscheidungen im Energiebereich der Unternehmen orientieren können [1]. Diese Rahmenbedingungen betreffen den industriellen Energieeinsatz zum Teil direkt, in großem Umfang jedoch auch indirekt auf dem Umweg über die Versorgungsunternehmen und umfassen ordnungs- und prozeßpolitische Regelungen, denen sich die Unternehmen nicht entziehen können, wie auch Verhaltensanreize, deren Wahrnehmung der Unternehmensdisposition überlassen bleibt.

2.4.1. Grundzielsetzung und Steuerungsgrundsatz der Energiepolitik

Eine explizite Grundzielsetzung der Energiepolitik [2] wurde zum Beispiel im Energieprogramm der Bundesregierung von 1973 als versorgungsorientierte Richtlinie so formuliert, daß ein mittel- und langfristig sicheres Energieangebot zu möglichst günstigen volkswirtschaftlichen Kosten auf lange Sicht und unter Berücksichtigung des gebotenen Umweltschutzes bereitgestellt werden soll [3]. Als eine modifizierte, hinsichtlich der volkswirtschaftlichen Kosten etwas abgeschwächte Kurzform dieser Grundzielsetzung kann der Leitsatz in der Dritten Fortschreibung des Energieprogramms von 1981, eine "sichere Versorgung mit Energie zu ver-

---

1) Vgl. LAMBERTS, W., 1982, S. 108 ff.

2) Vgl. dazu auch BÖNNER, U.: Die energiepolitischen Ziele der Bundesregierung und Versorgungskonzepte, in: Energiewirtschaftliche Tagesfragen, 32. Jg. (1982), S. 337.

3) Vgl. DER BUNDESMINISTER FÜR WIRTSCHAFT (Hrsg.): Die Energiepolitik der Bundesregierung, Bonn, 26.9.1973, S. 8.

tretbaren Bedingungen" [1] anzustreben, interpretiert werden.

Zwischen den Zielkomponenten Versorgungssicherheit und minimale bzw. geringe volkswirtschaftliche Kosten können Konflikte auftreten. Sie bestehen jedoch nicht notwendig, da zum Beispiel durch eine Krisensituation mit Produktionsausfällen aufgrund unterlassener Sicherungsmaßnahmen volkswirtschaftliche Kosten verursacht werden können, die die anzusetzenden Kosten vorher getroffener, ausreichender Sicherheitsmaßnahmen überkompensieren. Versorgungssicherung kann insofern auch der langfristigen Kostenminimierung dienen. Eine auf kurze Sicht billige Energiepolitik, bei der jedoch im Krisenfall massive Störungen wahrscheinlich sind, soll nach den geschilderten Zielformulierungen der Bundesregierung vermieden werden. Vielmehr wird der langfristig gesicherten Versorgung die höchste Priorität eingeräumt [2].

Als Grundsatz zur Verfolgung dieser Grundzielsetzung wird eine marktwirtschaftliche Steuerung mit flankierenden staatlichen Maßnahmen gefordert [3] und auch vollzogen [4].

2.4.2. Energiepolitische Teilbereiche

Dem genannten Steuerungsgrundsatz entsprechend existiert ein staatlich fixierter Datenkranz für die Industrie, der verschiedene Teilbereiche umfaßt und von der sparsamen Energieverwendung über die Bereitstellung und den Einsatz der Energieträger bis hin

1) BUNDESMINISTERIUM FÜR WIRTSCHAFT (Hrsg.): Energie-Programm der Bundes-Regierung - Dritte Fortschreibung vom 4.11. 1981, Bonn-Duisdorf 1981, S. 21.

2) Vgl. BÖNNER, U., 1982, S. 338.

3) Vgl. SACHVERSTÄNDIGENRAT ZUR BEGUTACHTUNG DER GESAMTWIRTSCHAFTLICHEN ENTWICKLUNG: Unter Anpassungszwang - Jahresgutachten 1980/81, Stuttgart - Mainz 1980, S. 171 f.

4) Vgl. BUNDESMINISTERIUM FÜR WIRTSCHAFT (Hrsg.), 1981, S. 17; ENGELMANN, U.: Zur "Dritten Fortschreibung" des Energieprogramms, in: ZfE, o.Jg. (1981), S. 270.

zu Regelungen im Rahmen einer internationalen energiepolitischen Kooperation reicht. Dieser Datenkranz spiegelt zugleich Unterziele wider, die in den einzelnen Teilgebieten verfolgt werden, beispielsweise hinsichtlich des Beitrages der einzelnen Endenergieträger an der Versorgung. So sind hier im Rahmen staatlicher Lenkung der industriellen Energienutzung Einsparungen und Substitutionsvorgänge als Bereichsziele und kaum als konkrete Handlungsmöglichkeiten aufzufassen, wie dies im vorigen Abschnitt aus betriebswirtschaftlicher Sicht der Fall war.

2.4.2.1. Energieeinsparpolitik

Ein wesentlicher energiepolitischer Teilbereich stellt auf die Intensität der Inanspruchnahme der Energie ab, betrifft also auch den Einsatz von Energie als Produktionsfaktor in der Industrie. Die Zielsetzung einer sparsamen und rationellen Energieverwendung hat im Lauf der Zeit an Gewicht gewonnen und wird in den Fortschreibungen des Energieprogramms ab 1977 unter den Schwerpunkten der deutschen Energiepolitik an erster Stelle genannt [1]. Den Aspekt des rationellen Einsatzes kann man vornehmlich dahingehend interpretieren, daß nicht um jeden Preis, sondern unter Anlegung von Wirtschaftlichkeitsmaßstäben gespart werden soll [2].

Die Steuerung bzw. Förderung von Einsparung und rationeller Verwendung ist ein wesentlicher Teilbereich der flankierenden energiepolitischen Regelungen und umfaßt verschiedene Maßnahmenkategorien [3]: Den administrativen Regelungen,

---

1) Vgl. BÖNNER, U., 1982, S. 336 f.; SACHVERSTÄNDIGENRAT ZUR BEGUTACHTUNG DER GESAMTWIRTSCHAFTLICHEN ENTWICKLUNG, 1979, S. 159.

2) Vgl. BUNDESMINISTERIUM FÜR WIRTSCHAFT (Hrsg.), 1981, S. 24.

3) Vgl. KARL, H.-D., et al.: Effizienz der staatlichen Energiesparpolitik, in: Ifo-Schnelldienst, Berlin - München, 36. Jg./Nr. 26/27, 22.9.1983, S. 9 f.; MIES, W., und NAUJOKS, W., o.J., S. 89.

die hauptsächlich den Wärmeschutz und die Raumheizung betreffen und keine Dispositionsspielräume offenlassen, steht eine ganze Reihe von Sparanreizen gegenüber. So wird die Investitionsförderung als Zulage zu den Anschaffungs- oder Herstellungskosten, als Möglichkeit erhöhter steuerlicher Abschreibungen und in Form von Krediterleichterungen bei Durchführung bestimmter Anpassungsmaßnahmen im Energiebereich gewährt [1]. Hierzu zählt beispielsweise die Installierung von Wärmepumpen und Anlagen zur Wärmerückgewinnung. Die Innovationsförderung erstreckt sich auf Zuwendungen für die Entwicklung oder Markteinführung fortgeschrittener Energietechniken und -anlagen, wie zum Beispiel die Hochtemperaturwärmepumpe für industrielle Prozeßwärme, Projekte zur Verbesserung der Industrieabwärmenutzung und neue Formen der Energiespeicherung [2]. Die Beratungsförderung schließlich umfaßt Zuschüsse für Information und Schulung, die sowohl Ausrichtern entsprechender Veranstaltungen als auch Teilnehmern an ihnen zugute kommen können.

Bei einer Umfrage unter bundesdeutschen Industrieunternehmen [3] zeigte sich eine starke Diskrepanz zwischen dem angegebenen Bekanntheitsgrad solcher Regelungen und ihrer Inanspruchnahme: 78,8 % der über 2.400 antwortenden Unternehmen bekundeten, Förderprogramme zu kennen, während nur 11,5 % von ihnen Gebrauch machten bzw. gemacht hatten. Dabei stiegen sowohl der Informationsstand als auch die Inanspruchnahme mit wachsender Unternehmensgröße [4].

---

1) Als wesentliche Rechtsgrundlagen der Investitionsförderung seien genannt: § 4a Investitionszulagengesetz (in der Fassung vom 4.6. 1982, BGBl. 1982, I, S. 649 f.) und § 82a Einkommensteuer-Durchführungsverordnung (in der Fassung vom 7.3.1984, BGBl. 1984, I, S. 385 f.).

2) Vgl. BUNDESMINISTERIUM FÜR WIRTSCHAFT (Hrsg.), 1981, S. 52 und 62 f.

3) Vgl. MIES, W., und NAUJOKS, W., o.J., S. 45 ff.

4) Vgl. ebenda, S. 47 und 49.

2.4.2.2. Mineralölpolitik

Die Versorgung mit Mineralöl und die damit zusammenhängenden innenpolitischen Regelungen haben für die Industrie auch nach den Spar- und Substitutionsreaktionen, die angesichts der offenkundigen Unwägbarkeiten auf dem Markt für diesen Energieträger erfolgt sind, einen hohen Stellenwert. Die Liberalität des bundesdeutschen Mineralölmarktes entspricht der Maxime, auf eine dirigistische oder stark interventionistische Steuerung der Energieversorgung soweit möglich zu verzichten. Daß diese marktwirtschaftlich ausgerichtete Ordnung im Vergleich zu anderen Ländern eher eine Ausnahme darstellt, bewirkt in Zeiten eines internationalen Angebotsüberhanges, wie er in der jüngeren Vergangenheit doch wiederholt zu verzeichnen war, als einen Effekt ein relativ niedriges Ölpreisniveau in der Bundesrepublik [1]. Bei einer angespannten Versorgungslage, die auf lange Sicht wieder für wahrscheinlich gehalten wird [2], werden die zusätzlichen Angebotsmengen als preissenkender Faktor jedoch entfallen.

Das für Mineralölprodukte mit Nachdruck formulierte Ziel ihrer Substitution, zunächst vor allem beim energetischen Einsatz [3], ist im wesentlichen zurückzuführen auf die Preissteigerungen des Rohöls in 1973/74 und 1979/80 und hat auch weiterhin wegen der Unsicherheiten auf dem Rohölmarkt und den vermuteten Grenzen der Reserven seine Berechtigung. Durch die Anhebung der Mineralölsteuer in der Bundesrepublik wurde über eine Veränderung der relativen Preise austauschfähiger Energieträger unter anderem auch die Substitution von Öl angestrebt. Als Ersatzenergien kommen dabei vor allem Kernenergie und Kohle in Betracht [4]. So wird zum Beispiel in der Industrie ein breites, noch nicht ausgeschöpftes Potential für die Verdrän-

---

1) Vgl. SCHÜRMANN, H.-J.: Zur "Zweiten Fortschreibung des Energieprogramms", in: ZfE, o. Jg. (1978), S. 37.

2) Vgl. z.B. BUNDESMINISTERIUM FÜR WIRTSCHAFT (Hrsg.), 1981, S. 7.

3) Vgl. ebenda, S. 53; SACHVERSTÄNDIGENRAT ZUR BEGUTACHTUNG DER GESAMTWIRTSCHAFTLICHEN ENTWICKLUNG, 1979, S. 159 f.

4) Vgl. derselbe, 1980, S. 174.

gung von Öl durch Kohle bei der Erzeugung von Raum- und Prozeßwärme gesehen [1].

2.4.2.3. Strompolitik

Die Strompolitik und hier insbesondere der Erzeugungsbeitrag der Kernenergie spielt eine besondere Rolle, da zum einen Strom als Kostenfaktor unter den in der Industrie eingesetzten Energieträgern eine Spitzenstellung einnimmt [2] und bei einem insgesamt als wieder steigend vorausgeschätzten industriellen Energieverbrauch der Elektrizität ein überproportionales Wachstum beigemessen wird [3]. Zum anderen wird der Beitrag der Kernenergie zur Stromerzeugung vor allem hinsichtlich der Wettbewerbsfähigkeit der Unternehmen weitgehend als bedeutsame Komponente in der Energieversorgung der Industrie betrachtet; das Maß der Kernenergienutzung ist dabei wesentlich von dem innenpolitisch gesteckten Rahmen beeinflußbar und abhängig und wird in dem entsprechenden politischen Entscheidungsprozeß stark kontrovers diskutiert.

Die Schwierigkeit, in der Kernenergiefrage zu einer politisch umsetzbaren Übereinstimmung zu gelangen, soll einmal durch die nun aufgeführten Stellungnahmen und Stimmen verdeutlicht werden, die von einer eher ablehnenden Haltung bis zu mit verschiedenen Nuancen befürwortenden Einstellung reichen:

So kommt der Rat von Sachverständigen für Umweltfragen als beratendes Gremium der Bundesregierung zu dem Schluß, daß zwar die Umweltbelastung im Normalbetrieb der Kernkraftwerke gering ist, daß jedoch wegen der bei Störfällen möglichen extremen Belastungen Kernenergie so wenig

---

1) Vgl. BUNDESMINISTERIUM FÜR WIRTSCHAFT (Hrsg.), 1981, S. 37.

2) Vgl. FILIP-KÖHN, R., und HORN, M.: Gesamtwirtschaftliche und strukturelle Auswirkungen der Energieverteuerung und internationaler Energiepreisdifferenzen (DIW-Beiträge zur Strukturforschung, Heft 84), Berlin 1985, S. 213 ff.; MIES, W., und NAUJOKS, W., o.J., S. 17 und 61.

3) Vgl. BUNDESMINISTERIUM FÜR WIRTSCHAFT (Hrsg.), 1981, S. 31.

wie möglich eingesetzt werden sollte und sich nicht zur massiven Ausdehnung des Energieangebots eignet [1].

In der Entwicklung der Einstellung und der damit verbundenen politischen Absichten der Bundesregierung werden unterschiedliche Abstufungen einer insgesamt befürwortenden Linie sichtbar: In dem Energieprogramm der Bundesregierung von 1973 und seiner Ersten Fortschreibung von 1974 wird dem Ausbau der Kernenergie ein hoher Stellenwert zugewiesen [2], demgegenüber ist aus der Zweiten Fortschreibung von 1977 eine wesentliche Reduzierung der gewünschten Rolle der Kernenergie abzuleiten, wenn von ihrem Ausbau im unerläßlichen Ausmaß unter dem Vorrang der Sicherheit der Bevölkerung die Rede ist [3]. Eine wieder deutlichere Aussage zum weiteren Zubau von Kernkraftwerken wird in der Dritten Fortschreibung von 1981 getroffen. Dies kommt unter anderem in der Forderung nach einem steigenden Versorgungsbeitrag der Kernenergie zur Stromerzeugung zum Ausdruck, die ausgehend von Kostenvorteilen der nuklearen Elektrizitätsgewinnung gegenüber der Steinkohleverstromung in der Grundlast gestellt wird [4].

Die Enquête-Kommission "Zukünftige Kernenergie-Politik" des Deutschen Bundestages gibt in ihrem Bericht von 1980 [5]

---

1) Vgl. DER RAT VON SACHVERSTÄNDIGEN FÜR UMWELTFRAGEN: Energie und Umwelt - Schlußfolgerungen und Empfehlungen des Sondergutachtens "Energie und Umwelt", in: DER BUNDESMINISTER DES INNERN (Hrsg.): Umweltbrief Nr. 23, Bonn 1981, S. 14 ff.

2) Vgl. DER BUNDESMINISTER FÜR WIRTSCHAFT (Hrsg.), 1973, S. 21; BUNDESMINISTERIUM FÜR WIRTSCHAFT (Hrsg.): Erste Fortschreibung des Energieprogramms der Bundesregierung, Bonn, November 1974, S. 42.

3) Vgl. dasselbe (Hrsg.): Energie-Programm der Bundes-Regierung - Zweite Fortschreibung vom 14.12.1977, Bonn-Duisdorf 1977, S. 7.

4) Vgl. BUNDESMINISTERIUM FÜR WIRTSCHAFT (Hrsg.), 1981, S. 21 und 42 f.; ENGELMANN, U., 1981, S. 271 f.

5) Vgl. ENQUETE-KOMMISSION "ZUKÜNFTIGE KERNENERGIE-POLITIK" DES DEUTSCHEN BUNDESTAGES: Zukünftige Kernenergie-Politik, Teil I und II, Bonn 1980.

keine einhellige Handlungsempfehlung [1]. In einem Mehrheitsvotum wird betont, daß zum Berichtszeitpunkt kein breiter Konsens für oder gegen die Kernenergienutzung auf lange Sicht zu finden sei, und der Rat gegeben, diese Entscheidung bis etwa 1990 aufzuschieben. Bei einem zunächst gebotenen Zubau von Kernkraftwerken im Rahmen des Bedarfs soll auch die Möglichkeit im Auge behalten werden, die Kernenergienutzung auf eine Übergangszeit zu beschränken [2]. Dagegen enthält das Minderheitsvotum eine stärkere Befürwortung der Kernenergie [3].

Der Bundesverband der Deutschen Industrie sieht eine positive Aussage und dementsprechende Weichenstellung zur langfristigen Kernenergienutzung als Notwendigkeit und bezeichnet die Mehrheitsschlußfolgerungen der Enquête-Kommission als nicht ausreichend [4].

Als wesentlich reservierter ist schließlich die Auffassung des Deutschen Gewerkschaftsbundes zu interpretieren, die Kernenergie solle lediglich im unumgänglichen Ausmaß ausgebaut werden [5].

Bei der Einschätzung der Bedeutung, die der Energie als Wettbewerbsfaktor im Industriesektor beizumessen ist, muß beachtet werden, daß sie zu den Gesamtkosten im Verhältnis zu anderen Positionen - zum Beispiel den Personalkosten - in einigen Branchen einen recht geringen Anteil

---

1) Vgl. auch MICHAELIS, H., und KASPER, K.: Die Arbeit der Enquête-Kommission "Zukünftige Kernenergie-Politik", in: Energiewirtschaftliche Tagesfragen, 30. Jg. (1980), S. 658 ff.

2) Vgl. ENQUETE-KOMMISSION "ZUKÜNFTIGE KERNENERGIE-POLITIK" DES DEUTSCHEN BUNDESTAGES, 1980, Teil I, S. 194 f.

3) Vgl. ebenda, S. 198 ff.

4) Vgl. o.V.: Enquête-Kommission des Deutschen Bundestages - Kritik des BDI, in: Der Bundesminister für Forschung und Technologie (Hrsg.): Energiediskussion, Heft 3/4, 1981, S. 30 ff.

5) Vgl. DEUTSCHER GEWERKSCHAFTSBUND: Grundsatzprogramm 1981, Düsseldorf 1981, S. 14.

beiträgt [1]. Dennoch betrachtet man die Energie- und insbesondere die Stromkosten weithin als eine wesentliche Determinante der Wettbewerbsfähigkeit [2].

In der Bundesrepublik Deutschland sind regional unterschiedliche Entwicklungen der Strompreise mit den entsprechenden Wettbewerbswirkungen festzustellen [3]. Hierfür wird zum Teil die gebietsweise unterschiedliche Zusammensetzung des Kraftwerkparks der Versorgungsunternehmen verantwortlich gemacht [4].

Mehr noch als für die nationale Ebene wird die Bedeutung der Stromkosten für die internationale Wettbewerbsfähigkeit der Industrie betont [5]. Angesichts bestehender Energie- und insbesondere Strompreisdifferenzen zuungunsten der Bundesrepublik [6] mag der billigere Strombezug aus dem Ausland - zum Beispiel Frankreich - als Ausweg erscheinen, der jedoch allenfalls als partielle Erleichterungsmöglichkeit zu sehen ist [7]. Vielmehr wird die

---

1) Vgl. LAMBERTS, W., 1982, S. 105; MIES, W., und NAUJOKS, W., o.J., S. 22 ff.

2) Vgl. BUNDESMINISTERIUM FÜR WIRTSCHAFT (Hrsg.), 1981, S. 9; MICHAELIS, H., und KASPER, K., 1980, S. 665; SACHVERSTÄNDIGENRAT ZUR BEGUTACHTUNG DER GESAMTWIRTSCHAFTLICHEN ENTWICKLUNG, 1980, S. 168; derselbe: Investieren für mehr Beschäftigung - Jahresgutachten 1981/82, Stuttgart - Mainz 1981, S. 199.

3) Vgl. DRÜKE, K., und MAACK, J.: Strompreise für Sondervertrags- und Tarifkunden in der Bundesrepublik, in: Energiewirtschaftliche Tagesfragen, 31. Jg. (1981), S. 512.

4) Häufig wird in diesem Zusammenhang für einen höheren Grundlastbeitrag der Kernenergie in bestimmten Regionen plädiert. Vgl. z.B. ebenda, S. 514; WILLMANN, W.: Schlechte Noten für die Energiepolitik, in: Energiewirtschaftliche Tagesfragen, 31. Jg. (1981), S. 192 f.

5) Vgl. z.B. MICHAELIS, H.: Energiepolitik im weltwirtschaftlichen Zusammenhang, in: ZfE, o. Jg. (1983), S. 20.

6) Vgl. IHK KOBLENZ UND DÜSSELDORF und INDUSTRIEKREDITBANK AG - DEUTSCHE INDUSTRIEBANK (Hrsg.): Auswirkungen des Energiepreisanstiegs auf die Kostenstrukturen in der Industrie 1974 - 1979, o.O., o.J., S. 15; o.V.: Milliarden-Nachteile für die deutsche Industrie, in: FAZ, Frankfurt/M., Nr. 259, 7.11.1981, S. 13.

7) Vgl. KEMMER, H.-G., 1982a, S. 21.

Verpflichtung der inländischen Elektrizitätsversorgungsunternehmen angeführt, ein Stromangebot zu international wettbewerbsfähigen Preisen bereitzustellen [1].

In diesem Zusammenhang ist aber auch die öffentliche Hand gefordert, ihren Beitrag zu möglichst günstigen Rahmenbedingungen zu leisten unter Beachtung der ihr gleichzeitig obliegenden Verantwortung hinsichtlich der Risiken, die den Technologien zur Elektrizitätserzeugung innewohnen. Zum Beispiel werden bei den relativ langen Genehmigungsverfahren und Bauzeiten für Kernkraftwerke in der Bundesrepublik Ansatzmöglichkeiten gesehen, eine Reduzierung der Stromerzeugungskosten herbeizuführen, auch ohne daß Einbußen des bisher erreichten Sicherheitsniveaus und des Rechtsschutzes in Kauf genommen werden müßten [2]. Eine Änderung, insbesondere Konkretisierung der Regelungen für die Genehmigung von Kernkraftwerken im Atomgesetz [3] könnte in diesem Sinne förderlich sein [4].

Als weitere Ursache einer hohen Stromkostenbelastung in der Industrie wird die unterschiedliche Dispositionsbefugnis der Elektrizitätsversorgungsunternehmen in bezug auf Preisänderungen bei verschiedenen Abnehmerkreisen genannt. Daß Preisänderungen gegenüber Tarifabnehmern der Aufsicht oberster Landesbehörden unterliegen, gegenüber Sondervertragskunden jedoch nicht, wird als begünstigender Faktor einer Preisanhebungspolitik der Versorger zu Lasten der Sonderabnehmer betrachtet, die der jeweiligen Kostenverursachung nicht entspricht [5].

---

1) Vgl. BUNDESMINISTERIUM FÜR WIRTSCHAFT (Hrsg.), 1981, S. 39; in § 1 Abs. 1 der Bundestarifordnung Elektrizität (vom 26.11.1971, BGBl. 1971, I, S. 1865, in Verbindung mit der 2. Änderungsverordnung vom 30.1.1980, BGBl. 1980, I, S. 122) ist allgemein die Verpflichtung der Elektrizitätsversorgungsunternehmen zu einer möglichst kostengünstigen Stromversorgung niedergelegt.

2) Vgl. BUNDESMINISTERIUM FÜR WIRTSCHAFT (Hrsg.), 1981, S. 12 und 44 f.

3) Atomgesetz in der Fassung vom 31.10.1976, BGBl. 1976, I, S. 3053 ff.

4) Vgl. SCHÜRMANN, H.-J., 1978, S. 36.

5) Vgl. DRÜKE, K., und MAACK, J., 1981, S. 514 f.; KEMMER, H.-G., 1982a, S. 21.

2.4.2.4. Weitere energiepolitische Teilbereiche

Unter anderem um die Erreichung der Ziele der Versorgungssicherheit und der Mineralölsubstitution zu unterstützen, sind die zahlreichen staatlichen Eingriffe auf dem Kohlemarkt darauf ausgerichtet, den Kohlebeitrag zur Energieversorgung zu festigen bzw. auszubauen [1]. Dies kommt insbesondere durch die Stützung der deutschen Steinkohle [2] zum Ausdruck, beispielsweise in Form der staatlich forcierten Vereinbarung zwischen dem Steinkohlenbergbau und der öffentlichen Elektrizitätswirtschaft zur Sicherung des Verstromungsbeitrages der deutschen Steinkohle [3] oder in Form der Förderung des Kokskohlebezugs der Stahlindustrie [4]. Dabei sind zur Gewährleistung der preislichen Attraktivität der deutschen Steinkohle gegenüber Konkurrenzenergien Subventionen nötig, zu deren Aufbringung die Industrie zum Beispiel als Stromverbraucher direkt belastet wird [5]. Schließlich ist neben der Förderung der heimischen Kohle aber auch die weitergehende Öffnung des deutschen Marktes für preisgünstige Importkohle Bestandteil der Kohlepolitik geworden [6].

Ähnlich wie bei der Kohle soll der Versorgungsanteil des Erdgases ausgebaut werden [7]. Im Zuge der Umstrukturierung

---

1) Vgl. BUNDESMINISTERIUM FÜR WIRTSCHAFT (Hrsg.), 1981, S. 21 und 35 ff.

2) Vgl. SACHVERSTÄNDIGENRAT ZUR BEGUTACHTUNG DER GESAMTWIRTSCHAFTLICHEN ENTWICKLUNG: Gegen Pessimismus - Jahresgutachten 1982/83, Stuttgart - Mainz 1982, S. 157 f.; derselbe: Ein Schritt voran - Jahresgutachten 1983/84, Stuttgart - Mainz 1983, S. 234 ff.

3) Vgl. auch SCHÜRMANN, H.-J., 1978, S. 36; SACHVERSTÄNDIGENRAT ZUR BEGUTACHTUNG DER GESAMTWIRTSCHAFTLICHEN ENTWICKLUNG, 1980, S. 174.

4) Vgl. auch BUNDESMINISTERIUM FÜR WIRTSCHAFT (Hrsg.), 1981, S. 36.

5) Vgl. auch SACHVERSTÄNDIGENRAT ZUR BEGUTACHTUNG DER GESAMTWIRTSCHAFTLICHEN ENTWICKLUNG, 1980, S. 174.

6) Vgl. BUNDESMINISTERIUM FÜR WIRTSCHAFT (Hrsg.), 1981, S. 37.

7) Vgl. ebenda, S. 21 und 56 f.

der Energieverwendung ist dabei eine Reduktion des Erdgaseinsatzes zur Stromerzeugung angestrebt und auch zu beobachten, wodurch Gas unter anderem auch vermehrt als Endenergieträger in der Industrie zur Verfügung steht [1]. Allerdings wird für den Industriesektor der Kohle als Substitutionsenergie des Mineralöls eine höhere Priorität eingeräumt als dem Gas [2].

Die Umweltbelastungen, die in allen Bereichen der Energieerzeugung, -umwandlung und -verwendung auftreten [3], bedingen entsprechende rechtliche Schutznormen. Diese Vorschriften sind zugleich Restriktionen der industriebetrieblichen Energienutzung und insbesondere der dadurch verursachten Verunreinigung der Luft. So wird aufgrund des Bundes-Immissionsschutzgesetzes [4] in Verbindung mit der Technischen Anleitung zur Reinhaltung der Luft [5] und der Verordnung über Großfeuerungsanlagen [6] zur Einschränkung der Schadstoffbelastung der Luft die Einhaltung gebietsbezogener Immissionsgrenzwerte und anlagenbezogener Emissionsgrenzwerte gefordert. Dies gehört zu den Rahmenbedingungen für entsprechende Investitionsentscheidungen der Industrie.

Auf internationaler Ebene hat sich unter den Industrieländern eine energiepolitische Zusammenarbeit auf verschiedenen Gebieten herausgebildet:

---

1) Vgl. BUNDESMINISTERIUM FÜR WIRTSCHAFT (Hrsg.), 1981, S. 41.

2) Vgl. LAMBSDORFF, O. GRAF: Dritte Fortschreibung des Energieprogramms der Bundesregierung vom 4. November 1981, in: VIK-Mitteilungen, 30. Jg. (1981), S. 116 f.

3) Vgl. DER RAT VON SACHVERSTÄNDIGEN FÜR UMWELTFRAGEN, 1981, S. 9 und 36.

4) Bundes-Immissionsschutzgesetz vom 15.3.1974, BGBl. 1974, I, S. 721 ff.

5) Technische Anleitung zur Reinhaltung der Luft in der Fassung vom 27.2.1986, GMBl. 1986, S. 95 ff.

6) Verordnung über Großfeuerungsanlagen vom 22.6.1983, BGBl. 1983, I, S. 719 ff.

So sind zur Abstimmung der nationalen Energiepolitiken auf längere Sicht in den Europäischen Gemeinschaften und dem breiteren Rahmen der Internationalen Energie-Agentur Beschlüsse insbesondere zur Energieeinsparung und Ölsubstitution gefaßt worden. Diese enthalten unter anderem für alle jeweiligen Mitgliedsländer gleichsam geltende, quantitativ formulierte Ziele, die beispielsweise auf das Verhältnis des Energieverbrauchswachstums zum Wachstum des Sozialprodukts bezogen sind, aber auch auf die Ölimport- und im Gegensatz dazu die Kohleeinsatzmengen oder den Anteil des Ölverbrauchs am Primärenergieverbrauch. So wird für die letztere Kennzahl in den Staaten der Europäischen Gemeinschaften bis 1990 eine Senkung auf circa 40 % angestrebt [1].

Des weiteren sind unter dem Aspekt der Versorgungssicherheit in internationaler Übereinkunft Vorsorgeregelungen entstanden, die zusätzlich zu den in der Bundesrepublik für Krisenfälle vorgesehenen Eingriffsmöglichkeiten aufgrund des Energiesicherungsgesetzes [2] bestehen. Beispielsweise ist bezüglich der Mineralölversorgung für die Mitgliedsländer der Internationalen Energie-Agentur eine Pflichtbevorratung in Höhe der für 90 Tage nötigen Ölimporte festgelegt [3].

2.4.3. Konflikte bei der Verfolgung der energiepolitischen Bereichsziele

Im energiepolitischen Zielsystem können Konflikte nicht nur auf der obersten Ebene zwischen der Sicherheit und der geringen Kostenverursachung der Energieversorgung auftreten, wie bereits geschildert wurde, sondern auch

---

1) Vgl. BUNDESMINISTERIUM FÜR WIRTSCHAFT (Hrsg.), 1981, S. 65 f.; SACHVERSTÄNDIGENRAT ZUR BEGUTACHTUNG DER GESAMTWIRTSCHAFTLICHEN ENTWICKLUNG, 1980, S. 170 f.

2) Energiesicherungsgesetz vom 20.12.1974, BGBl. 1974, I, S. 3681 ff., in Verbindung mit dem 1. Änderungsgesetz vom 19.12.1979, BGBl. 1979, I, S. 2305.

3) Vgl. BUNDESMINISTERIUM FÜR WIRTSCHAFT (Hrsg.), 1981, S. 59 und 65.

zwischen diesen Oberzielen und Bereichszielen wie der sparsamen und rationellen Energieverwendung oder dem steigenden Beitrag der Kernenergie zur Stromerzeugung, und schließlich besteht ein Konfliktpotential auch zwischen den Zielen der unteren Ebene [1].

Beispielsweise wird eine Energieeinsparung durch Verschiebungen der Versorgungsanteile der Energieträger möglich sein, insbesondere bei vermehrtem Öleinsatz zu Lasten anderer Energieträger durch forcierte Installierung von Blockheizkraftwerken auf der Basis von Öl und durch Bevorzugung der Öldirektheizung vor der elektrischen Speicherheizung. Eine solche Vorgehensweise wird allerdings dem Oberziel der Versorgungssicherheit und dem Bereichsziel der Ölsubstitution abträglich sein. Soll hingegen die Ölsubstitution und damit die Sicherheit der Energiebereitstellung Vorrang vor dem Sparziel haben, so ist Öl auch dann durch andere Energieträger zu ersetzen, wenn dadurch der Gesamtverbrauch steigt.

Hier zeigt sich, daß eine Prioritätensetzung für Konfliktfälle wünschenswert ist. In diesem Punkt liefern die Energieprogramme der Bundesregierung aber allenfalls implizite Hinweise: Für Energieeinsparung und Ölsubstitution läßt zum Beispiel der 1977 vollzogene Wechsel in der Reihenfolge ihrer Nennung auf eine Umkehrung der gewünschten Rangfolge zugunsten des Sparziels schließen [2].

---

1) Vgl. BÖNNER, U., 1982, S. 338.

2) Vgl. BUNDESMINISTERIUM FÜR WIRTSCHAFT (Hrsg.), 1974, S. 16, einerseits; dasselbe (Hrsg.), 1977, S. 7, andererseits.

3. Entwicklungslinien der industriebetrieblichen Energienutzung

In dem nun folgenden dritten Kapitel dieser Arbeit werden energiewirtschaftlich bedeutsame Entwicklungen, die sich in der Industrie vollzogen haben, aufgezeigt und analysiert. Neben der deskriptiven soll demnach auch eine explikative Vorgehensweise verfolgt werden, um so zum Beispiel statistische Zusammenhänge zwischen Größen herauszuarbeiten, bei denen eine Kausalbeziehung vermutet wird. Wo es sinnvoll erscheint, wird die Methodik solcher explikativer Ansätze auch näher untersucht werden. Eine unmittelbar entscheidungsorientierte Sichtweise, beispielsweise mit dem Ergebnis statistisch gesicherter Aussagen zur Energieintensität alternativer Produktionsverfahren oder zur Eignung verschiedener Endenergieträger für eine bestimmte Nutzenergieart, ist hingegen nicht möglich, da es an dem dafür erforderlichen Datenmaterial mangelt.

Zukünftige Entwicklungen werden im Einzelfall einmal angesprochen, insbesondere wenn aufgrund von Befragungen beispielsweise zur beabsichtigten Investitionstätigkeit ganz konkrete Hinweise gegeben sind, jedoch nicht in größerem Umfang einbezogen, da grundsätzlich mit sicheren Größen gearbeitet werden soll: Zwar mag es häufig naheliegend erscheinen, Vergangenheitstrends der Energienutzung in die Zukunft zu extrapolieren, aber weder dieses noch aufwendigere Prognoseverfahren, durch die verschiedene zusätzliche Bestimmungsfaktoren und Strukturänderungen Berücksichtigung finden können [1], vermögen gegenwärtig die gerade auch auf dem Gebiet der Energienutzung bestehende erhebliche Prognoseproblematik in befriedigender Weise zu bewältigen; daß die Verläßlichkeit solcher Vorausschätzungen stark eingeschränkt ist, wird schon anhand

---

1) Zu den beiden auf energiewirtschaftlichem Gebiet gebräuchlichen Arten von Prognoseverfahren vgl. BEAUJEAN, J.-M., und CHARPENTIER, J.-P. (Hrsg.), 1976, S. 11.

der oftmals weit auseinanderliegenden Zahlen verschiedener Prognosen einer bestimmten energiewirtschaftlichen Größe deutlich und hat sich bei ex-post-Überprüfungen der Vorhersagewerte auch immer wieder gezeigt [1].

Der Untersuchungsgegenstand dieses Kapitels umfaßt einerseits unter Rückgriff auf das hierfür allgemein zugängliche Datenmaterial den Gesamtsektor und Teilbereiche der bundesdeutschen Industrie. Dabei können Durchschnittswerte, beispielsweise spezifische Energieverbräuche oder -kosten bestimmter Branchen, auch als Vergleichszahlen betriebswirtschaftlich interessant sein. Zum anderen wird diese unternehmensübergreifende Betrachtungsweise bei einzelnen Analyseschwerpunkten im Sinn von Fallstudien mit Hilfe der aus eigenen Praxiskontakten gewonnenen einzelwirtschaftlichen Daten ergänzt.

Dem verfügbaren empirischen Zahlenmaterial entsprechend sind die Ausführungen auf die ohne Zweifel sehr aufschlußreiche Form der energetisch eingesetzten Endenergie abgestellt. Insbesondere hinsichtlich der Nutzenergie wären ähnlich detaillierte Untersuchungen wünschenswert; es fehlt dazu jedoch eine entsprechende Datenbasis.

Die im einzelnen behandelten Fragestellungen betreffen die Beziehung zwischen Produktionsmenge und Energieverbrauch, Preisänderungen und durch sie induzierte Substitutionsbewegungen, Kostenentwicklungen und damit im Zusammenhang stehende Verbrauchsmengeneinsparungen sowie die energieorientierte Investitionstätigkeit. Damit werden zugleich verschiedene Anpassungswege der industriebetrieblichen Energiewirtschaft aufgegriffen, die in Abschnitt 2.3.2. bereits zur Sprache gekommen sind.

---

1) Vgl. BUNDESMINISTERIUM FÜR WIRTSCHAFT (Hrsg.), 1981, S. 14; SANDNER, N.: Die Grenzen der mittel- und langfristigen Prognosen des Energieverbrauchs, in: Glückauf, 108. Jg. (1972), S. 1147 ff. Zur Problematik von Energieverbrauchsprognosen vgl. auch HERZ, H., und JOCHEM, E.: Unsicherheiten in der Prognose von Energiebedarfsentwicklungen, in: FhG-Berichte, Nr. 4 - 1980, S. 3 ff.

Es sei schließlich noch vorausgeschickt, daß die im folgenden dargestellten Entwicklungslinien und daran angeknüpften Schlußfolgerungen nicht darauf ausgerichtet sind, den politischen Entscheidungsträger bei der Lösung volkswirtschaftlicher Probleme zu unterstützen, wie beispielsweise bei der Frage der Auswirkung politischer Maßnahmen auf die Energiebilanz der Industrie, sondern als Einblicke in die industriebetriebliche Energienutzung, die sich in aggregierter und disaggregierter Sicht gewinnen lassen, Grundlage von Anpassungsüberlegungen in den Unternehmen selbst sein sollen.

3.1. Gesamtindustrie und Teilbereiche

Bevor nun in unternehmensübergreifender Sicht auf verschiedene energiewirtschaftliche Aspekte innerhalb der Industrie näher eingegangen wird, soll vorab die Entwicklung des Industrieanteils am gesamten energetischen Endenergieeinsatz [1] in der Bundesrepublik Deutschland im Vergleich mit den anderen beiden großen in der Statistik abgegrenzten Verbrauchsbereichen, nämlich Haushalten und Kleinverbrauchern einerseits und Verkehr andererseits, dargestellt werden [2].

Wie in Abbildung 5 [3] illustriert ist, verringerte sich im Zeitraum von 1960 bis 1982 der Industrieanteil am Gesamtverbrauch von 48 % auf 33 %. Im Zuge dieser Entwicklung gab die Industrie Ende der 60er Jahre ihre "führende Stellung" unter den drei erfaßten Verbrauchsbereichen, die sie bis dahin beinahe ununterbrochen innegehabt hatte, an den Sektor Haushalte und Kleinverbraucher ab. Dieser Positionswechsel ändert jedoch nichts an der Tatsache, daß die Industrie nach wie vor auch im Gesamtzusammenhang der volkswirtschaftlichen Endenergienutzung eine herausragende Rolle spielt.

---

1) Wenn nicht explizit ein anderslautender Hinweis gegeben wird, sind im folgenden nicht-energetisch wie auch zur Eigenstromerzeugung genutzte Einsatzmengen nicht in die erfaßten Endenergieverbräuche eingerechnet: Vgl. ARBEITSGEMEINSCHAFT ENERGIEBILANZEN (Hrsg.), Bd. II, 1978, S. 12.

2) Die benutzte Abgrenzung des Sektors "Industrie" entspricht der in den neueren amtlichen Statistiken geführten Verbrauchergruppe "Verarbeitendes Gewerbe" ohne die Energieversorgungsbranche der Mineralölverarbeitung. Der Sektor "Haushalte und Kleinverbraucher" stellt einen in sich recht heterogenen Sammelposten dar und schließt unter anderem das Bauhauptgewerbe und verschiedene Dienstleistungssektoren mit ein. Zur Definition der Verbrauchssektoren vgl. ARBEITSGEMEINSCHAFT ENERGIEBILANZEN (Hrsg.), Bd. II, 1978, S. 11 f.

3) Quellen: Dieselbe (Hrsg.): Energiebilanzen der Bundesrepublik Deutschland, Frankfurt/M., versch. Jgge.; eigene Berechnungen. Die dieser Abbildung zugrunde liegenden Zahlenangaben sind in Tabelle A1 des Anhangs dieser Arbeit zusammengestellt.

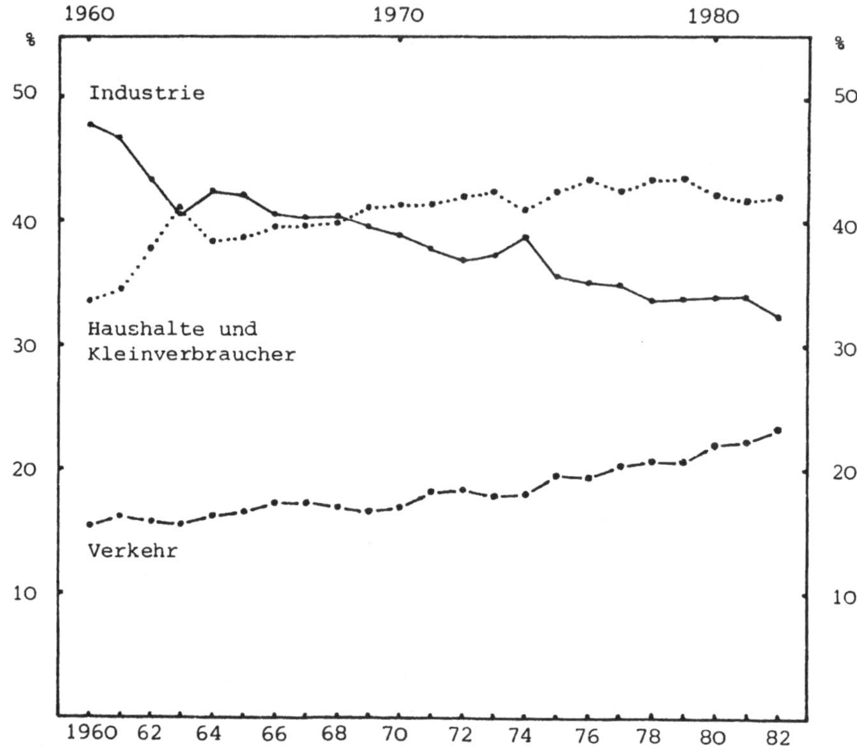

Abb. 5: Anteile der drei großen Verbrauchergruppen am Endenergieeinsatz in der Bundesrepublik Deutschland

3.1.1. Entwicklung des Energieverbrauchs und der Wertschöpfung

Der vermutete Zusammenhang zwischen Energieverbrauch und Wertschöpfung [1] wird beispielsweise in Modellen der gesamtwirtschaftlichen Energieversorgung und -verwendung zum Zweck von Verbrauchsvorausschätzungen herangezogen [2].

---

1) Es wird hier das Konzept verfolgt, unter Ausschluß der Vorleistungen die direkten Energieverbräuche der Wertschöpfung als Maßstab für die Eigenleistung gegenüberzustellen. Die Wahl des Umsatzes als Bezugsgröße anstelle der Wertschöpfung ließe es geboten erscheinen, auf der anderen Seite auch die bei den Vorleistungen angefallenen indirekten Verbräuche mit einzubeziehen. Vgl. dazu MIES, W., und NAUJOKS, W., o.J., S. 26; TIEDTKE, J.: Die direkten und indirekten Energiekosten in der Industrie, in: ZfE, o.Jg. (1980), S. 148 ff.

2) Vgl. z.B. BASILE, P.S., 1980, S. 38.

Gemeinhin betrachtet man die Produktionsmenge als wesentliche Determinante des Energieeinsatzes. Das Wachstum dieser beiden Größen ist auch verschiedentlich anhand des vorhandenen empirischen Datenmaterials auf eine bestehende "Kopplung" hin untersucht worden, allerdings ohne daß eine einheitliche Auffassung von diesem Kopplungsbegriff herrscht und ohne daß ein spezieller Zuschnitt auf die Verhältnisse in der Industrie gegeben ist [1]. Um in diesen Punkten Klarheit zu gewinnen, soll die Beziehung zwischen Endenergieverbrauch und Wertschöpfung in der Gesamtindustrie für den Zeitraum von 1960 bis 1982 dargestellt und analysiert werden.

Eine Kopplung in strengster Form würde vorliegen, wenn der Energieverbrauch sich jeweils, zum Beispiel von Jahr zu Jahr, mit der gleichen Rate ändert wie die Produktionsmenge. Eine Regressions- und Korrelationsanalyse für in verschiedenen Jahren aufgetretene Kombinationen der Wachstumsraten müßte als Schätzkurve demnach eine Ursprungsgerade mit einer positiven Steigung von Eins bei einem Korrelationskoeffizienten von Eins ergeben.

Bei dem Bruttosozialprodukt und dem Primärenergieverbrauch der Bundesrepublik Deutschland kann man nun zumindest in einer Zwei-Perioden-Betrachtung für den Zeitraum von 1960 bis 1973 ein gleich hohes Wachstum konstatieren, das heißt der Elastizitätskoeffizient als Quotient der Änderungsraten von Energieverbrauch und Produktionsmenge nimmt für diese gesamte Zeitspanne den Wert Eins an [2].

---

1) Vgl. KRIEGSMANN, K.-P., und NEU, A.D.: Sektoraler Strukturwandel und Energieverbrauch, in: ZfE, o.Jg. (1980), S. 216 ff.; dieselben: Substitutionsbeziehungen zwischen den Produktionsfaktoren Energie, Kapital und Arbeit in der Bundesrepublik Deutschland, in: ZfE, o.Jg. (1981), S. 56; MICHAELIS, H., 1981, S. 6; SCHMITT, D., und SCHÜRMANN, H.J.: Die unterstellte Entkoppelung von Wirtschaftswachstum und Energieverbrauch - keine neue Alternative, in: ZfE, o.Jg. (1978), S. 147 ff.

2) Vgl. SCHMITT, D., und SCHÜRMANN, H.J., 1978, S. 147 f.

Eine entsprechend gleichförmige Entwicklung hat es hingegen für die Bruttowertschöpfung und den Endenergieverbrauch in der Industrie nicht einmal während der Zeit der relativ stabilen Verhältnisse auf den Energiemärkten in den sechziger und zu Beginn der siebziger Jahre gegeben. Dies geht aus den Abbildungen 6 und 7 [1] deutlich hervor.

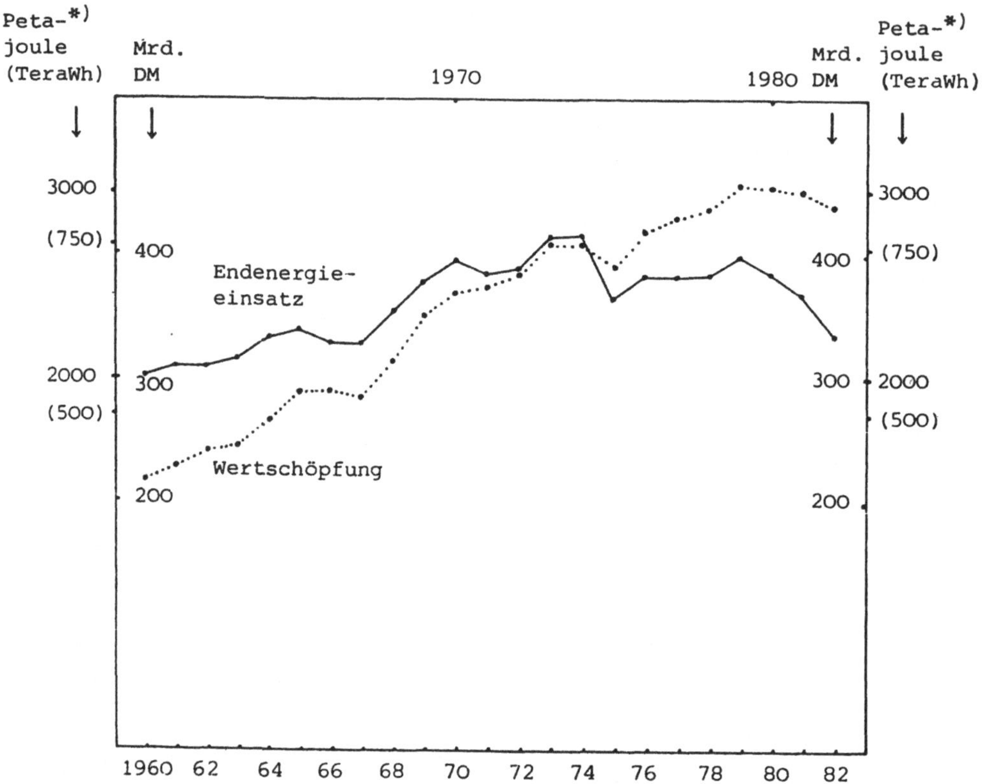

*) Petajoule = Billiarden Joule, TeraWh = Billionen Wh. Zu den gebräuchlichen Energiemaßeinheiten vgl. Tabelle 2 auf Seite 28 dieser Arbeit.

Abb. 6: Bruttowertschöpfung zu Marktpreisen (Milliarden DM, Preise aus 1980) und Endenergieeinsatz (Petajoule bzw. TeraWh) in der Industrie

---

1) Quellen: ARBEITSGEMEINSCHAFT ENERGIEBILANZEN (Hrsg.), versch. Jgge.; STATISTISCHES BUNDESAMT (Hrsg.): Fachserie 18, Reihe S.8, 1985, S. 50 ff.; eigene Berechnungen. Zahlenangaben: Tabelle A2 des Anhangs.
Hier wie auch im folgenden liegt der realen Bruttowertschöpfung als Preisbasisperiode das Jahr 1980 zugrunde.

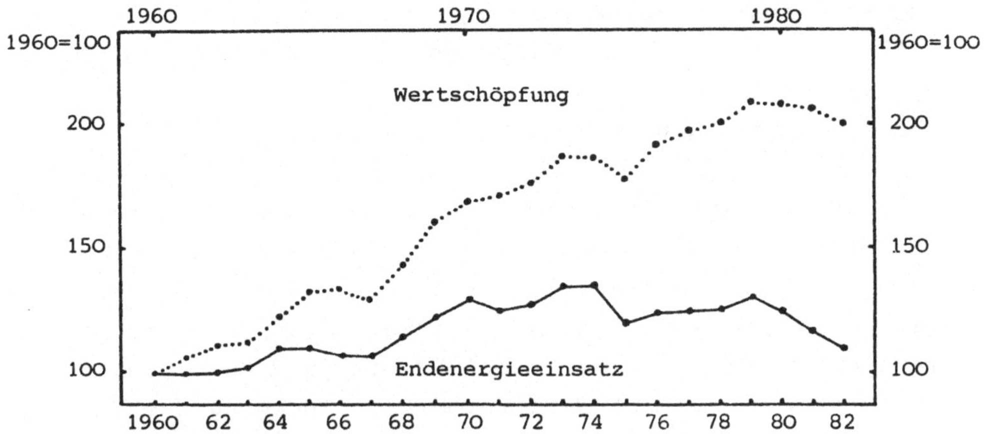

Abb. 7: Bruttowertschöpfung zu Marktpreisen (Preise aus 1980) und Endenergieeinsatz in der Industrie (jeweils 1960 = 100)

Die in Jahresschritten für den gesamten erfaßten Zeitraum berechneten Elastizitätskoeffizienten als Maßzahlen für die prozentuale Veränderung des Endenergieverbrauchs bei einprozentiger Änderung der Wertschöpfung bringen zum Ausdruck, daß der Endenergieverbrauch in der Regel eine deutlich niedrigere Wachstumsrate aufwies als die Wertschöpfung, das heißt zum Beispiel bei den jeweiligen Veränderungen gegenüber dem Vorjahr unterproportional zunahm, überproportional abnahm oder gar trotz steigenden Outputs sank [1].

In der zweiten Hälfte des Beobachtungszeitraums trat die überdurchschnittliche Verteuerung der Energieträger als besonders sparfördernder Faktor auf: So wurde der ansteigende Trend des Endenergieeinsatzes in der Industrie trotz

1) Vgl. Tabelle A3 des Anhangs.
Zur Interpretation der Elastizitätskoeffizienten ist die Kenntnis der Vorzeichen von Zähler und Nenner dieser Maßzahl wesentlich.

der beträchtlich gesteigerten Produktion in der Folge der Rohölpreissprünge von 1973/74 und 1979/80 gebrochen. Die Spitzenverbräuche lagen mit circa 2.800 Petajoule oder 770 Milliarden kWh in 1973 und 1974 [1].

Diese Entwicklung läßt sich mit Hilfe des Elastizitätskoeffizienten für Endenergieverbrauch und Wertschöpfung noch deutlicher charakterisieren, der für die gesamte Zeitspanne von 1960 bis 1972 den Wert 0,35 annimmt, während er für den Zeitraum von 1972 bis 1982 bei -0,98 liegt. Im letzteren Fall ist der prozentuale Rückgang des Endenergieverbrauchs beinahe genauso hoch wie die Steigerungsrate der Wertschöpfung [2].

Neben der starren Form der Kopplung ist auch eine weniger strenge Art definierbar, die auf einen signifikanten Zusammenhang zwischen Produktions- und Energieverbrauchswachstum abstellt. Auch bei Vorliegen einer solchen Beziehung bietet sich die Möglichkeit an, aufgrund der Entwicklung der Wertschöpfung die Veränderung des Energieverbrauchs zu schätzen, ohne daß die Wachstumsraten gleich hoch sein oder in einem konstanten Verhältnis stehen müssen.

Um zu überprüfen, ob eine solche weniger strenge Form der Kopplung in der Industrie für den Zeitraum von 1960 bis 1982 nachgewiesen werden kann, ist für die jährlichen Wertepaare von Wertschöpfungs- und Endenergieverbrauchswachstum eine Regressions- und Korrelationsanalyse mit verschiedenen Funktionstypen durchgeführt worden, die unter anderem zu folgenden Ergebnissen geführt hat:

---

1) Vgl. Abbildung 6.

2) Vgl. Tabelle A3 des Anhangs.

(1) $y = 0,989x - 2,750$ $r = 0,868$

(2) $y = 0,005x^3 - 0,100x^2 + 1,358x - 2,095$ $r = 0,894$

(3) $y = 2,334e^{0,104x} - 4,257e^{-0,243x}$ $r = 0,895$

mit

y: Zuwachsrate des Endenergieverbrauchs,

x: Zuwachsrate der Wertschöpfung und

r: Produktmoment-Korrelationskoeffizient nach PEARSON.

Bereits mit Hilfe des linearen Ansatzes kann also ein recht hoher Grad des Zusammenhangs zwischen Wertschöpfung und Endenergieverbrauch gezeigt werden. Darüber hinaus ist mittels der hier aufgeführten nichtlinearen Funktionen noch eine etwas bessere Anpassung an die Daten möglich.

Bei Anwendung des Prüfverfahrens anhand der t-Verteilung wird in bezug auf alle drei Ansätze auch für die geringe Irrtumswahrscheinlichkeit $\alpha = 0,0001$ die Nullhypothese abgelehnt, daß der Korrelationskoeffizient der Grundgesamtheit den Wert Null aufweist. Damit ist aufgrund der Stichprobenuntersuchung die Abhängigkeit von Wertschöpfung und Endenergieverbrauch auf dem 0,01 %-Niveau statistisch gesichert [1].

Ökonomisch gesehen kommt in den Analyseergebnissen zum Ausdruck, daß das Energieverbrauchswachstum nach wie vor um so höher bzw. niedriger ausfällt, je höher bzw. niedriger die prozentuale Änderung der Produktionsmenge ist. Dabei wird aufgrund der Achsenschnittpunkte der Schätzkurven deutlich, daß eine gewisse Steigerungsrate der Wertschöpfung auch ohne Zunahme des Energieeinsatzes er-

1) Vgl. SACHS, L.: Angewandte Statistik, 5. Aufl., Berlin - Heidelberg - New York 1978, S. 111 und 329 ff.

reicht werden kann bzw. daß bei stagnierender Produktion eine Abnahme des Energieverbrauchs möglich ist. Der recht enge Zusammenhang zwischen den beiden Größen wurde auch durch die Trendwende beim Energieverbrauch in 1973/74 nicht beseitigt.

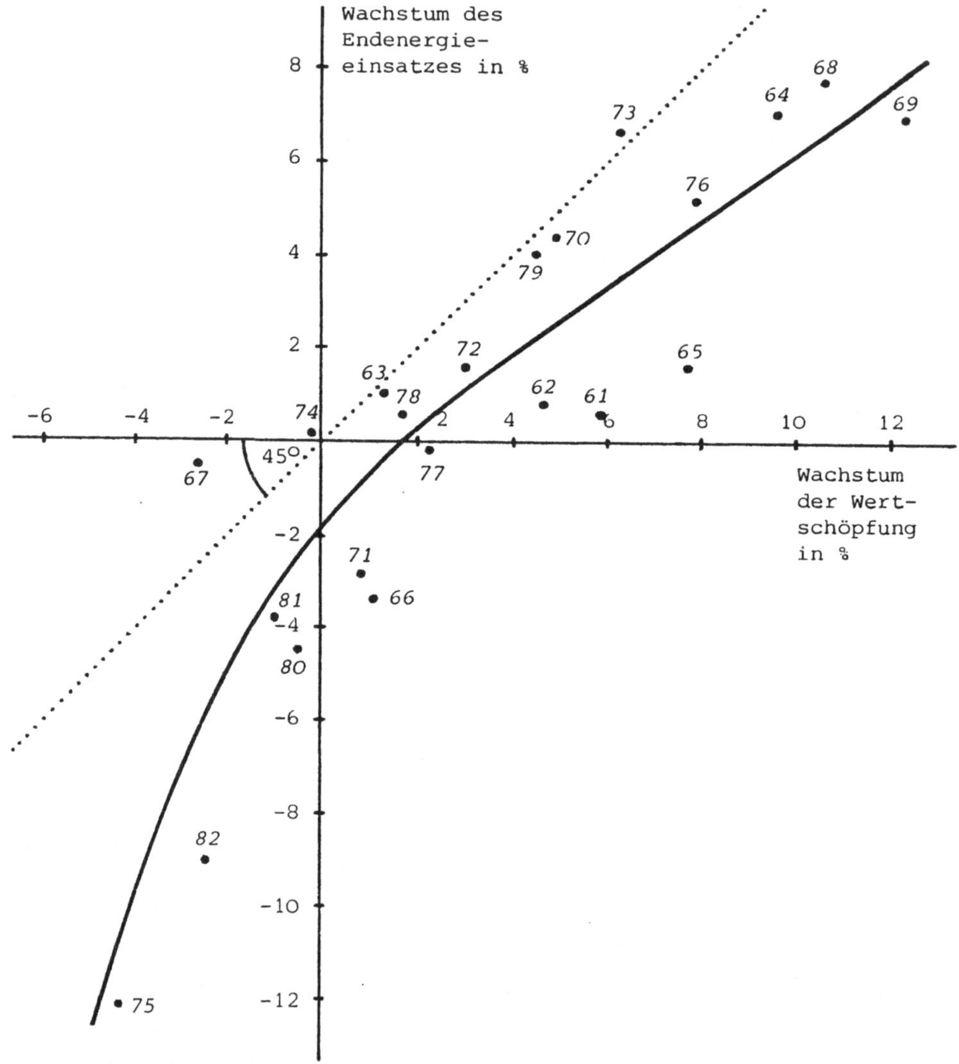

Abb. 8: Wachstumsraten der Bruttowertschöpfung zu Marktpreisen (Preise aus 1980) und des Endenergieeinsatzes in der Industrie (jeweils Veränderungen gegenüber den Vorjahreswerten, indiziert mit der betreffenden Jahreszahl) und Schätzkurve der Regressionsgleichung $y = 2{,}334e^{0{,}104x} - 4{,}257e^{-0{,}243x}$

Die sich aus dem dritten Ansatz ergebende Schätzkurve ist zusammen mit den beobachteten Wachstumsraten in Abbildung 8 [1)] eingezeichnet.

Zusammenfassend soll festgehalten werden, daß eine starre Kopplung im Sinn gleicher Änderungsraten von Wertschöpfung und Endenergieverbrauch der Industrie im Beobachtungszeitraum auch nicht annähernd gegeben ist, daß allerdings ein statistischer Zusammenhang zwischen diesen Größen nachweisbar ist und man insofern von einer Kopplung in weniger strenger Form sprechen kann.

3.1.2. Preisentwicklungen und Substitutionsprozesse

Zwischen den in der Industrie verwendeten wesentlichen Produktionsfaktorgruppen, zu denen unter anderem auch die Energieträger als eine eigenständige Komponente gezählt werden können, sind im Zeitablauf Austauschprozesse in Form von Veränderungen der Einsatzmengenverhältnisse zu beobachten. Die Einsatzrelationen der Energieträger untereinander unterliegen ebenfalls solchen Verschiebungen. Die beiden so charakterisierten Substitutionsprozesse sollen für die Gesamtindustrie in den folgenden zwei Abschnitten behandelt werden.

Die hier angestellten Untersuchungen sind von produktionstheoretischen Überlegungen in folgender Weise abzugrenzen: In der Produktionstheorie wird der Begriff der Substitutionalität in entscheidungsorientierter Sicht für den Sachverhalt benutzt, daß zur Erzeugung bestimmter Outputmengen jeweils mehrere effiziente Faktorkombinationen zur Auswahl stehen. Im folgenden wird das Augenmerk hingegen ohne un-

---

1) Quellen: ARBEITSGEMEINSCHAFT ENERGIEBILANZEN (Hrsg.), versch. Jgge.; STATISTISCHES BUNDESAMT (Hrsg.): Fachserie 18, Reihe S.8, 1985, S. 50 ff.; eigene Berechnungen. Zahlenangaben: Tabelle A3 des Anhangs.

mittelbar normative Intentionen auf die realisierten Änderungen der Mengenrelationen zwischen den Produktionsfaktoren gerichtet, wobei der Output eine im Zeitablauf variable Größe ist.

Als Gründe für Veränderungen der Faktoreinsatzverhältnisse, die aus der Produktionstheorie geläufig und auch für den gerade geschilderten Untersuchungsgegenstand gültig sind, kommen zunächst grundsätzlich in Betracht, daß sich die relativen Preise der Inputfaktoren verändern, daß die Möglichkeit des Übergangs von nicht-effizienten auf effiziente Produktionspunkte erkannt wird und daß technischer Fortschritt gegeben ist, der ja häufig auf die Reduzierung der Einsatzmenge eines bestimmten Faktors zielt [1]. Substitutionsbewegungen können zudem in mehr oder minder starkem Ausmaß durch weitere Umstände mit verursacht sein wie Verfügbarkeitsgrenzen von Ressourcen und Veränderungen der relativen Produktionsbeiträge einzelner Industriezweige [2].

Die exakte Isolierung und Quantifizierung der genannten Effekte für den beobachteten Faktorverzehr der Industrie ist nicht möglich. Durchaus sinnvoll erscheint allerdings die in den nächsten beiden Abschnitten verfolgte Fragestellung, ob der Rückgriff auf das vermutlich wesentlichste Substitutionskriterium, nämlich die Preisentwicklung der zum Einsatz kommenden Produktionsfaktoren, im Hinblick auf die Erklärung der Austauschbeziehungen zu plausiblen Ergebnissen führt. Die übrigen möglichen Ursachen sollen dabei jedoch nicht aus den Augen verloren werden.

---

1) Vgl. HAMPICKE, U., 1979, S. 130 f.

2) Zur letzteren Substitutionsursache vgl. KRIEGSMANN, K.-P., und NEU, A.D., 1981, S. 56.

Die Substitution von Energieträgern überhaupt bzw. von bestimmten Energieprodukten wird nun schon seit mehr als einer Dekade als wesentlicher Weg zur Erreichung der energiewirtschaftlichen Ziele angesehen [1] und ist, wie im folgenden herausgearbeitet werden wird, in der Industrie auch mit einiger Konsequenz in Gang gesetzt worden. Bei der bis zu Beginn der 60er Jahre zurückreichenden Betrachtung werden allerdings auch anfängliche Entwicklungen in ganz anderer Richtung deutlich werden.

3.1.2.1. Substitutionsprozesse bei den Produktionsfaktoren Arbeit, Kapital und Energie

Die Untersuchung der Substitutionsbewegungen zwischen Arbeit, Kapital und Energie [2] geht über den Bereich der Energiewirtschaft in den Industriebetrieben hinaus und stellt eine Verbindung zu anderen Unternehmensfunktionen her, die insbesondere im Zusammenhang mit Personal- und Investitionsfragen stehen. Die Austauschbeziehungen zwischen diesen drei Faktorgruppen sollen hier um der dadurch möglichen Einblicke in die Gesamtzusammenhänge willen erörtert werden, ohne daß sie zu den Analyseschwerpunkten dieses Kapitels gehören.

Die Verschiebungen im Produktionsfaktorgefüge der Industrie in den 60er und 70er Jahren unter expliziter Berücksichtigung der Energieinputs lassen sich anhand vorliegender

---

1) Vgl. auch Abschnitt 2.3.2. dieser Arbeit.

2) Die Frage der Substitution zwischen den für die Produktion benötigten Einsatzfaktoren hat in entscheidungsorientierte wie auch in explikative Ansätze auf energiewirtschaftlichem Gebiet Eingang gefunden. In Ansätze beider Art nimmt man dann in Abwandlung des klassischen volkswirtschaftlichen Produktionsfaktorsystems neben Arbeit und Kapital die Energie als eigenständige Faktorgruppe auf. Zur ersteren Art vgl. z.B. MANNE, A.S., 1978, S. 341 ff., insbes. S. 341 und 344; zur letzteren Art vgl. z.B. NEU, A.D.: Strukturwandel und Substitutionsprozesse im sektoralen Energieverbrauch, in: ZfE, o.Jg. (1983), S. 52 ff.

Untersuchungen [1] in den Wesenszügen nachvollziehen. Erste aufschlußreiche Ergebnisse liefert anknüpfend an den Überlegungen zur Beziehung zwischen Wertschöpfung und Endenergieverbrauch in Abschnitt 3.1.1. die Betrachtung der Produktivitätsentwicklung der verschiedenen Inputs, ohne daß die dafür in Frage kommenden Einflußgrößen mit einbezogen werden [2]:

Grundsätzlich muß zwar mit der gestiegenen Produktivität eines Faktors nicht notwendigerweise auch seine Substitution einhergehen, da sich beispielsweise die Produktivität jedes der anderen Faktoren prozentual im gleichen Maß erhöht haben kann. Dies war aber in der Industrie in den betrachteten 20 Jahren nicht der Fall. Es trat hingegen eine stark gegenläufige Entwicklung von sinkender Kapital- und steigender Arbeitsproduktivität auf, während der Output pro Einheit Energieinput in geringerem Umfang wuchs. Hieraus läßt sich ableiten, daß Energie im Zeitablauf im Verhältnis zum Kapital vermindert, im Verhältnis zur Arbeit jedoch vermehrt eingesetzt wurde.

Detailliertere Aussagen auch im Sinn einer Ursache-Wirkung-Beziehung lassen sich nun durch Einbeziehung der relativen Preise der Faktoren als Substitutionsdeterminanten gewinnen. Die von NEU durchgeführten und in Abbildung 9 [3] in ihren Ergebnissen wiedergegebenen Regressions- und Korrelationsanalysen sind der Fragestellung gewidmet, inwieweit die Entwicklung der Einsatzmengenverhältnisse jeweils zweier Faktoren auf die Entwicklung ihrer Preisver-

1) Vgl. HAMPICKE, U., 1979, S. 126 ff.; KRIEGSMANN, K.-P., und NEU, A.D., 1981, S. 56 ff.; NEU, A.D.: Substitutionsbeziehungen zwischen Energie, Arbeitskräften und Investitionsgütern in der Bundesrepublik Deutschland, in: Gesellschaft für Energiewissenschaft und Energiepolitik (Hrsg.): Substitutionspotentiale im Energiebereich, Bonn 1982, S. 32 ff.; derselbe, 1983, S. 52 ff.

2) Vgl. derselbe, 1982, S. 33.

3) Quelle: NEU, A.D., 1983, S. 53. Die Ausgangsdaten der Analysen findet man mit Ausnahme der Werte für 1979 bei KRIEGSMANN, K.-P., und NEU, A.D., 1981, S. 66.

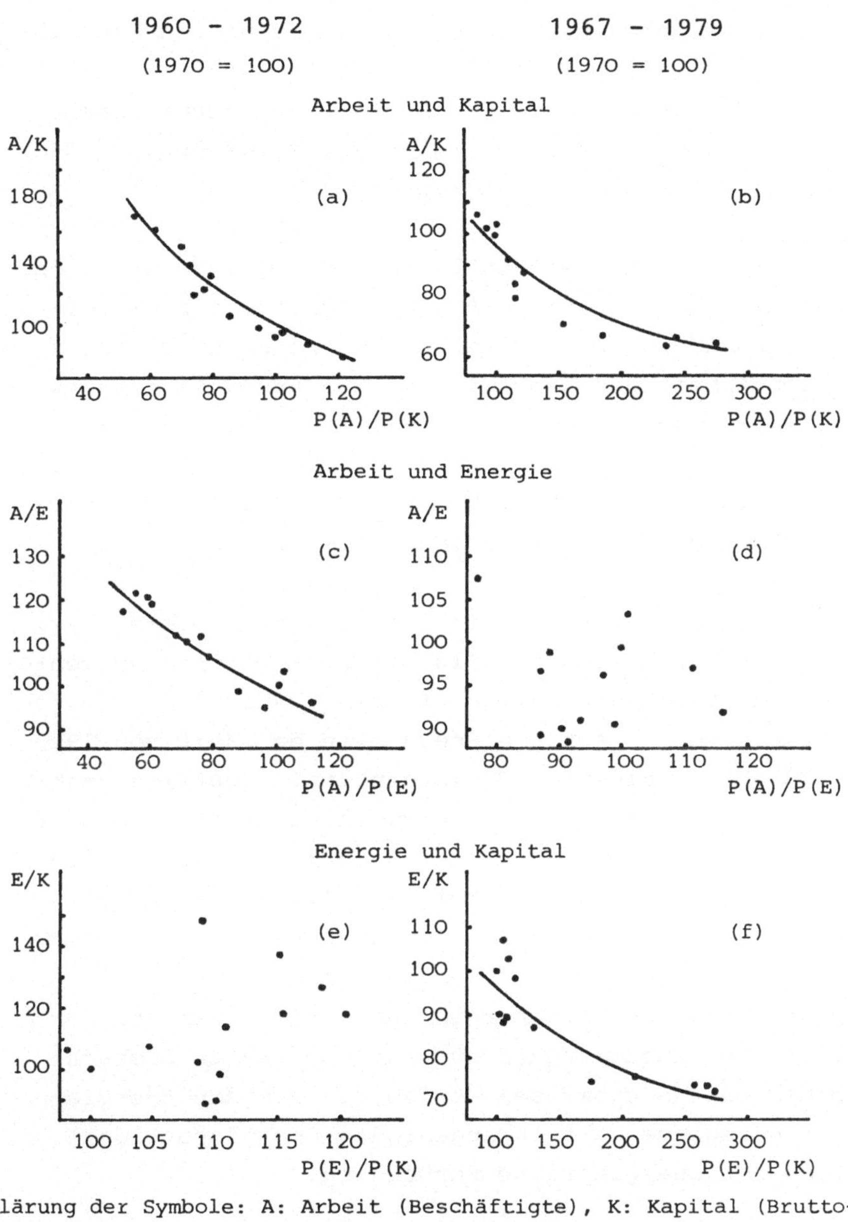

Erklärung der Symbole: A: Arbeit (Beschäftigte), K: Kapital (Bruttoanlagevermögen), E: Energie (Endenergieverbrauch), P(A): Lohn- und Gehaltssumme je Beschäftigten, P(K): Umlaufrendite für festverzinsliche Wertpapiere, P(E): Preisindex für Endenergie.

Regressionsansätze und Korrelationskoeffizienten:

(a): ln(A/K) = 9,05-0,96ln(P(A)/P(K)) r = 0,96;

(b): ln(A/K) = 6,60-0,44ln(P(A)/P(K)) r = 0,93;

(c): ln(A/E) = 6,06-0,32ln(P(A)/P(E)) r = 0,94;

(d): kein signifikanter Zusammenhang feststellbar;

(e): kein signifikanter Zusammenhang feststellbar;

(f): ln(E/K) = 6,02-0,31ln(P(E)/P(K)) r = 0,90.

Abb. 9: Zusammenhänge zwischen Preis- und Einsatzmengenverhältnissen bei Arbeit, Kapital und Energie in der Industrie für zwei ausgewählte Zeiträume

hältnisse zurückgeführt werden kann. Es werden Beobachtungswerte für zwei Teilzeiträume untersucht [1], um so eine Zeitspanne allenfalls maßvoller Energiepreisanhebungen mit einer anderen vergleichen zu können, in die sprunghafte Energiepreissteigerungen fallen.

Aus Abbildung 9 ist ersichtlich, daß die Änderungen der Einsatzmengenverhältnisse tatsächlich zum großen Teil gut durch die Änderungen der relativen Preise erklärbar sind: Zwischen Arbeit und Kapital ist eine ausgeprägte Substitutionsbewegung zu Lasten der Arbeit in beiden Teilzeiträumen zu verzeichnen. Durch die Analyseergebnisse wird zudem nachdrücklich die Annahme gestützt, daß die Verschiebungen der Mengenrelationen preisinduziert sind [2].

Die Vergleiche des Energieinputs mit dem Arbeits- bzw. Kapitaleinsatz zeigen jeweils keine einheitlichen Tendenzen in den beiden Teilzeiträumen: Während das Mengenverhältnis von Arbeit und Energie in der Zeit von 1960 bis 1972 bei steigendem Preisverhältnis deutlich sank, also eine aufgrund der Preisentwicklung plausible Stärkung der Energie gegenüber der Arbeit eintrat, ist für den zweiten Zeitabschnitt kein signifikanter Zusammenhang zwischen diesen Größen feststellbar.

Demgegenüber kann bei Energie und Kapital ein solcher Preis-Mengen-Zusammenhang nur für die zweite Beobachtungsperiode nachgewiesen werden, in der das Energie-Kapital-Mengenverhältnis angesichts überproportional gestiegener Energiepreise zurückging.

Für diese letztere Faktorkombination kommt HAMPICKE in einer Zwei-Perioden-Betrachtung für die Jahre 1960 und

---

1) Die Zeitraumüberschneidung von 1967 bis 1972 ist dadurch begründet, daß für die Analysezwecke genügend Beobachtungswerte für beide Zeitabschnitte zur Verfügung stehen sollen.

2) In den Fällen, in denen ein signifikanter Zusammenhang für die verschiedenen Kombinationen von Mengen- und Preisverhältnissen festgestellt wurde, verläuft die Zeitachse in den entsprechenden Quadranten regelmäßig von links oben nach rechts unten.

1970 und durchaus mit den Beobachtungen von NEU in Einklang stehend zu dem Resultat, daß die Energieintensität des Kapitals auch bereits während dieser Zeitspanne deutlich abgenommen hat, obwohl der Preis des Kapitals im Verhältnis zu dem der Energie gestiegen ist und somit die umgekehrte Intensitätsverschiebung nahegelegen hätte [1]. Als Erklärungsgrund für diesen zunächst überraschenden Prozeß wird der relativ starke Preisanstieg des Faktors Arbeit in Verbindung mit dem technischen Fortschritt angeführt [2]:

Energieeinsparung wurde bis zum ersten Ölpreisschub gemeinhin nicht mit großem Nachdruck angestrebt, vielmehr richteten sich die Sparbemühungen in erster Linie auf die von weitaus höheren Steigerungsraten betroffenen und von ihrem Umfang her gewichtigeren Lohnkosten. Die durch diesen Umstand geprägte und vorangetriebene Investitionstätigkeit der Industrie bewirkte einen Modernisierungsprozeß, in dessen Verlauf eine beachtliche Energieeinsparung eher als Nebeneffekt erreicht werden konnte.

Zusammenfassend kann man festhalten, daß die Entwicklungen der relativen Preise jeweils zweier der drei untersuchten Inputgruppen während der Beobachtungszeiträume in der Mehrzahl der Fälle eine plausible Interpretation der gleichzeitig aufgetretenen Substitutionsbewegungen erlauben, mitunter jedoch auch andere Erklärungsansätze herangezogen werden müssen.

---

1) Bei NEU und demzufolge auch in der Abbildung 9 dieser Arbeit kommt die gleiche Tendenz, wie sie von HAMPICKE aufgezeigt wird, dadurch zum Ausdruck, daß die Jahreswerte von 1960 bis 1965 rechts oben im entsprechenden Quadranten liegen, die Werte von 1966 bis 1972 dagegen links unten. Diese Übereinstimmung tritt auf, obwohl in den beiden Untersuchungen zum großen Teil auf unterschiedliche Ausgangsdaten zurückgegriffen wird: Vgl. zum einen HAMPICKE, U., 1979, S. 126 ff., zum anderen KRIEGSMANN, K.-P., und NEU, A.D., 1981, S. 66, in Verbindung mit NEU, A.D., 1983, S. 53.

2) Vgl. HAMPICKE, U., 1979, S. 132 ff.

3.1.2.2. Substitutionsprozesse bei den Energieträgern

In diesem Abschnitt geht es nun um die Substitutionsbewegungen zwischen den in der Industrie verwendeten Endenergieträgern als den Veränderungen ihrer Einsatzmengenverhältnisse. Da es auf diesem Gebiet im Unterschied zur Behandlung der Produktionsfaktoren Arbeit, Kapital und Energie keine größeren Schwierigkeiten bereitet, die Verbrauchsmengen in einer einheitlichen Dimension zu messen [1], werden über die paarweise Betrachtung der Inputs hinausgehend auch die Anteilsentwicklungen der wesentlichen Energieträger am Gesamtverbrauch im Zusammenhang untersucht [2].

Die im Hinblick auf die Nutzenergiearten gegebenen Austauschmöglichkeiten der Endenergieträger sind nicht unbeschränkt: So gibt es bei der Lichterzeugung für die Elektrizität beinahe keine Konkurrenz. Dennoch existieren recht weit gefächerte und umfangreiche Umstellungs- bzw. Wahlmöglichkeiten, insbesondere wenn man an die Bereitstellung der Raumwärme und der in der Industrie so bedeutsamen Nutzenergieart der Prozeßwärme denkt [3]. Die Endenergieträger sind dementsprechend mit unterschiedlichem Anwendungspotential ausgestattet, wie zum Beispiel die verglichen mit anderen Energieprodukten höhere Vielseitigkeit bzw. Flexibilität des Stroms zeigt [4].

Generelle Vorbehalte gegenüber den denkbaren Einsatzgebieten von Energieträgern können nicht nur an der technischen Realisierbarkeit, sondern auch an ökonomischen Gesichtspunkten ansetzen und bedürfen insbesondere bei der letzteren Art, also unter dem Wirtschaftlichkeitsaspekt, oft der Überprüfung im Einzelfall. Als Beispiel hierfür können ver-

---

1) Vgl. Tabelle 2 auf S. 28 dieser Arbeit.

2) Die "interfuel substitution" im industriellen Verbrauchssektor ist auch als Bestandteil entscheidungsorientierter Ansätze für energiewirtschaftliche Probleme anzutreffen: Vgl. z.B. BASILE, P.S., 1980, S. 7 und 38 f.; MANNE, A.S., 1978, S. 342 und 344.

3) Vgl. Tabelle 3 auf S. 36 dieser Arbeit. Vgl. dazu auch NEU, A.D., 1983, S. 47.

4) Vgl. z.B. KERN, W., 1981, S. 10.

schiedene gegen ein - wieder - erweitertes Einsatzspektrum der Kohle geltend gemachte Einwände angeführt werden, die von vergleichsweise hohen Investitionskosten und niedrigen Wirkungsgraden der Nutzungsanlagen bis zur Notwendigkeit der Erfüllung kostspieliger Umweltschutzauflagen reichen [1].

Trotz der angesprochenen Grenzen weist bereits die beobachtete Preisreagibilität der industriellen Nachfrage nach einzelnen Energieträgern durchaus auf nicht geringfügige Anpassungskräfte hin [2]. Zur adäquaten Beschreibung bzw. Erklärung substitutionaler Anpassungen wird jedoch eine gemeinschaftliche Behandlung der wesentlichen Energieträger vorgenommen, indem die Entwicklungen ihrer Einsatzmengenverhältnisse - hier ausgedrückt als Anteile am Gesamtenergieverbrauch - den Veränderungen ihrer relativen Preise gegenübergestellt werden, wie in Abbildung 10 [3] veranschaulicht. Die gemeinsame Betrachtung von Preis- und Anteilsentwicklungen eröffnet Interpretationsmöglichkeiten insbesondere im Hinblick auf preisinduzierte Substitutionsbewegungen unter den Energieträgern.

---

1) Vgl. DEUTSCHER INDUSTRIE- UND HANDELSTAG (Hrsg.): Umfrage zur konjunkturellen Situation im Spätsommer 1981 aus Anlaß der Anhörung beim Sachverständigenrat im Herbst 1981, o.O., o.J., S. 8; NEU, A.D., 1983, S. 51; REICHERT, K.: Fragen zur Verdrängung des Öls durch Kohle im industriellen Wärmemarkt, in: Glückauf, 117. Jg. (1981), S. 1398.

2) Diese Preiselastizität läßt sich bei den wesentlichen Energieträgern mit Ausnahme des Stroms für den Zeitraum von 1960 bis 1978 mit Hilfe einer Regressionsanalyse zeigen, in der die Nachfragemengen in Abhängigkeit der Wertschöpfung und des realen Preisniveaus des jeweiligen Energieträgers ausgedrückt sind: Vgl. KRIEGSMANN, K.-P., und NEU, A.D., 1981, S. 59 ff.

3) Quellen des oberen Teils der Abbildung: STATISTISCHES BUNDESAMT (Hrsg.): Statistisches Jahrbuch 1966 für die Bundesrepublik Deutschland, Stuttgart - Mainz 1966, S. 472; dasselbe (Hrsg.): Jahrbuch 1972, S. 443; dasselbe (Hrsg.): Jahrbuch 1977, S. 460; dasselbe (Hrsg.): Jahrbuch 1982, S. 492; dasselbe (Hrsg.): Jahrbuch 1983, S. 491; eigene Berechnungen. Quellen des unteren Teils der Abbildung: ARBEITSGEMEINSCHAFT ENERGIEBILANZEN (Hrsg.), versch. Jgge.; eigene Berechnungen. Zahlenangaben: Tabellen A4 und A5 des Anhangs.

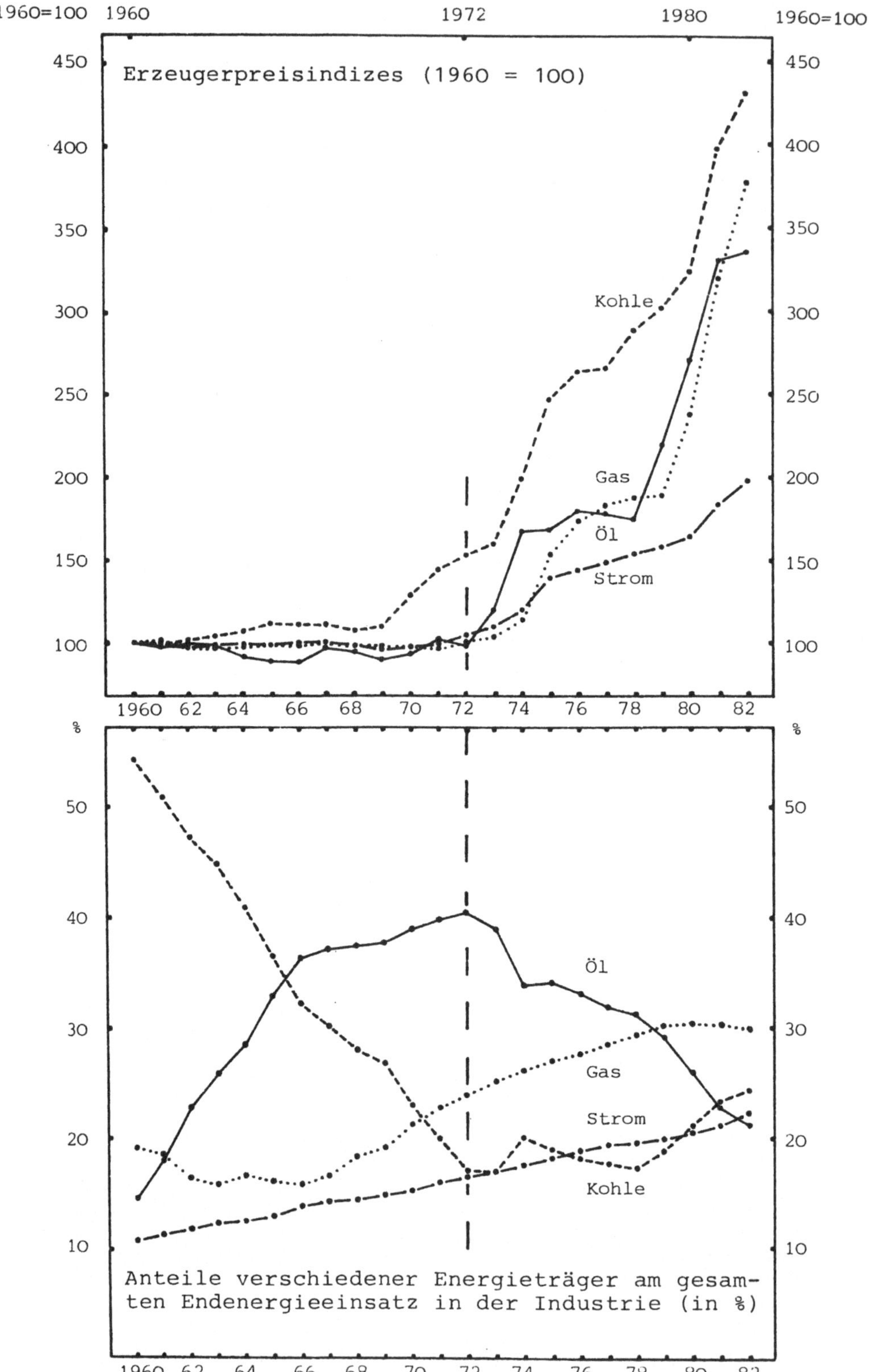

Abb. 10: Energieträgerpreisentwicklungen und -substitutionsbewegungen in der Industrie

Der obere Teil der Abbildung 10 zeigt die Veränderungen der Erzeugerpreisindizes für Produkte des Kohlenbergbaus, Gas, Mineralölerzeugnisse und Strom [1]. Wie die dargestellten Zahlenreihen verdeutlichen, wies die Kohle über den Zeitraum von 1960 bis 1982 die höchste Preissteigerungsrate auf, Gas und Mineralölprodukte folgten dahinter, der Strompreis blieb mit Abstand am stabilsten.

Eine grobe Entsprechung hierzu findet man im unteren Teil der Abbildung. Hier sind die Entwicklungen der Verbrauchsanteile der gleichen Energieträger in der Industrie aufgezeichnet. Für den Gesamtzeitraum war ein starker Rückgang beim Kohleverbrauch zu verzeichnen, während die Anteile für Gas, Mineralölprodukte und Strom gestiegen sind und Strom dabei die höchste Zuwachsrate hatte. Die Schlußfolgerung auf in erster Linie preisinduzierte Substitutionsbewegungen liegt also nahe.

Eine Aufspaltung des Gesamtzeitraumes genau vor dem ersten Sprung des Rohölpreises in 1973 führt zu detaillierteren Aussagen: Von 1960 bis 1972 lag eine bemerkenswerte Preisstabilität bei Strom, Gas und Mineralöl vor und eine deutliche, aber immer noch relativ geringe Steigerung bei der Kohle - zum Beispiel läge ein Index von Bruttolöhnen und -gehältern weit links oberhalb der eingetragenen Linienzüge [2]. Dem entspricht ein Rückgang des Kohleanteils auf seinen bisherigen Tiefstpunkt; Öl erreichte seinen bisherigen Höchstwert, wobei sich die Zuwächse angesichts des ver-

---

1) Für diese Energieträgergruppen wurden Indexreihen mit verschiedenen Basisjahren miteinander verkettet und auf 1960 = 100 umgerechnet. In diesem Zusammenhang soll darauf hingewiesen werden, daß bei der Auswahl und Gewichtung der Preisrepräsentanten pro Index im Zeitablauf gewisse, für die Ergebnisse jedoch nicht entscheidende Anpassungen vorgenommen wurden. Vgl. dazu STATISTISCHES BUNDESAMT (Hrsg.): Fachserie 17 - Preise, Reihe 2 - Preise und Preisindizes für gewerbliche Produkte (Erzeugerpreise) 1982, Stuttgart - Mainz 1983, S. 5 f.

2) Vgl. dazu HAMPICKE, U., 1979, S. 126.

stärkten Erdgaseinsatzes ab Mitte der 60er Jahre verringerten; Gas- und Stromanteil stiegen in geringerem Umfang.

In dem Zeitraum von 1972 bis 1982 waren die höchsten Preissteigerungsraten bei Gas und Öl zu beobachten, wobei das Gas die Sprünge des Ölpreises jeweils mit einem Jahr Verzögerung nachvollzog und schließlich sogar übertraf. Die Erzeugnisse des Kohlenbergbaus blieben hinter diesen Zuwächsen zurück, Strom wies die geringste Steigerung auf. Dem ist ein monoton steigender Stromanteil am Endenergieverbrauch gegenüberzustellen, eine steigende Tendenz beim Kohleanteil, eine abnehmende Rate für Mineralölprodukte, hingegen ein nicht ohne weiteres zu erwartender Zuwachs beim Gas.

Unter Berücksichtigung dieser Entwicklung des Gasanteils wird es augenscheinlich, daß in der Zeit ab 1972 die beobachteten Preisrelationen zwar überwiegend, aber nicht in jedem Fall für die Veränderungen in den Relationen der eingesetzten Mengen bestimmend waren. Vielmehr werden außerdem auch letztlich nicht eingetretene Erwartungen über Preisentwicklungen, Erwägungen der Versorgungssicherheit und damit zusammenhängend die häufig geringeren Umstellungsaufwendungen bei Ersatz von Öl durch Gas als durch Strom oder Kohle eine Rolle gespielt haben.

Anhand derselben Daten, die der Abbildung 10 zugrunde liegen, lassen sich als Kennzahlen für die preisbeeinflußten Substitutionsbewegungen zwischen zwei Energieträgern innerhalb einer bestimmten Zeitspanne Substitutionselastizitäten berechnen. Diese Kennzahlen geben jeweils die Änderungsrate des Einsatzmengenverhältnisses auf eine einprozentige Änderung des Preisverhältnisses hin wieder und stellen damit ein Maß für unter dem Preisaspekt gesehene Mengeneffekte dar [1]:

---

1) Das hier dargelegte, auf empirische Beobachtungen über längere Zeiträume abgestellte, vergangenheitsorientierte Konzept der Substitutionselastizität steht mit der Anwendung dieser Kennzahl in der volkswirtschaftlichen Produktionstheorie nicht gänzlich in Einklang. Zur letzteren Version vgl. z.B. SELLIEN, R., und SELLIEN, H. (Hrsg.), Bd. II, 1976, Sp. 1531.

$$(4)\quad S = \frac{E_{it_1} : E_{jt_1} - E_{it_0} : E_{jt_0}}{E_{it_0} : E_{jt_0}} : \frac{PE_{jt_1} : PE_{it_1} - PE_{jt_0} : PE_{it_0}}{PE_{jt_0} : PE_{it_0}}$$

mit

- S : Substitutionselastizität,
- E : Energieträgereinsatzmenge,
- PE : Energieträgerpreis,
- i,j : Energieträgerindizes und
- t_0, t_1 : Anfangs- bzw. Endperiode des jeweiligen Betrachtungszeitraums.

Nach diesem Konzept wurden die Substitutionselastizitäten für die auch bereits im Zusammenhang mit Abbildung 10 abgegrenzten drei Zeiträume empirisch ermittelt, ohne auf eine Analyse der sich im Zeitablauf wandelnden Produktionsfunktion abzuzielen, und in Tabelle 4 [1] zusammengestellt.

1) Quellen: ARBEITSGEMEINSCHAFT ENERGIEBILANZEN (Hrsg.), versch. Jgge.; STATISTISCHES BUNDESAMT (Hrsg.): Jahrbuch 1966, S. 472; dasselbe (Hrsg.): Jahrbuch 1977, S. 460; dasselbe (Hrsg.): Jahrbuch 1983, S. 491; eigene Berechnungen. Zugrunde liegende Zahlen: Tabelle A6 des Anhangs.

Zeiträume / Einsatzmengenverhältnisse	1960 - 1982	1960 - 1972	1972 - 1982
Öl zu Kohle	7,78*	14,21*	3,75**
Öl zu Gas	-0,53**	55,24*	-5,84**
Öl zu Strom	0,73**	11,11*	1,38**
Gas zu Kohle	16,90*	5,73*	0,50**
Gas zu Strom	0,52**	-3,64**	0,15**
Strom zu Kohle	3,15*	8,67*	-0,10**

* : Das Einsatzmengenverhältnis zwischen den beiden jeweiligen Energieträgern ist gestiegen, das heißt das Gewicht des ersten Faktors hat zugenommen.

**: Das Einsatzmengenverhältnis zwischen den beiden jeweiligen Energieträgern ist gesunken.

Tab. 4: Substitutionselastizitäten für Öl, Kohle, Gas und Strom in drei abgegrenzten Zeiträumen

Positive Werte der Substitutionselastizitäten, die im vorliegenden Fall ja auch überwiegend gegeben sind, kennzeichnen eine plausible Entwicklung im Sinn eines verringerten Gewichts des relativ verteuerten Energieträgers, sagen jedoch noch nichts darüber aus, welcher Energieträger im Vergleich mit dem anderen an Bedeutung gewonnen hat. Diese Entwicklungsrichtung ist bei den Zahlen der Tabelle 4 jeweils gesondert angegeben.

Zum Beispiel liegen den für die beiden Teilzeiträume errechneten positiven Werten bei Öl und Kohle gegenläufige Tendenzen zugrunde: Für die Zeitspanne von 1960 bis 1972 war eine Steigerung des Mengenverhältnisses zugunsten des Öls um 781 % bei einer gleichzeitigen Erhöhung des Kohle-

Öl-Preisverhältnisses um 55 % zu verzeichnen, woraus eine Substitutionselastizität von 14,2 resultiert. Dagegen nahm von 1972 bis 1982 das Gewicht der Mineralölprodukte angesichts ihrer überproportional gestiegenen Preise wieder ab.

Auch diese Untersuchung über die Verschiebungen im Gefüge der Energieträger mit Hilfe der Substitutionselastizitäten führt somit zu dem Resultat, daß die relativen Preise in der Regel plausible Interpretationsmöglichkeiten für die im Zeitablauf beobachteten Mengenrelationen eröffnen, daß in Einzelfällen, insbesondere beim Gaseinsatz, jedoch auch andere Erklärungsansätze herangezogen werden müssen.

3.1.3. Kostenentwicklungen und Verbrauchsmengenverläufe der Energieträger

3.1.3.1. Entwicklungen der spezifischen Kosten

Da die Energiekosten der Industrie vom STATISTISCHEN BUNDESAMT erst in jüngerer Zeit regelmäßig als eigenständige Position erfaßt werden [1] und sich bislang auch keine andere Institution dieser Aufgabe in dem Maße angenommen hat wie im Fall der Energieverbrauchsmengen die ARBEITSGEMEINSCHAFT ENERGIEBILANZEN, ist auf dem Kostensektor für den wünschenswerten Berichtszeitraum ab 1960 ein bedauerlicher Mangel an Daten zu verzeichnen, die kontinuierlich, auf der Grundlage

1) In den in Frage kommenden Statistiken des Produzierenden Gewerbes werden die Energiekosten erst ab 1980 eigenständig erfaßt. Vorher waren sie in übergeordneten Sammelposten enthalten: Vgl. STATISTISCHES BUNDESAMT (Hrsg.): Fachserie 4 - Produzierendes Gewerbe, Reihe 4.3 - Kostenstruktur der Unternehmen im Bergbau und im Verarbeitenden Gewerbe, Stuttgart - Mainz, versch. Jgge.
Es ist auch möglich, die Energiekosten der Industrie aus den Input-Output-Tabellen für die Bundesrepublik Deutschland abzuleiten. Diese Tabellen werden jedoch unregelmäßig erstellt. Zudem ist die Vergleichbarkeit der ihnen entnommenen Zahlen im Zeitablauf wegen Änderungen der Erhebungsmethodik, insbes. der Abgrenzung der Branchen bzw. Produktgruppen eingeschränkt: Vgl. STATISTISCHES BUNDESAMT (Hrsg.): Fachserie 18 - Volkswirtschaftliche Gesamtrechnungen, Reihe 2 - Input-Output-Tabellen, Stuttgart - Mainz, versch. Jgge.

eines umfassenden Erhebungsumfangs und unter Gewährleistung von Konsistenz gewonnen wurden.

Die vorliegenden Kostenuntersuchungen und die für Kostenanalysen zur Verfügung stehenden Datenreihen [1] weisen vor allem Einschränkungen in der zeitlichen Ausdehnung oder dem Erhebungsumfang auf oder sind mit den in den vorausgegangenen Abschnitten benutzten Daten nicht vereinbar, da im Unterschied zu der für die Industriestatistik gebräuchlichen und in dieser Arbeit auch aufgegriffenen institutionalen, das heißt branchenbezogenen Abgrenzung der Wirtschaftsbereiche eine funktionale, mithin produktgruppenbezogene Gliederung gewählt wurde.

Letztlich unter Rückgriff auf Daten über die Input-Output-Verflechtungen der Produktionsbereiche ist es nun immerhin möglich, die Verläufe der Energiekosten in der Industrie und ihren Untersektoren teilweise, das heißt in größeren Zeitschritten und ohne Erfassung der 60er Jahre aufzuzeigen [2]. Dem verfügbaren Zahlenmaterial entsprechend und in Übereinstimmung mit beinahe allen vorliegenden Untersuchungen erfolgt hinsichtlich der einbezogenen Energiekosten, die ja grundsätzlich verschiedene Komponenten von den Energieträgern bis hin zu den Umweltschutzmaßnahmen im Zusammenhang mit der Energienutzung umfassen können, eine Beschränkung auf die Energieträgerbezüge.

---

1) Vgl. HILLEBRAND, B.: Input-Output-Tabellen für die Bundesrepublik Deutschland 1960 - 1980 (RWI-Papiere Nr. 12), Essen, in Vorbereitung; FILIP-KÖHN, R., und HORN, M., 1985, insbes. S. 213 ff.; STATISTISCHES BUNDESAMT (Hrsg.): Fachserie 4, Reihe 4.3, versch. Jgge.; dasselbe (Hrsg.): Fachserie 18, Reihe 2, versch. Jgge. Vgl. dazu ferner GARNREITER, F., und LEGLER, H., 1980, S. 18; IHK KOBLENZ UND DÜSSELDORF und INDUSTRIEKREDITBANK AG - DEUTSCHE INDUSTRIEBANK (Hrsg.), o.J., insbes. S. 10; KARL, H.-D., 1980, insbes. S. 54 f.; LAMBERTS, W., 1982, S. 105 f.; MAIER, K.H., 1979, insbes. Sp. 473; MIES, W., und NAUJOKS, W., o.J., insbes. S. 28 und 82.

2) Zu den angesprochenen, aus der Input-Output-Rechnung des DIW gewonnenen Energiekostendaten vgl. FILIP-KÖHN, R., und HORN, M., 1985, S. 213 ff.

Es werden nur die direkten Kosten aus dem Eigenbedarf der Unternehmen in Ansatz gebracht, ohne also die Verbräuche der Vorlieferanten einzubeziehen. Dementsprechend wird als Bezugsgröße dieser absoluten Kosten die Wertschöpfung als Maß für die Eigenleistung der Unternehmen gewählt. Das alternative Konzept der spezifischen Energiekosten, bei dem unter beiderseitigem Einschluß der Vorleistungen der Summe von direkten und indirekten Energiekosten die Umsätze gegenübergestellt werden, soll dagegen hier in Übereinstimmung mit den übrigen Ausführungen dieses Kapitels nicht verfolgt werden [1].

Die hier eingebrachten Kostenangaben sind etwas anders abgegrenzt als die im nächsten Abschnitt aufgezeigten Verbrauchsmengen und enthalten im Unterschied dazu insbesondere auch die nicht-energetische Verwendung von Mineralölprodukten, wodurch zum Beispiel der Wertansatz in der Chemischen Industrie stark betroffen ist. Diese Einschränkung der Vergleichbarkeit ist bei einer Gegenüberstellung der im folgenden dargelegten Kosten- und Verbrauchsmengenverläufe ebenso mit in Rechnung zu ziehen wie die Vorgehensweise, die Kostenkennzahlen in jeweiligen Preisen zu messen, bei den Verbrauchsmengen jedoch auf eine Bezugsgröße in einheitlichen Preisen zurückzugreifen. Die letztere Unterscheidung wird deshalb bewußt vorgenommen, weil die tatsächliche Preisentwicklung auf der Kostenseite von großem Interesse ist, bei einer Mengenbetrachtung jedoch störend wirkt.

Den vorstehenden Ausführungen entsprechend werden Kostenkennzahlen für die Jahre 1972, 1976 und 1980 ermittelt. Dabei ist die Vergleichbarkeit der 1972er und 1980er Werte wegen der Umstellung von Verbuchungskonzepten bei den Ausgangsdaten eingeschränkt. Konsistenz ist jeweils mit den

---

1) Zu den genannten Möglichkeiten, die spezifischen Energiekosten zu definieren, vgl. MIES, W., und NAUJOKS, W., o.J., S. 26; TIEDTKE, J., 1980, S. 148 ff. Zur Höhe der indirekten spezifischen Energiekosten vgl. z.B. LAMBERTS, W., 1982, S. 106.

1976er Zahlen gegeben, die nach beiden Konzepten errechnet zur Verfügung stehen: Version a für 1976 ist vergleichbar mit dem Jahr 1972, Version b für 1976 mit dem Jahr 1980 [1]. Man kann demnach in diesem Fall keine für die gesamte Zeitspanne durchgängig geltenden Kostenentwicklungen angeben, sondern muß zwei Teilzeiträume getrennt betrachten.

Die Energiekostenbelastung der Industrie aufgrund ihrer Strom-, Gas-, Kohle- und Mineralölbezüge wuchs von 1972, also einer Periode unmittelbar vor Beginn der sprunghaften Rohölpreissteigerungen und deren Folgeerscheinungen für das Energiepreisgefüge, bis zum Jahr 1976 von 19,7 auf 40,1 Milliarden DM. Nach dem zweiten, tendenziell zu niedrigeren Werten führenden Konzept errechnet, erhöhten sich die Kosten dann von 1976 bis 1980 von 36,1 auf 55,8 Milliarden DM. Bezieht man diese Zahlen der Anschaulichkeit halber doch einmal auf die entsprechenden Umsätze der Industrie, so zeigen sich Steigerungen von 3,2 % in 1972 auf 4,8 % in 1976 bzw. von 4,3 % in 1976 auf 5,2 % in 1980 [2].

In den Abbildungen 11 und 12 [3] wird allerdings wie bereits erläutert auf die wertschöpfungsbezogenen Energiekosten abgestellt, wobei sowohl für die Energieinputs als auch die Wertschöpfung als outputorientierter Größe die jeweiligen Preisänderungen Berücksichtigung finden.

---

1) Den Zahlen für 1972 und für die Version a von 1976 liegt das Bruttokonzept zugrunde, bei dem u.a. alle Lieferungen einschließlich Mehrwertsteuer erfaßt sind. Die Zahlen für die Version b von 1976 und für 1980 basieren dagegen auf dem Nettokonzept, bei dem u.a. alle Lieferungen ohne die Belastung mit Mehrwertsteuer ausgewiesen sind. Vgl. dazu FILIP-KÖHN, R., und HORN, M., 1985, S. 108 und 213 ff.
Die Differenzen der nach den beiden verschiedenen Konzepten errechneten Werte für 1976 werden in den folgenden Abbildungen 11 und 12 und der Tabelle A7 des Anhangs deutlich.

2) Vgl. FILIP-KÖHN, R., und HORN, M., 1985, S. 213 ff.; STATISTISCHES BUNDESAMT (Hrsg.): Lange Reihen zur Wirtschaftsentwicklung 1984, Stuttgart - Mainz 1984, S. 58 f.

3) Quellen: FILIP-KÖHN, R., und HORN, M., 1985, S. 213 ff.; STATISTISCHES BUNDESAMT (Hrsg.): Fachserie 18, Reihe S.8, 1985, S. 48 f.; eigene Berechnungen. Zahlenangaben: Tabelle A7 des Anhangs.

Zunächst sind in Abbildung 11 die spezifischen Energiekosten der Gesamtindustrie und ihrer vier Untersektoren Grundstoff- und Produktionsgütergewerbe, Investitionsgütergewerbe, Verbrauchsgütergewerbe und Nahrungs- und Genußmittelgewerbe für die Jahre 1972, 1976 und 1980 eingetragen, wobei für 1976 jeweils zwei verschiedene Werte berücksichtigt werden mußten.

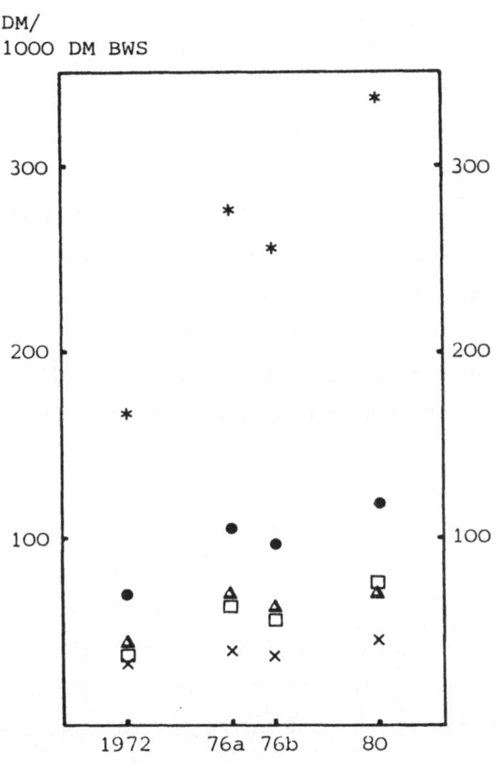

● Industrie insgesamt,
* Grundstoff- und Produktionsgütergewerbe,
× Investitionsgütergewerbe,
▲ Verbrauchsgütergewerbe,
□ Nahrungs- und Genußmittelgewerbe.
1972 und 1976a: Bruttokonzept; 1976b und 1980: Nettokonzept.

Abb. 11: Spezifische Energiekosten (DM pro 1000 DM Bruttowertschöpfung zu Marktpreisen - BWS - in jeweiligen Preisen) in der Industrie und vier Untersektoren

Es ist unmittelbar ersichtlich, daß bei allgemein deutlich gestiegenen spezifischen Kosten die größten Belastungen im Bereich des Grundstoff- und Produktionsgütergewerbes vorzufinden sind. Bei den Zuwachsraten liegt dieser Sektor neben dem Nahrungs- und Genußmittelgewerbe ebenfalls an der Spitze.

Um auch weniger stark aggregierte Aussagen zu gewinnen, werden vier von ihrer Energieintensität bzw. ihrem Produktionsbeitrag her bedeutsame Branchen herausgegriffen, und zwar aus dem Grundstoff- und Produktionsgütergewerbe die Eisenschaffende und die Chemische Industrie, aus dem Investitionsgütergewerbe der Maschinenbau [1] und aus der Verbrauchsgüterindustrie das Textilgewerbe, für die die gesamten spezifischen Energiekosten zunächst in die Komponenten Strom- und Brennstoffkosten aufgespalten werden. Aus der letzteren Position sollen schließlich noch die Mineralölkosten separat aufgeführt werden. Die entsprechenden Branchenwerte sind zusammen mit den Zahlen der Gesamtindustrie in Abbildung 12 illustriert.

Zum einen kommt hier zum Ausdruck, daß im Industriedurchschnitt ein beachtlicher Wandel in der Struktur der spezifischen Kosten stattgefunden hat: Während 1972 der Strom mit Abstand die größte einzelne Kostenposition unter den Energieträgern einnahm und den jeweils auf Öl, Gas bzw. Kohle entfallenden Werteverzehr übertraf, übernahmen schon 1976 kurz nach dem ersten Rohölpreisschub die Mineralölprodukte diese Stellung und verursachten 1980 unter der zusätzlichen Wirkung des zweiten Ölpreissprungs den weitaus größten einzelnen spezifischen Kostenblock.

---

1) Hier im Unterschied zum folgenden Abschnitt einschließlich Herstellung von Büromaschinen, ADV.

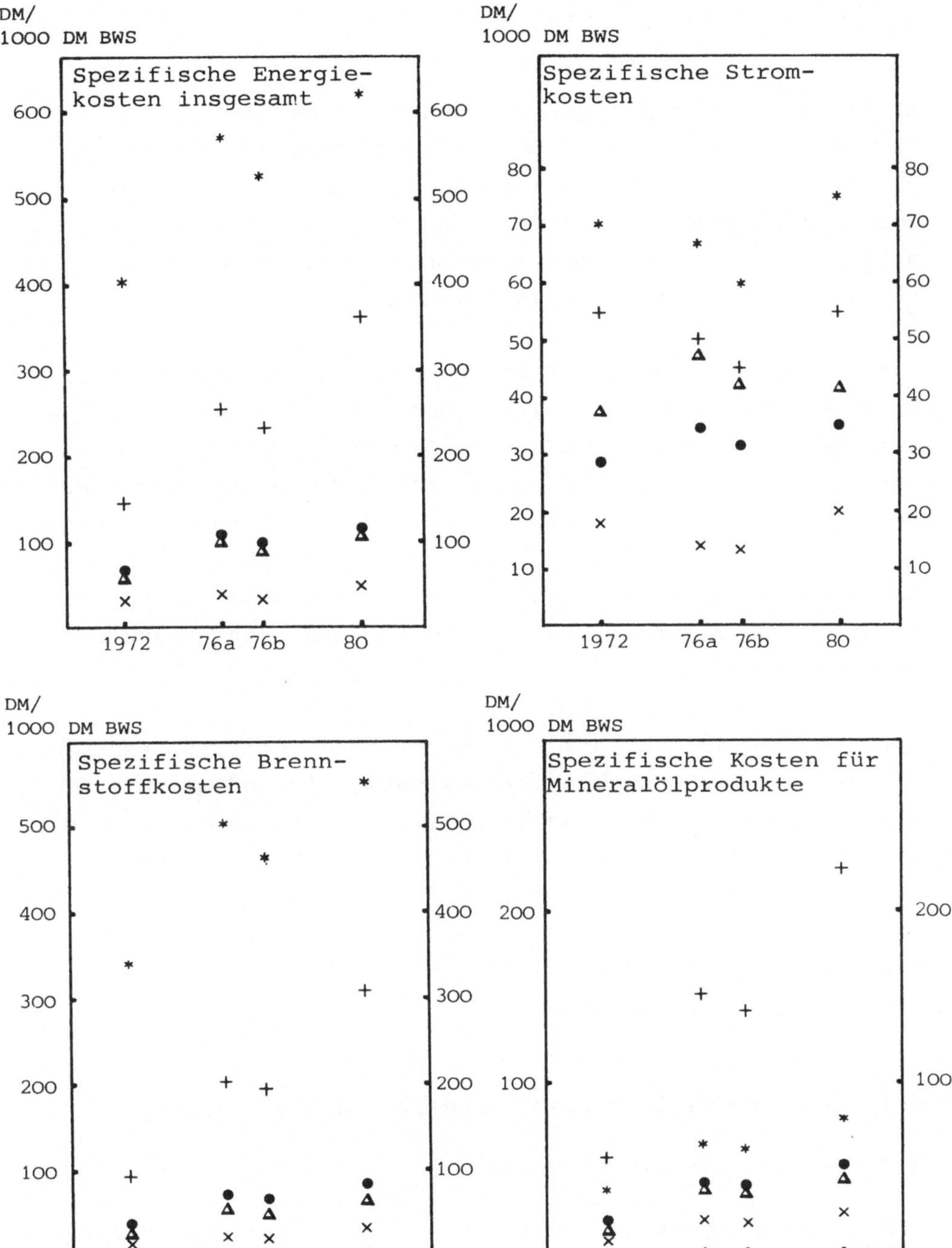

● Industrie insgesamt,
* Eisenschaffende Industrie,
\+ Chemie,
× Maschinenbau (incl. Herstellung von Büromaschinen, ADV),
▲ Textilgewerbe.

1972 und 1976a: Bruttokonzept; 1976b und 1980: Nettokonzept.

Abb. 12: Spezifische Energiekosten insgesamt, spezifische Stromkosten, Brennstoffkosten und Kosten für Mineralölprodukte (jeweils DM pro 1000 DM Bruttowertschöpfung zu Marktpreisen - BWS - in jeweiligen Preisen) in der Industrie und vier Einzelbranchen

Abbildung 12 spiegelt jedoch auch branchenspezifische Abweichungen von dieser industriedurchschnittlichen Entwicklung wider, und zwar insbesondere bei der nach wie vor äußerst kohlekostenintensiven Eisenschaffenden Industrie und der von Beginn an am meisten durch Mineralölprodukte belasteten Chemischen Industrie.

Beim Vergleich der spezifischen Energiekosten in den vier erfaßten Branchen zeigt sich einerseits eine beträchtliche Spannweite - die Obergrenze wird meist durch die deutlich über dem Durchschnitt liegenden Werte der Eisenschaffenden Industrie gebildet, während für die Untergrenze die spezifischen Kosten des Maschinenbaus maßgeblich sind. Andererseits ist es auffällig, daß die Werte der Textilindustrie denen der Gesamtindustrie zum großen Teil recht stark angenähert sind.

Abschließend sei auf die Ergebnisse einer empirischen Energiekostenuntersuchung hingewiesen, die lediglich auf die energetischen Verbräuche abzielte: Insbesondere ergab sich im Unterschied zu den in den Abbildungen 11 und 12 präsentierten Daten der Befund, daß bei Ausklammerung der nicht-energetisch genutzten Energieträger die Stromkosten auch im Jahr 1980 an der Spitze standen - allerdings nur noch mit geringem Abstand zu den Mineralölprodukten [1].

3.1.3.2. Entwicklungen der spezifischen Verbräuche

3.1.3.2.1. Tatsächliche Verläufe

Wesentliche Bedeutung für die Höhe der Energiekosten haben natürlich die Energieverbrauchsmengen, die aber durchaus nicht immer die gleichen Tendenzen aufweisen wie der bewertete Verzehr an Energieträgern und die ja von der unternehmerischen Disposition in hohem Maße beeinflußbar sind.

---

1) Vgl. MIES, W., und NAUJOKS, W., o.J., S. 17 und 85.

Die Darstellung der Verbräuche erfolgt in analoger Vorgehensweise wie bei den Kosten unter Bezugnahme auf die jeweilige Wertschöpfung durch spezifische Kennzahlen, die im Sinn von Produktionskoeffizienten anhand des verfügbaren statistischen Datenmaterials fortlaufend und konsistent errechnet werden können und eine recht detaillierte Abbildung der Einsatzmengenentwicklungen ermöglichen.

Die Verbrauchsverläufe können durch die Kosten in der Hinsicht beeinflußt sein, daß dort besonders starke Anstrengungen zu Mengeneinsparungen, das heißt Senkungen der spezifischen Verbräuche [1)], unternommen werden, wo die Kosten ein besonders hohes Niveau erreicht haben. Dieser Fragestellung wird im folgenden auch noch eingehender nachgegangen.

Die Kostenhöhe kann sicherlich die Rolle eines Anstoßmomentes für Einsparungen übernehmen, sie ist jedoch nicht als unmittelbare Bestimmungsgröße des auf eine konstante Outputmenge entfallenden Energieverbrauchs anzusehen. Als Determinanten dieser Art werden vornehmlich das jeweils implementierte energietechnische Qualitätsniveau des Produktionspotentials, die Anlagen- und Betriebsgröße, die Struktur des Produktionsprogramms, die eingesetzten Produktionsverfahren und schließlich auch Witterung und Kapazitätsauslastung genannt [2)].

Insbesondere anhand der Bestimmungsgröße der Kapazitätsauslastung wird deutlich, daß die Bestrebung, durch die Kennzahl des spezifischen Verbrauchs konjunkturelle Ein-

---

1) Zur Definition der Verbrauchsmengeneinsparung vgl. WAHL, B., et al., 1977, S. 6.

2) Vgl. dazu HAUSER, U., et al.: Der Einfluß des technologischen Fortschritts und der Produktstrukturentwicklung auf den Energieverbrauch der Verarbeitenden Industrie, in: FhG-Berichte, Nr. 4 - 1980, S. 17.

flüsse auszuschalten [1], nicht notwendigerweise ganz erfolgreich sein wird: Zum Beispiel liegt ein möglicher, den spezifischen Energieverbrauch tendenziell erhöhender Effekt eines Konjunkturrückgangs darin, daß Produktionsanlagen bei gesunkenem Auslastungsgrad mit geringeren als den energiekostenminimierenden Intensitäten betrieben werden [2].

Die Darstellung der spezifischen Verbräuche erfolgt soweit möglich nach der gleichen Abgrenzung der einbezogenen Industriebereiche und Energiebezüge wie im vorhergehenden Abschnitt. Dies bedeutet beispielsweise, daß die indirekten Inputs nicht mit einbezogen sind. Allerdings bleiben im Unterschied zu den Kostenuntersuchungen an dieser Stelle dem verfügbaren statistischen Zahlenmaterial zufolge die nicht-energetischen Verwendungen der Energieträger ausgeklammert. Zudem wird die Wertschöpfung als Bezugsgröße der Inputs in einheitlichen und nicht in jeweiligen Preisen gemessen, um der hier anstehenden Mengenbetrachtung Rechnung zu tragen.

Das der Wertschöpfung zugrunde gelegte Preisbasisjahr - hier 1980 - wirkt sich dabei nicht nur auf die absolute Höhe der spezifischen Verbräuche aus, sondern auch auf die Relationen zwischen diesen Kennzahlen und damit zum Beispiel auf die Änderungsraten von Jahr zu Jahr. Unterschiedliche Relationen, also auch Änderungsraten, bei Verwendung verschiedener Basisjahre sind letztlich darauf zurückzuführen, daß bei einem Wechsel der Bezugsperiode die Verhältnisse der in die Wertschöpfung eingehenden Preise Verschiebungen unterworfen sind.

---

1) Vgl. SACHVERSTÄNDIGENRAT ZUR BEGUTACHTUNG DER GESAMTWIRTSCHAFTLICHEN ENTWICKLUNG, 1981, S. 183.

2) Vgl. HAUSER, U., et al., 1980, S. 18.

Die gemäß den vorausgegangenen Ausführungen gebildeten mengenbezogenen Kennzahlen sind in den Abbildungen 13 bis 17 [1] jahresweise von 1960 bis 1982 dargestellt, so daß kontinuierliche Entwicklungslinien sichtbar werden. Hierbei zeigt sich zunächst, daß Einsparungen an Endenergie in der Gesamtindustrie und den betrachteten Teilbereichen nicht erst in den 70er Jahren auftraten, sondern für den Gesamtzeitraum ab 1960 charakteristisch waren [2]. Während die Reduzierungen der Einsatzmengen im Lauf der 60er und zu Beginn der 70er Jahre eher als Nebeneffekt des technischen Fortschritts anzusehen sind [3], wurden sie in der Folgezeit bei vergleichsweise stark gestiegenen Energiepreisen und von daher erhöhtem Kostendruck häufiger als Ergebnisse speziell energieorientierter Rationalisierungsmaßnahmen erzielt.

Unter den vier in der Statistik geführten Branchengruppen der Industrie ist die höchste Einsparungsrate über den Gesamtzeitraum im Grundstoff- und Produktionsgütergewerbe, dem energieintensivsten Untersektor, zu verzeichnen. Dies geht aus Abbildung 13 hervor.

Beim spezifischen Endenergieverbrauch der ausgewählten einzelnen Branchen ist bei ebenfalls sinkenden Tendenzen auffällig, daß einerseits die Eisenschaffende Industrie einen ungleichmäßigen Verlauf mit teilweise starken Ausschlägen aufweist, während andererseits beim Maschinenbau nur geringfügige Bewegungen zu erkennen sind - Abbildung 14.

Quellen: ARBEITSGEMEINSCHAFT ENERGIEBILANZEN (Hrsg.), versch. Jgge.; STATISTISCHES BUNDESAMT (Hrsg.): Fachserie 18, Reihe S.8, 1985, S. 50 ff.; eigene Berechnungen. Zahlenangaben: Tabellen A8 und A9 des Anhangs.

2) Für die Gesamtindustrie kann dies bereits den Ausführungen zum Zusammenhang zwischen Energieverbrauch und Wertschöpfung entnommen werden: Vgl. Abschnitt 3.1.1. dieser Arbeit.

3) Vgl. Abschnitt 3.1.2.1., insbes. S. 79 dieser Arbeit.

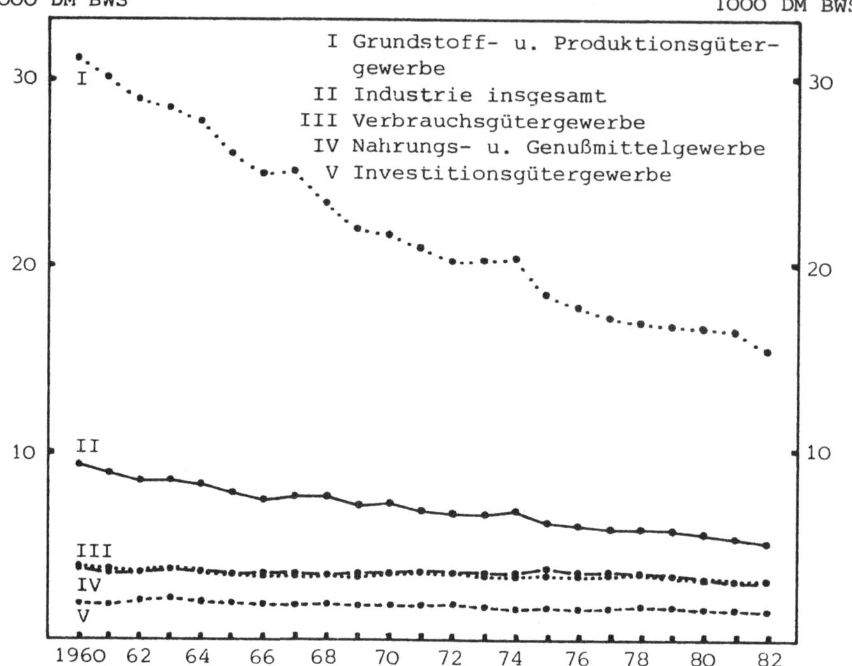

Abb. 13: Spezifischer Endenergieverbrauch (Gigajoule pro 1000 DM Bruttowertschöpfung zu Marktpreisen - BWS - in Preisen von 1980) in der Industrie und vier Untersektoren

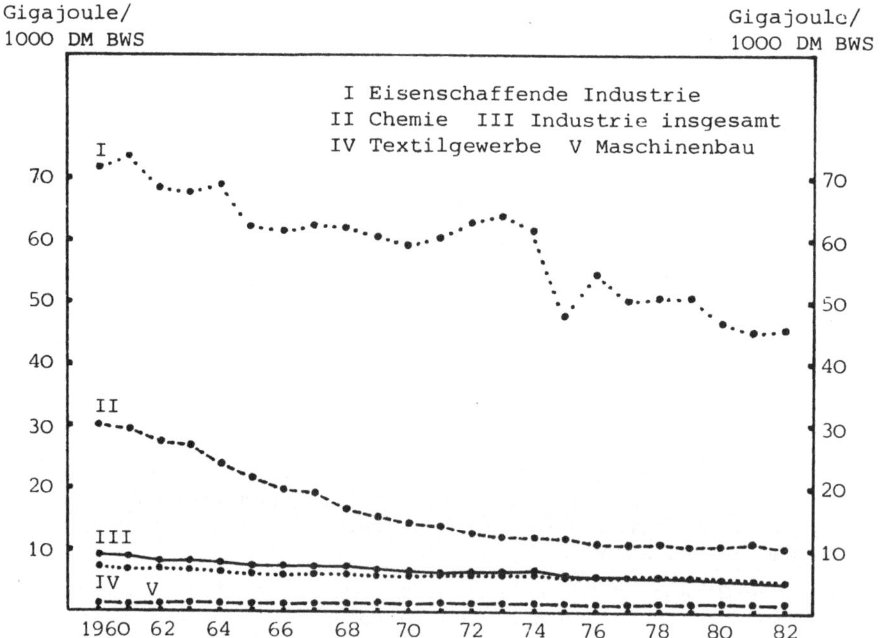

Abb. 14: Spezifischer Endenergieverbrauch (Gigajoule pro 1000 DM Bruttowertschöpfung zu Marktpreisen - BWS - in Preisen von 1980) in der Industrie und vier Einzelbranchen

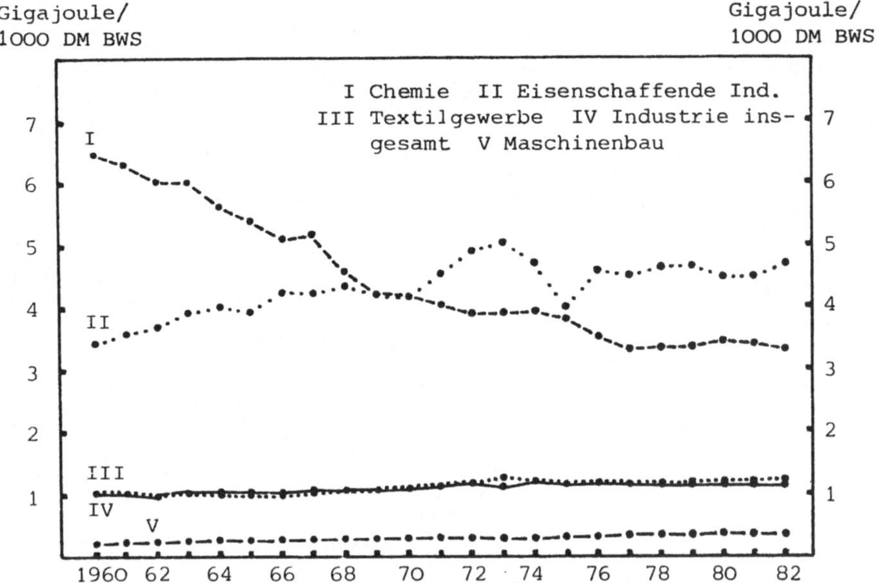

Abb. 15: Spezifischer Stromverbrauch (Gigajoule pro 1000 DM Bruttowertschöpfung zu Marktpreisen - BWS - in Preisen von 1980) in der Industrie und vier Einzelbranchen

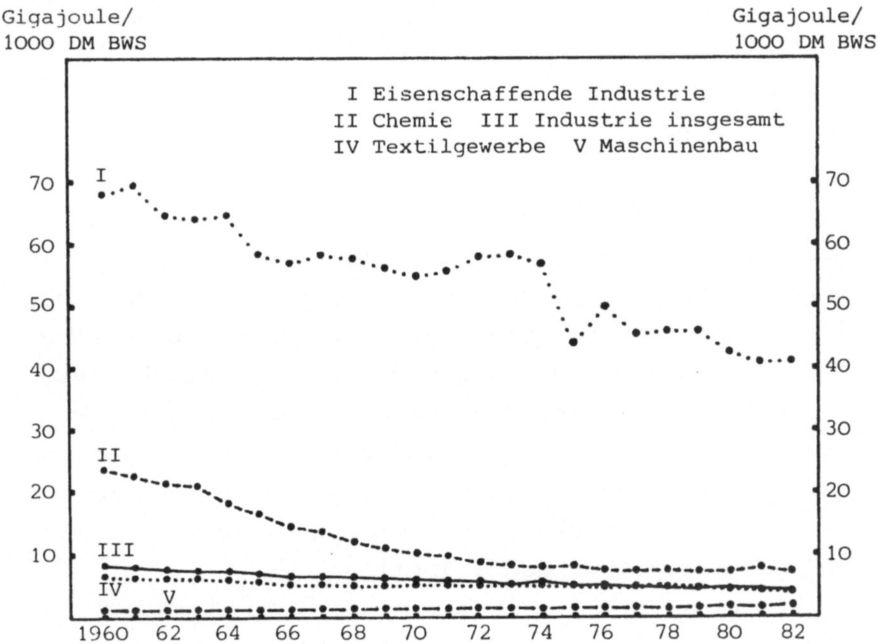

Abb. 16: Spezifischer Verbrauch von Brennstoffen und Fernwärme (Gigajoule pro 1000 DM Bruttowertschöpfung zu Marktpreisen - BWS - in Preisen von 1980) in der Industrie und vier Einzelbranchen

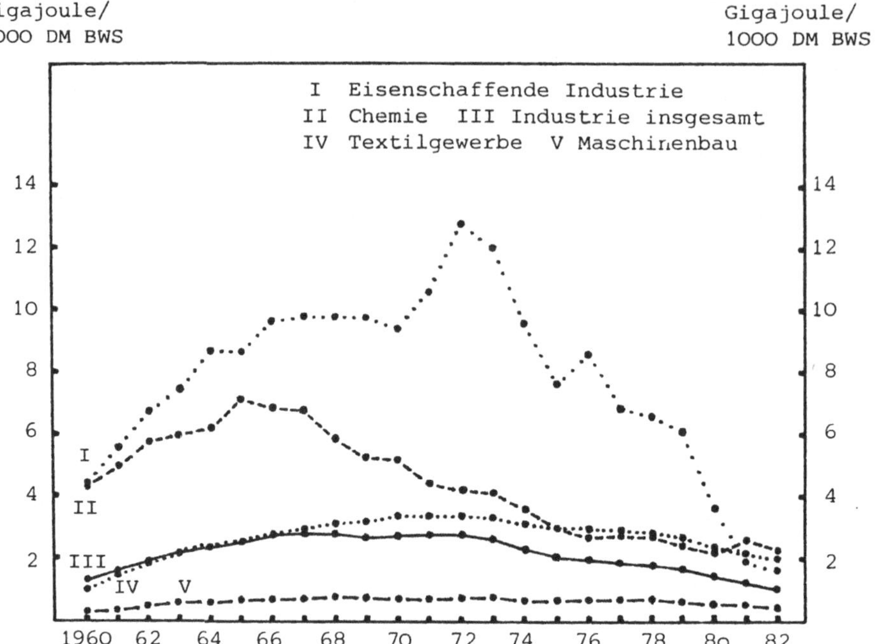

Abb. 17: Spezifischer Verbrauch von Mineralölprodukten (Gigajoule pro 1000 DM Bruttowertschöpfung zu Marktpreisen - BWS - in Preisen von 1980) in der Industrie und vier Einzelbranchen

Die Reduzierungen der Endenergieverbräuche pro 1000 DM Bruttowertschöpfung, die in weiten Bereichen der Industrie aber doch recht kontinuierlich und in beachtlicher Höhe erreicht wurden, gingen durchaus nicht auf analoge Verläufe bei den einzelnen Energieträgern zurück: Beispielsweise stellte die Senkung des spezifischen Stromverbrauchs in der Chemischen Industrie eine Ausnahme bei allgemein steigendem Trend dar - Abbildung 15 -, so daß Einsparungen in der Regel vom Bereich Brennstoffe und Fernwärme getragen wurden - Abbildung 16 - [1].

1) Vgl. dazu auch WAHL, B., et al., 1977, S. 131 ff.

Auch innerhalb der heterogenen Energieträgergruppe der Brennstoffe - und der bislang wenig bedeutsamen Fernwärme - traten im einzelnen recht unterschiedliche Entwicklungen auf: Dies wird insbesondere auch bei Gegenüberstellung der zunächst steigenden Verläufe des spezifischen Verbrauchs von Mineralölprodukten - Abbildung 17 - und der von Beginn an fallenden Tendenz bei den Brennstoffen insgesamt deutlich. Die Mineralölprodukte weiteten dadurch ihren Anteil an den Brennstoffen erst einmal stark aus, fielen später bei überproportionaler Abnahme des spezifischen Öleinsatzes jedoch wieder zurück.

Verfolgt man, über die in den Abbildungen sichtbar gemachte Struktur noch hinausgehend, die Höhe des spezifischen Verbrauchs der einzelnen Energieträger in ihrem Verlauf, so zeigt sich gegen Ende des Beobachtungszeitraums eine Nivellierungstendenz, nachdem zunächst die Erzeugnisse des Kohlenbergbaus und später die Mineralölprodukte klar dominiert hatten.

Bei einem Vergleich der Entwicklungen in den separat ausgewiesenen Branchen und in der Gesamtindustrie lassen sich schließlich folgende Aussagen treffen: Während sich die Verbrauchsverläufe des Textilgewerbes zumindest teilweise mit denen der gesamten Industrie beinahe deckten, sind doch andererseits in wesentlichen Branchen erhebliche Abweichungen vom Durchschnitt zu beobachten: Hierzu zählen die über das allgemeine Maß hinausgehenden Einsparerfolge der Chemischen Industrie ebenso wie die gemessen an den Mittelwerten außerordentlich hohen Niveauabweichungen nach oben bzw. unten, die in der Eisenschaffenden Industrie bzw. dem Maschinenbau auftraten.

3.1.3.2.2. Technologie- und Branchenstruktureffekt

An dieser Stelle wird ein Ansatz kritisch untersucht und vorgeführt, der in der Literatur anzutreffen ist und dazu dienen soll, detailliertere Aussagen zu den realisierten Reduzierungen des spezifischen Endenergieverbrauchs in der Industrie zu gewinnen: Ein Spareffekt, der auf Veränderungen der Technologie und Produktgruppenverschiebungen innerhalb der einzelnen Branchen zurückzuführen ist, wird von einem anderen getrennt, der auf Veränderungen der Branchenstruktur beruht [1].

Zu diesem Zweck wird die Entwicklung des Energieverbrauchs der Industrie unter der hypothetischen Voraussetzung einer konstanten Branchenstruktur bzw. konstanter spezifischer Verbräuche der einzelnen Branchen bestimmt. Die so ermittelten Mengen, verglichen mit den tatsächlichen Verbräuchen und denen, die ohne Einsparungen aufgetreten wären, geben dann Aufschluß über die Höhe der Sparbeiträge, die auf den Technologie- und intrasektoralen Produktstruktureffekt einerseits [2] und den intersektoralen Struktureffekt andererseits zurückführbar sind. Dieses Konzept kann interessante Hinweise auf die Zusammensetzung der eingesparten Energiemengen vermitteln, weist andererseits jedoch einen nicht unerheblichen Mangel auf, der hier einmal eingehend herausgestellt werden soll: Die Summe der beiden getrennt herausgearbeiteten fiktiven Sparkategorien entspricht in der Regel nicht der tatsächlich erzielten Gesamteinsparung.

---

1) Vgl. GARNREITER, F., und LEGLER, H., 1980, S. 19 ff.; HAMPICKE, U., 1979, S. 116 ff., insbes. S. 122 f.; KRIEGSMANN, K.-P., und NEU, A.D., 1981, S. 61 ff.

2) In diesem Zusammenhang ist auch von "Produktivitätseffekt" die Rede: Die spezifischen Energieverbräuche der Branchen stellen ja nichts anderes dar als die reziproken Werte ihrer Energieproduktivitäten, und bei dem hier mit "Technologie- und intrasektoralem Struktureffekt" bezeichneten Sparbeitrag geht es gerade um die Änderungen dieser Branchenkennzahlen. Vgl. KRIEGSMANN, K.-P., und NEU, A.D., 1981, S. 63.

Der Ansatz und sein angesprochener Schwachpunkt werden anhand der Veränderungen des spezifischen Verbrauchs der Industrie [1] zunächst in einer Zwei-Perioden-Betrachtung formal dargestellt und verdeutlicht. Die tatsächliche Einsparung ergibt sich dabei aus der Differenz des spezifischen Verbrauchs der Anfangs- und der Endperiode, der Technologie- und intrasektorale Struktureffekt aus der Differenz des Anfangsverbrauchs und des bei hypothetischer Konstanthaltung der Branchenstruktur errechneten Endverbrauchs, der intersektorale Branchenstruktureffekt schließlich aus der Differenz des Anfangsverbrauchs und des bei hypothetischer Konstanthaltung der spezifischen Einsatzmengen der einzelnen Branchen errechneten Endverbrauchs.

Die Branchenstruktur kommt durch die Anteile der abgegrenzten Untersektoren an der in einheitlichen Preisen gemessenen Wertschöpfung der Industrie zum Ausdruck. Für die hypothetischen Konstanthaltungen der Branchenstruktur und der spezifischen Verbräuche der einzelnen Industriezweige wird auf die betreffenden Werte der Anfangsperiode zurückgegriffen - die Referenzperiode an das Ende des Beobachtungszeitraums zu legen, ist ebenfalls möglich.

Es seien folgende Symbole eingeführt:

E_0, E_1, E_{i0}, E_{i1}	Absoluter Energieverbrauch der Industrie bzw. der Branche i (i = 1,...,m) in Periode 0 bzw. 1,
WS_0, WS_1, WS_{i0}, WS_{i1}	Wertschöpfung der Industrie bzw. der Branche i in Periode 0 bzw. 1 in einheitlichen Preisen,

---

1) Die folgenden Ausführungen gelten mutatis mutandis auch für die Arbeiten von HAMPICKE und KRIEGSMANN/NEU (1981), in denen die Ergebnisse auf absolute und nicht auf spezifische Verbräuche abgestellt sind.

$e_0 = \frac{E_0}{WS_0}$, $e_1 = \frac{E_1}{WS_1}$, spezifischer Energieverbrauch der Industrie bzw. der Branche i in Periode 0 bzw. 1 und

$e_{i0} = \frac{E_{i0}}{WS_{i0}}$, $e_{i1} = \frac{E_{i1}}{WS_{i1}}$

$g_{i0} = \frac{WS_{i0}}{WS_0}$, $g_{i1} = \frac{WS_{i1}}{WS_1}$ Gewicht der Branche i in Periode 0 bzw. 1.

Die realisierte Energieeinsparung der Industrie, ausgedrückt durch die Reduzierung des spezifischen Verbrauchs, wird errechnet durch

$$(5) \qquad e_0 - e_1 = \frac{E_0}{WS_0} - \frac{E_1}{WS_1}$$

oder, bei expliziter Aufschlüsselung nach den einzelnen Branchen, durch

$$(6) \qquad \sum_{i=1}^{m} \frac{E_{i0}}{WS_{i0}} \cdot \frac{WS_{i0}}{WS_0} - \sum_{i=1}^{m} \frac{E_{i1}}{WS_{i1}} \cdot \frac{WS_{i1}}{WS_1} .$$

Der Technologie- und intrasektorale Struktureffekt, das heißt die hypothetische Einsparung bei konstanter Branchenstruktur aus Periode 0, ergibt sich als

$$(7.1) \quad \sum_{i=1}^{m} \frac{E_{i0}}{WS_{i0}} \cdot \frac{WS_{i0}}{WS_0} - \sum_{i=1}^{m} \frac{E_{i1}}{WS_{i1}} \cdot \frac{WS_{i0}}{WS_0} .$$

Den intersektoralen Struktureffekt, das heißt die hypothetische Einsparung bei konstanten spezifischen Verbräuchen aus Periode 0, erhält man entsprechend als

$$(7.2) \quad \sum_{i=1}^{m} \frac{E_{i0}}{WS_{i0}} \cdot \frac{WS_{i0}}{WS_0} - \sum_{i=1}^{m} \frac{E_{i0}}{WS_{i0}} \cdot \frac{WS_{i1}}{WS_1} .$$

Im Sinn eines formal einwandfreien Konzepts wäre es erforderlich, daß die tatsächliche Einsparung - (6) - betragsgleich mit der Summe der beiden getrennt herausgearbeiteten hypothetischen Sparkomponenten - [(7.1)+(7.2)] - ist. Nach jeweiliger Subtraktion des spezifischen Verbrauchs der Industrie in Periode 0 nehmen die zu vergleichenden Ausdrücke die Form (6)' bzw. [(7.1)+(7.2)]' an:

$$(6)' \qquad - \sum_{i=1}^{m} \frac{E_{i1}}{WS_{i1}} \cdot \frac{WS_{i1}}{WS_1} ,$$

$$[(7.1)+(7.2)]' \qquad - \sum_{i=1}^{m} \frac{E_{i1}}{WS_{i1}} \cdot \frac{WS_{i0}}{WS_0} + \sum_{i=1}^{m} \frac{E_{i0}}{WS_{i0}} \cdot \frac{WS_{i0}}{WS_0} - \sum_{i=1}^{m} \frac{E_{i0}}{WS_{i0}} \cdot \frac{WS_{i1}}{WS_1} .$$

Vereinfacht geschrieben erhält man schließlich

$$(6)'' \qquad - \sum_{i=1}^{m} e_{i1} \cdot g_{i1} ,$$

$$[(7.1)+(7.2)]'' \qquad - \sum_{i=1}^{m} e_{i1} \cdot g_{i0} + \sum_{i=1}^{m} e_{i0} \cdot g_{i0} - \sum_{i=1}^{m} e_{i0} \cdot g_{i1} .$$

Man erkennt, daß die Betragsgleichheit von (6)" und [(7.1)+(7.2)]" nur in Spezialfällen erfüllt ist, insbesondere wenn entweder

$e_{i0} = e_{i1}$ für alle i oder

$g_{i0} = g_{i1}$ für alle i

gilt. Ungleichheit zwischen der realisierten Gesamteinsparung und der Summe der beiden hypothetischen Komponenten wird jedoch vorliegen, wenn sich - wie im Normalfall - Veränderungen bei den spezifischen Verbräuchen der Branchen und ihren Gewichten einstellen.

Um zumindest tendenzielle Antworten zu der anstehenden Fragestellung zu erhalten, kann man den Ansatz dennoch anwenden. Bei Aufspaltung der bundesdeutschen Industrie in 19 Untersektoren und einer jahresweisen Verbrauchsermittlung von 1960 bis 1982 ergeben sich die in Abbildung 18 [1] dargestellten Resultate.

Es zeigt sich, daß zwischen der Summe der hypothetischen Veränderungen und der tatsächlichen Einsparung beim spezifischen Endenergieverbrauch spürbare Differenzen in Kauf zu nehmen sind [2].

Bei entsprechend vorsichtiger Interpretation der Ergebnisse läßt sich immerhin die Aussage treffen, daß ein wesentlicher Spareffekt allein aufgrund von Verschiebungen der Branchenstruktur nicht erkennbar ist: Zwar hat die verhältnismäßig wenig energieintensive Investitionsgüterindustrie im Beobachtungszeitraum deutlich an Gewicht gewonnen. Dem stehen jedoch kompensierende Entwicklungen gegenüber, und zwar sowohl der Bedeutungsrückgang "sparsamer" Bereiche im Verbrauchsgüter- und Nahrungs- und Genußmittelgewerbe als auch die Bedeutungszunahme energieintensiver Bereiche - insbesondere der Chemischen Industrie [3].

---

1) Quellen: ARBEITSGEMEINSCHAFT ENERGIEBILANZEN (Hrsg.), versch. Jgge.; STATISTISCHES BUNDESAMT (Hrsg.): Fachserie 18, Reihe S.8, 1985, S. 50 ff.; eigene Berechnungen. Zahlenangaben: Tabellen A10 und A11 des Anhangs.

2) Bezüglich der Einzelheiten vgl. Tabelle A11 des Anhangs.

3) Von dieser letzteren Erkenntnis bleibt andererseits die Tatsache unberührt, daß gerade die Chemie aufgrund ihrer überproportionalen Einsparerfolge - bei nach wie vor überdurchschnittlichem Niveau - einen besonderen Beitrag zur tatsächlichen Reduzierung des Energieverbrauchs der Industrie geleistet hat.

Die Verbrauchsmengenreduzierungen sind mithin größtenteils innerhalb der abgegrenzten Industriesektoren erzielt worden, und zwar durch Änderungen der Produktionsverfahren, -prozesse und -potentialfaktoren oder auch durch Produktgruppenverschiebungen.

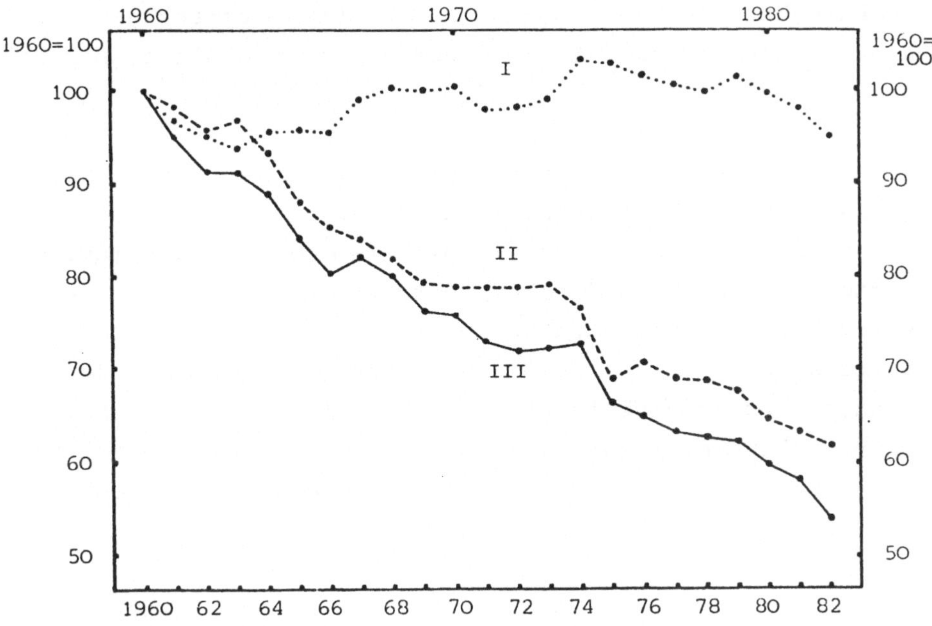

I: hypothetische Veränderungen bei konstanten spezifischen Verbräuchen der Branchen von 1960 (intersektoraler Struktureffekt),

II: hypothetische Veränderungen bei konstanter Branchenstruktur von 1960 (Technologie- und intrasektoraler Struktureffekt),

III: tatsächliche Veränderungen.

Abb. 18: Tatsächliche und hypothetische Veränderungen des spezifischen Endenergieverbrauchs in der Industrie (jeweils 1960 = 100)

3.1.3.3. Zusammenhang zwischen Kostenniveaus und Verbrauchsmengenreduzierungen

Ansätze, die zur Erklärung von realisierten Einsparerfolgen beitragen sollen, sind in ihrer inhaltlichen Ausgestaltung auch von der Verfügbarkeit entsprechenden empirischen Datenmaterials abhängig. In dieser Beziehung sind die eigentlichen Verbrauchsdeterminanten von der energietechnischen Ausgereiftheit des Produktionspotentials bis hin zur Kapazitätsauslastung der Fertigungsanlagen schwer faßbar.

Als Hilfsgröße ist beispielsweise das Ausmaß der Investitionstätigkeit herangezogen und so ein enger statistischer Zusammenhang zwischen den kumulierten Bruttoanlageinvestitionen und dem spezifischen Energieverbrauch in der Industrie nachgewiesen worden: Der Energieverbrauch verminderte sich bei wachsenden Investitionsvolumina mit abnehmenden Einsparungsbeträgen [1]. Hieraus können jedoch noch keine Schlüsse darauf gezogen werden, welche Hauptmotive der Tätigung von Ersatz- und Erweiterungsinvestitionen zugrunde lagen [2].

Zielt man nun auf die Anstöße speziell energieorientierter Maßnahmen ab, so kann man unterschiedlich hohe Einsparungen einzelner Industriezweige innerhalb eines Zeitraums mit der Höhe der Energieverbräuche bzw. -kosten zu Beginn dieses Zeitraums in Verbindung bringen und zu erklären versuchen [3]. In der Vergangenheit führten solche Analysen anhand des entsprechenden empirischen Zahlenmaterials zu recht unterschiedlichen Aussagen über die Stärke des

---

1) Vgl. KARL, H.-D., 1980, S. 50 ff.

2) Vgl. hierzu die Ausführungen über die Investitionsmotive in den 60er und zu Beginn der 70er Jahre in Abschnitt 3.1.2.1., insbes. auf der S. 79 dieser Arbeit.

3) Zur Idee des Zusammenhangs zwischen mengen- bzw. kostenmäßiger Belastung und Einsparerfolgen vgl. auch IHK KOBLENZ UND DÜSSELDORF und INDUSTRIEKREDITBANK AG - DEUTSCHE INDUSTRIEBANK (Hrsg.), o.J., S. 11; MIES, W., und NAUJOKS, W., o.J., S. 36.

statistischen Zusammenhangs zwischen diesen Größen [1].

Unter Einschluß neuerer Daten bezüglich des Einsparverhaltens, die die Rohölpreisschübe von 1973/74 und 1979/80 und deren Auswirkungen in hohem Grad einzufangen gestatten, soll nun eine eigene Untersuchung des Zusammenhangs zwischen der Höhe der spezifischen Energiekosten in 1972 und der Einsparung beim spezifischen Endenergieverbrauch zwischen 1972 und 1982 in verschiedenen Bereichen der Industrie angestellt werden.

Es sei daran erinnert, daß den vorhandenen empirischen Zahlen entsprechend die Energiekosten etwas anders abgegrenzt sind als die mengenbezogenen Einsparungen und insbesondere auch die nicht-energetischen Verbräuche von Mineralölprodukten einschließen. Somit wird bei den Sparanreizen auf das Gesamtspektrum der direkten Belastung durch Energieträgerbezüge abgestellt, während die Sparerfolge für den Bereich der energetischen Nutzung gemessen werden. Auf diese letztere Verwendungsart konzentrieren sich aber ohnehin wegen der dort kurz- und mittelfristig gegebenen Potentiale zur Verbrauchsmengenreduzierung die Sparbemühungen.

Die Kombinationen von spezifischen Kosten und Einsparungen in 17 Branchen bzw. Sektoren, in die die gesamte Industrie aufgeteilt wurde, sind in Abbildung 19 [2] wiedergegeben:

---

1) Vgl. GARNREITER, F., und LEGLER, H., 1980, S. 17 ff.; HAMPICKE, U., 1979, S. 124 f. Diese beiden Ansätze reichen zeitlich nicht über die Mitte der 70er Jahre hinaus. Bei GARNREITER/LEGLER sind zudem in Abweichung von der hier interessierenden, auf die Industrie beschränkten Fragestellung auch andere Sektoren der Volkswirtschaft in die Untersuchung einbezogen.

2) Quellen: ARBEITSGEMEINSCHAFT ENERGIEBILANZEN (Hrsg.), versch. Jgge.; FILIP-KÖHN, R., und HORN, M., 1985, S. 213; STATISTISCHES BUNDESAMT (Hrsg.): Fachserie 18, Reihe S.8, 1985, S. 48 und 51 f.; eigene Berechnungen. Zahlenangaben: Tabelle A12 des Anhangs.

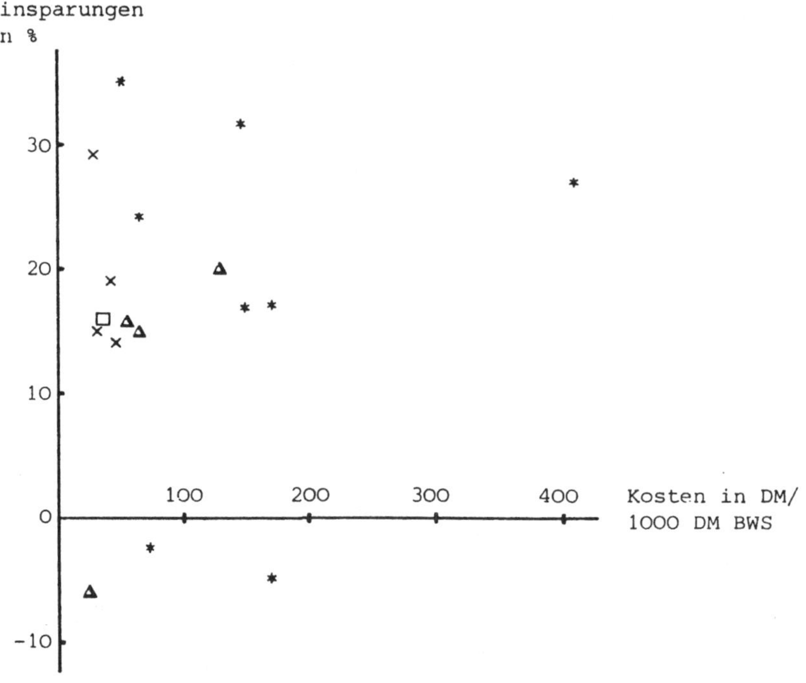

Branchen des
* Grundstoff- und Produktionsgütergewerbes,
× Investitionsgütergewerbes,
△ Verbrauchsgütergewerbes,
□ Nahrungs- und Genußmittelgewerbes.

Abb. 19: Spezifische Energiekosten 1972 (DM pro 1000 DM Bruttowertschöpfung zu Marktpreisen - BWS - in jeweiligen Preisen) und Reduzierungen des spezifischen Endenergieverbrauchs zwischen 1972 und 1982 (prozentuale Veränderung der Kennzahl Gigajoule pro 1000 DM BWS in Preisen von 1980) in verschiedenen Industriezweigen

Wie aufgrund der graphischen Darstellung bereits offenbar ist, liefert die statistische Auswertung dieser Daten keine Bekräftigung dafür, daß jeweils um so mehr gespart worden ist, je höher die Kostenbelastung zu Beginn des Betrachtungszeitraumes war - so führt der lineare Regressionsansatz zu einem Korrelationskoeffizienten, der unter 0,2 liegt. Ein ganz ähnliches Resultat ergibt sich im übrigen auch dann, wenn man als Ausgangspunkt und Sparanstoß die spezifischen Verbräuche anstelle der spezifischen Kosten ansetzt.

Möglicherweise gingen somit von höheren spezifischen Kosten in 1972 zwar auch größere Sparanreize aus, für die dann jedoch nicht in jedem Fall die gewünschten Realisierungsmöglichkeiten gegeben waren. Beispielsweise können Hemmnisse weitergehender als der getätigten Anpassungsmaßnahmen zum Zweck von Verbrauchsmengenreduktionen darin gelegen haben, daß sich weitere Einsparungen im Beobachtungszeitraum als technisch undurchführbar oder wirtschaftlich nicht sinnvoll erwiesen.

3.1.4. Entwicklung der energieorientierten Investitionstätigkeit

Auf die Bedeutung energieorientierter Investitionsaufgaben der Industrie, die sich allein schon angesichts des technischen Fortschritts, andererseits aber auch wegen Änderungen der relativen Preise von Energieinputs und anderen Produktionsfaktoren ergibt, wird verschiedentlich hingewiesen [1]. Um einen Überblick darüber zu geben, inwieweit diese Aufgaben in Angriff genommen werden, und somit Entwicklungslinien der energieausgerichteten Investitionstätigkeit zu verdeutlichen, wäre - ähnlich wie es im Fall der Umweltschutzinvestitionen bereits geschieht [2] - die Erhebung der Investitionsausgaben der Industrieunternehmen im Zusammenhang mit ihrer Energieversorgung wünschenswert.

Auf diesem Gebiet steht empirisches Zahlenmaterial jedoch bislang noch kaum zur Verfügung und erreicht auch nicht

---

1) Vgl. dazu z.B. BUNDESMINISTERIUM FÜR WIRTSCHAFT (Hrsg.), 1981, S. 9; SACHVERSTÄNDIGENRAT ZUR BEGUTACHTUNG DER GESAMTWIRTSCHAFTLICHEN ENTWICKLUNG, 1979, S. 156 und 162.

2) Vgl. z.B. STATISTISCHES BUNDESAMT (Hrsg.): Jahrbuch 1985, S. 572.

den Aussagewert der in dem ebenfalls problematischen Bereich der Energiekosten erhobenen Daten. Entsprechend vorsichtig ist die Angabe zu interpretieren, daß der Anteil der Energieversorgungs- und Anwendungsanlagen am gesamten Anlagevermögen in der Industrie oftmals 15 bis 20 %, im Extrem bis zu 60 % beträgt [1].

Angesichts der im Verlauf dieser Arbeit bereits geschilderten gewichtigen Rolle des Produktionsfaktors Energie und der dargestellten Anpassungsprozesse ist es jedoch offenbar, daß energieorientierte Investitionen in beachtlichem Umfang durchgeführt werden. Diese Erkenntnis wird durch die Ergebnisse von Befragungen zum Investitionsverhalten bekräftigt und vertieft:

Anhand eines im Zeitablauf mehrfach und dann jeweils für die mittelfristige Vergangenheit und Zukunft vorgelegten Katalogs von Investitionsmotiven zeigte sich eine in ihrem Ausmaß aus dem Rahmen fallende Bedeutungszunahme des Investitionsimpulses der Energie- und Rohstoffverteuerung mit Beginn der 70er Jahre. Während sich beispielsweise nach dem ersten Ölpreisschub für den Zeitraum von 1976 bis 1980 ex ante und ex post schon 25 % der antwortenden Industrieunternehmen zu entsprechenden Investitionen veranlaßt sahen, waren es in der Vorausschau auf die Zeitspanne von 1981 bis 1985 46 % [2]. Der größte Teil dieser 46 % äußerte sich bezüglich des letzteren Fünf-Jahres-Intervalls zudem dahingehend, daß der Investitionsgrund der Energie- und Rohstoffverteuerung für ihre Unternehmung an Relevanz gewinnen werde [3].

In einer weiteren Erhebung mit einer anderen Stichprobe und auch etwas anderer Fragestellung wurde eine noch größere Neigung zu den hier interessierenden Rationalisie-

1) Vgl. MAIER, K.H., 1979, Sp. 473.

2) Vgl. NEUMANN, F., 1981, S. 4.

3) Vgl. ebenda, S. 9.

rungsvorhaben festgestellt: 67 % der in dieser Auswertung vertretenen Industrieunternehmen bekundeten die Absicht, in den 80er Jahren Investitionen zur Energieeinsparung in Angriff zu nehmen [1].

Die in beiden Untersuchungen aufgetretene Tendenz zunehmender Häufigkeit von Investitionsvorhaben bei wachsender Unternehmensgröße [2] wird oftmals lediglich darauf zurückzuführen sein, daß in größeren Unternehmen mit entsprechender Finanzkraft und heterogenem Produktionsprogramm und -potential vielfältigere Möglichkeiten gegeben sind, in einem Teilbereich technische Neuerungen zu implementieren [3]. Andererseits ist wiederholt gerade in kleineren Unternehmen die Beobachtung gemacht worden, daß die Wirtschaftlichkeit bestimmter Sparinvestitionen nicht kalkuliert wird und möglicherweise aus diesem Grund bestehende Rationalisierungschancen ungenutzt bleiben [4].

Auf einem anderen Gebiet energiebezogener Investitionen, nämlich dem der Anschaffung von Anlagen zur Eigenstromerzeugung, sind in gewissem Rahmen statistische Angaben für die gesamte Industrie und Untersektoren verfügbar: Der Anteil dieser Kategorie an den gesamten Anlageinvestitionen pro Jahr betrug im Industriedurchschnitt auch auf lange Sicht durchweg weniger als 1 %. In einigen Branchen, zum Beispiel der Chemischen Industrie, erlangten die Investitionen für Stromerzeugungsanlagen jedoch zumindest zeitweilig eine weit über dem Durchschnitt liegende Bedeutung [5]. Gerade zur Deckung des Elektrizitätsbedarfs werden noch Entwicklungsmöglichkeiten der Eigenversorgung der Unternehmen gesehen, da in vielen Fällen, insbe-

---

1) Vgl. MIES, W., und NAUJOKS, W., o.J., S. 40 f.

2) Vgl. ebenda, S. 68; NEUMANN, F., 1981, S. 9.

3) Vgl. ebenda, S. 11.

4) Vgl. MIES, W., und NAUJOKS, W., o.J., S. 41.

5) Vgl. STATISTISCHES BUNDESAMT (Hrsg.): Fachserie 18, Reihe S.8, 1985, S. 105 ff.; dasselbe (Hrsg.): Jahrbuch, versch. Jgge., z.B. Jahrbuch 1984, S. 216, und Jahrbuch 1985, S. 214.

sondere auf dem Wege der Kraft-Wärme-Kopplung, eine kostenmäßige Konkurrenzfähigkeit der Eigenerzeugung mit dem Strombezug aus dem öffentlichen Netz erreicht werden kann [1].

3.1.5. Zusammenfassung

Bevor im folgenden auf energiewirtschaftliche Entwicklungslinien in zwei einzelnen Unternehmen eingegangen wird, sollen nun erst einmal die bisher in diesem dritten Kapitel gewonnenen statistischen Erkenntnisse zusammengefaßt werden.

Dabei ist zunächst festzuhalten, daß Wertschöpfung und Endenergieverbrauch der Industrie im Beobachtungszeitraum von 1960 bis 1982 eine starre Kopplung im Sinn gleicher Änderungsraten auch nicht annähernd aufwiesen. Ein statistischer Zusammenhang zwischen diesen Größen war aber dennoch bei in der Regel deutlich unterproportional gewachsenem Endenergieeinsatz nachweisbar.

Die Verschiebungen der Einsatzmengenrelationen zwischen Arbeit, Kapital und Energie erwiesen sich bei Unterscheidung zweier Teilzeiträume - eines mit und eines ohne sprunghafte Energiepreiserhöhungen - gemessen an den Entwicklungen der entsprechenden Preisrelationen zum großen Teil als folgerichtig. Zum Beispiel zeigte sich ab dem Ende der 60er Jahre eine Substitution von Energie durch Kapital bei überproportional gestiegenen Energiepreisen.

Auch die Entwicklung der Energieträgereinsatzstruktur im Zeitverlauf war durch die Veränderungen der relativen Preise weitgehend begründbar. Hinsichtlich des Gaseinsatzes drängte sich allerdings die Frage auf, ob die im Energieträgergefüge ausgebaute Position trotz der relativ hohen

---

1) Vgl. WAHL, B., et al., 1977, S. 109 ff.; vgl. dazu auch KERN, W., 1981, S. 9 f.

Gaspreisanhebungen in der Zeit von 1972 bis 1982 im nachhinein zu rechtfertigen ist.

Den deutlichen Einsparungen beim spezifischen Energieverbrauch, die allenfalls in geringem Maße auf Veränderungen der Branchenstruktur zurückgingen, standen beträchtliche Steigerungen der spezifischen Energiekosten gegenüber. Dabei waren die unterschiedlich hohen Verbrauchsmengenreduzierungen einzelner Industriezweige im Zeitraum von 1972 bis 1982 mit den unterschiedlichen Kostenbelastungen zu Beginn dieser Zeitspanne nicht in Einklang zu bringen, so daß dieser Ansatz zur Erklärung der Einsparerfolge unbefriedigend blieb.

Da jedoch schließlich auch deutliche Hinweise auf eine sich in beachtlichem Umfang herausgebildete Investitionstätigkeit der Unternehmen speziell aus dem Motiv der Energieverteuerung heraus bzw. mit dem Ziel der Energieeinsparung gegeben wurden, liegt insgesamt die Schlußfolgerung auf der Hand, daß von seiten der Industrie eine Reihe von Anpassungsprozessen in Gang gesetzt und vorangetrieben worden ist, die den gewandelten energiewirtschaftlichen Rahmenbedingungen in recht hohem Maße Rechnung getragen haben.

3.2. Einzelunternehmen

In Ergänzung zur Ermittlung und Interpretation der sektorenorientierten energiewirtschaftlichen Zahlenreihen sollen für einzelne Analyseschwerpunkte die entsprechenden Entwicklungen auch in zwei Einzelfällen - je einem Großunternehmen des Maschinenbaus und des Ernährungsgewerbes - betrachtet werden. Die Untersuchung von Einzelunternehmen erscheint vor allem dann lohnenswert, wenn wie in den vorliegenden Fällen die Möglichkeit besteht, die beobachteten Prozesse betriebsindividuell zu kommentieren und entsprechende Einblicke in die Ursachen der Entwicklungen zu geben. Dies kann im folgenden jedoch nur unter dem Vorbehalt geschehen, daß die Anonymität der Referenzunternehmen gewahrt bleibt.

3.2.1. Ein Unternehmen des Maschinenbaus

Es kann vorausgeschickt werden, daß sich auch in dem nun zunächst behandelten Maschinenbauunternehmen, das hinsichtlich der Energieintensität unter dem Industriedurchschnitt angesiedelt ist, forciert durch den ersten Ölpreisschub und dessen Folgewirkungen eine ausgeprägte energiewirtschaftliche Aktivität von der Dokumentation der Verbrauchsmengen und Kosten bis hin zur Mitentscheidung bei energiewirtschaftlich bedeutsamen Investitionsprojekten herausgebildet hat. In aufbauorganisatorischer Sicht wurde die energiewirtschaftliche Aufgabenerfüllung einer Zentralabteilung und verschiedenen energieorientierten Aufgabenträgern in den Teilbereichen des Gesamtunternehmens übertragen, so daß eine Kombination von zentralen und dezentralen Kompetenzen vorliegt.

Es soll nun eingangs anhand der zur Verfügung gestellten Informationen eine Grobskizzierung der energiewirtschaftlichen Entwicklung im Hinblick auf die absoluten und spezifischen Verbräuche und Kosten vorgenommen werden. Anschließend wird der Zusammenhang zwischen der Entwicklung der Durchschnittskosten, die ihrem pagatorischen Charakter gemäß als Durchschnittspreise interpretiert werden, und den Substitutionsbewegungen zwischen den eingesetzten Energieträgern untersucht.

Die nicht-energetische Nutzung spielt in dem Unternehmen keine Rolle. Eine innerbetriebliche Umwandlung zum Beispiel von Brennstoffen in Strom wird nicht durchgeführt. Der Treibstoffverbrauch für den Fuhrpark konnte aus erfassungstechnischen Gründen nicht in die übermittelten Zahlen einbezogen werden. Der so abgegrenzte Endenergieverbrauch des Unternehmens wies im Beobachtungszeitraum von 1970 bis 1982 eine leicht steigende Tendenz auf. Als Gründe für die zeitweilig aufgetretenen Senkungen wurden insbesondere konjunkturell bedingte Absatzrückgänge und eigene Sparmaßnahmen in Reaktion auf die Energiepreisschübe genannt. Die Energiekosten erhöhten sich dagegen monoton und erreichten 1982 fast das Dreifache des Wertes von 1970 - dies entspricht einer jährlichen Steigerungsrate von knapp 10 %. Die Energiegesamtkosten stiegen damit etwa im gleichen Ausmaß wie der pro Energieträgereinheit entrichtete Durchschnittspreis.

Den absoluten Einsatzmengen- und Kostenverläufen standen in der Zeitspanne ab 1977, für die die Wertschöpfung als outputorientierte Bezugsgröße verfügbar war, ein deutlich reduzierter spezifischer Verbrauch [1], hingegen mit noch höherer Rate gestiegene spezifische Kosten gegenüber. Zur Senkung des spezifischen Verbrauchs wurde in dieser Zeit eine Reihe von Maßnahmen durchgeführt, die sich überwiegend auf die Bereitstellung der Raumwärme bezogen. Dazu gehörte die Implementierung von Verfahren der Wärmerückgewinnung, durch die ein Teil der Abwärme bestimmter Produktionsanlagen, aber auch von Komponenten der EDV-Hardware zur Raum-

---

1) Die Wertschöpfung als Bezugsgröße des absoluten Endenergieverbrauchs stand hierbei nur in jeweiligen und nicht in konstanten Preisen zur Verfügung.

heizung nutzbar gemacht wurde.

Die Betrachtung des Zusammenhangs zwischen Preisentwicklungen und Substitutionsprozessen, die in Abschnitt 3.1.2.2. bereits für die Gesamtindustrie vorgenommen wurde, soll nunmehr in analoger Weise auch betriebsindividuell durchgeführt werden. Im vorliegenden Fall kann auf das entsprechende Zahlenmaterial für den Zeitraum von 1970 bis 1982 zurückgegriffen werden, die beiden durch starke Rohölpreissteigerungen gekennzeichneten Phasen in 1973/74 und 1979/80 und die daraufhin noch im Beobachtungszeitraum in die Wege geleiteten Anpassungsmaßnahmen können also mit einbezogen werden.

Die Veränderungen der relativen "Preise" der eingesetzten Endenergieträger Heizöl, Erdgas, Koks und Strom können mit Hilfe der Meßzahlenreihen für die jährlichen Durchschnittskosten bestimmt werden. Bei der Gegenüberstellung der so ermittelten Daten und der jeweiligen Anteile der Energieträger an der Versorgung des Unternehmens ergibt sich hinsichtlich preisinduzierter Substitutionsbewegungen ein differenziertes Bild [1]:

Zum einen sind auch hier Anzeichen solcher von den Preisen ausgelösten Anpassungsprozesse unmittelbar erkennbar: Der Versorgungsanteil des Heizöls, das die höchste Teuerungsrate aufwies, wurde am stärksten herabgesetzt. Dem stand beim Strom, der die niedrigste Preissteigerungsrate hatte, ein deutlicher Anteilszuwachs gegenüber, so daß das Heizöl als mengenmäßig gewichtigster Energieträger in 1982 durch die Elektrizität abgelöst wurde.

Zum anderen ist jedoch zu konstatieren, daß sich der Anteil des Erdgases noch mehr erhöhte als der des Stroms, obwohl dies in der ex-post-Betrachtung angesichts der Entwicklung der Durchschnittskosten nicht nahelag. Ein wesentlicher

---

1) Die entsprechenden Zahlen können der Tabelle A13 des Anhangs entnommen werden.

Grund hierfür ist darin zu sehen, daß die Umstellung von Heizöl auf Erdgas beim konkreten Projekt leichter zu bewerkstelligen war und geringeren Aufwand erforderte als die auf Strom. Möglicherweise wurde auch ex ante der Preisanstieg des Erdgases unterschätzt. Weiterhin ist es angesichts der Preisentwicklungen nicht unmittelbar einsichtig, daß keine Anstrengungen unternommen wurden, den Anteil des noch relativ wenig verteuerten Kokses zu erhöhen. In diesem Zusammenhang führte man ebenfalls andere als die Energieträgerpreise betreffende, allerdings letztlich auch kostenwirksame Substitutionskriterien an wie schlechte Wirkungsgrade der in Frage kommenden Nutzungsanlagen und hohe Umweltschutzaufwendungen.

Für den Gesamtzeitraum ergeben sich aufgrund der genannten Vorgänge aber doch überwiegend positive Substitutionselastizitäten [1] als Ausdruck plausibler Entwicklungen der Preis-Mengen-Relationen zwischen jeweils zwei Energieträgern. Lediglich für die Beziehungen zwischen Erdgas und Strom sowie Erdgas und Koks ist dies nicht der Fall.

Unter Berücksichtigung aller zu diesem Punkt nunmehr vorliegenden Informationen läßt sich damit die Aussage treffen, daß von den Preisänderungen der Energieträger ein bedeutsamer Einfluß auf ihr Mengengefüge ausging, andere, vor allem wiederum kostenwirksame Faktoren jedoch ebenfalls eine Rolle spielten.

Zur Realisierung der Anteilsverschiebungen unter den Energieträgern leisteten verschiedene Änderungen im Betriebsablauf und insbesondere in den Produktionsverfahren einen Beitrag: Hierzu gehörte beispielsweise die weitgehende Umstellung der Heizungsanlage in einem Teilbereich des Unternehmens von schwerem Heizöl auf Erdgas in 1981. Schweres Heizöl kommt hier nur noch während der Spitzenlastzeiten des Gasversorgungsunternehmens zum Einsatz, für die eine

---

1) Zum Konzept der Substitutionselastizitäten vgl. S. 84 f. dieser Arbeit.

Leistungspreisregelung getroffen wurde. Der Rückgang des Verbrauchs von leichtem Heizöl wurde durch die Stillegung alter Produktionsanlagen möglich. Dem stand ein Anstieg des Stromeinsatzes gegenüber, der zum großen Teil aus der besonderen Berücksichtigung dieses Energieträgers bei Ersatz- und Erweiterungsinvestitionen wie zum Beispiel bei der Anschaffung von Schmelzöfen resultierte. Schließlich zeigten auch die bereits angeführten Sparmaßnahmen Wirkung auf die Struktur des Endenergieträgereinsatzes.

3.2.2. Ein Unternehmen des Ernährungsgewerbes

Bei dem zweiten Referenzunternehmen, das aus dem Bereich des Ernährungsgewerbes stammt, läßt sich aufgrund des umfangreichen und detaillierten zur Einsicht freigegebenen Datenmaterials und dessen Erläuterungen ein noch klareres Bild der Energienutzung zeichnen als im vorhergehenden Fall.

Die mehrstufige Verarbeitung eines Nahrungsmittelrohstoffes zu verschiedenen Endprodukten bringt einen Energiebedarf mit sich, der insbesondere von Vorgängen der mechanischen Entwässerung, thermischen Trocknung, Filtrierung und des innerbetrieblichen Transports der Produkte herrührt. Wie bei dem vorstehend betrachteten Maschinenbauunternehmen ist die nicht-energetische Nutzung wegen ihrer äußerst geringen Bedeutung ausgeklammert und der Treibstoffverbrauch des Fuhrparks nicht mitgeteilt worden, jedoch wird hier eine interne Energieumwandlung im Wege der Kraft-Wärme-Kopplung betrieben.

Aufgrund der benötigten Energieleistungen bzw. der entsprechenden Nutzenergiearten ist ein dieses Verfahren begünstigender gleichzeitiger Bedarf an Strom und als Wärmeträger dienendem Prozeßdampf gegeben. Die Ausrichtung der diesen Umstand ausnutzenden innerbetrieblichen Kraft-Wärme-Kopplung auf den Prozeßwärmebedarf macht es trotz gewisser

Variationsmöglichkeiten des Verhältnisses von selbst erzeugtem Strom und Dampf nach wie vor erforderlich, zusätzliche Mengen an Elektrizität fremdzubeziehen. Die Abweichung der benötigten von der idealen Kraft-Wärme-Relation vergrößerte sich während des Beobachtungszeitraums von 1972 bis 1983 noch, da die erzielten Energieeinsparungen überwiegend den erforderlichen Dampf betrafen, der Strombedarf sich hingegen im Zuge zunehmender Automatisierung der Produktion erhöhte. Diese Entwicklungen hatten zur Folge, daß sich der Fremdstromanteil am insgesamt eingesetzten Strom beinahe verdoppelte und zuletzt nahezu 25 % betrug.

Die folgenden Darstellungen und Erörterungen beziehen sich auf die fremdbezogenen Energieträger Kohle, Heizöl, Erdgas und Strom, die hinsichtlich ihrer Verbrauchsmengen und Kosten untersucht werden. Von Endenergie kann deshalb nicht gesprochen werden, weil auch die zur internen Kraft-Wärme-Erzeugung verwendeten Brennstoffe mit einbezogen werden.

Während sich der in dieser Abgrenzung ermittelte gesamte Energieverbrauch des Unternehmens von 1972 bis 1983 mit 15 % nur geringfügig erhöhte, war bei den Kosten ein Anwachsen um 376 % zu verzeichnen, was einer jährlichen Steigerungsrate von mehr als 15 % entspricht. Diese Zahlen können bereits als Indikatoren für die enormen Erhöhungen auf der Preisseite herangezogen werden, die auch Gegenstand der sich nun anschließenden Untersuchungen sind.

3.2.2.1. Entwicklung des Energieverbrauchs und der Rohstoffverarbeitung

Als Bezugsgröße für die Energieverbräuche und -kosten kann in diesem Referenzfall die jeweilige Menge des verarbeiteten Nahrungsmittelrohstoffes herangezogen werden. Dieser Rohstoff stellt zum einen die einheitliche Grundsubstanz aller Endprodukte dar. Zum anderen waren und sind aufgrund der im Berichtszeitraum genutzten Fertigungsverfahren die Mengenverhältnisse der Endprodukte nur geringfügig variierbar, so daß gegenüber dem Konzept mit einer output- und wertorientierten Bezugsgröße keine größeren Verzerrungen durch Veränderungen der Produktionsprogrammstruktur auftreten. Dies wäre ja beispielsweise der Fall, wenn bei konstantem absoluten Energie- und Rohstoffeinsatz eine massive Umstrukturierung hin zu teureren Endprodukten vorgenommen und damit unter Anwendung des letzteren Konzepts eine Senkung des spezifischen Energieverbrauchs ausgewiesen würde [1].

Aus Abbildung 20 [2] geht hervor, daß analog zu den Erkenntnissen für die gesamte Industrie, bei der ja die Wertschöpfung als Bezugsgröße diente, von einer starren Kopplung zwischen den Mengen des verarbeiteten Nahrungsmittelrohstoffes und der eingesetzten Energie im Sinn gleicher Wachstumsraten nicht die Rede sein kann. Allerdings läßt sich bei im Durchschnitt unterproportional gestiegenem Energieverbrauch doch ein recht enger Zusammenhang zwischen diesen Größen erkennen, der als Kopplung in weniger strenger Form interpretiert werden kann. So führt die Regressions- und Korrelationsanalyse mit dem linearen Ansatz zu der Schätzgleichung

---

1) Solche Verzerrungen können grundsätzlich auch durch eine verbesserte Rohstoffausbeute bei den einzelnen Produktarten hervorgerufen werden. Im vorliegenden Fall spielt dies jedoch keine Rolle.

2) Zahlenangaben: Tabelle A14 des Anhangs.

(8) $y = 0{,}601x - 0{,}782$ und $r = 0{,}684$,

wobei y die Zuwachsrate des Energieverbrauchs bezeichnet, x die des Rohstoffinputs und r den Korrelationskoeffizienten. Der einseitige Hypothesentest anhand der t-Verteilung ist auf dem 2,5 %-Niveau - $\alpha = 0{,}025$ - signifikant [1].

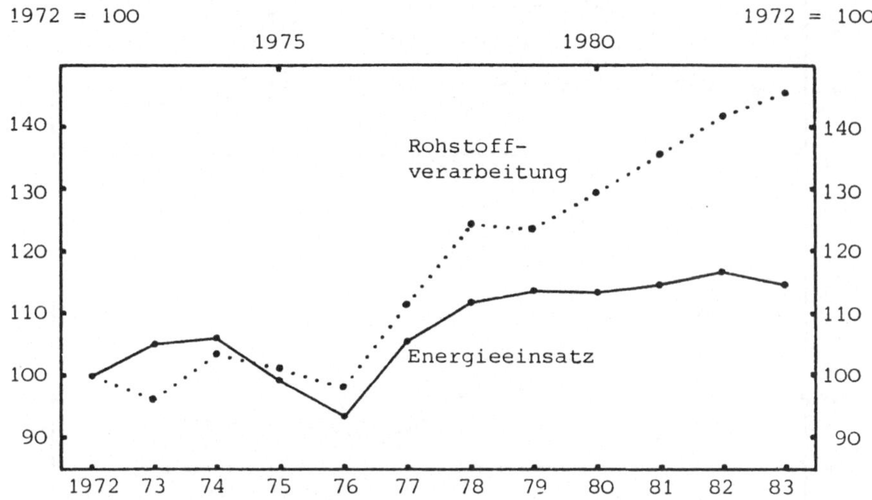

Abb. 20: Rohstoffverarbeitung und Energieeinsatz in einem Unternehmen des Ernährungsgewerbes (1972 = 100)

3.2.2.2. Entwicklung der Durchschnittskosten der Energieträger, ihrer Anteile am gesamten Energieeinsatz und an den gesamten Energiekosten

In den oberen beiden Teilgraphiken der Abbildung 21 [2] sind die Entwicklungen der jährlichen Durchschnittskosten, die ihrer pagatorischen Ausrichtung wegen wiederum als Preise interpretiert werden, und der Versorgungsanteile der Energieträger einander gegenübergestellt. Die beträchtlich verringerte Rolle des Heizöls ist weitgehend durch die

1) Vgl. SACHS, L., 1978, S. 111 und 329 ff.

2) Zahlenangaben: Tabelle A15 des Anhangs.

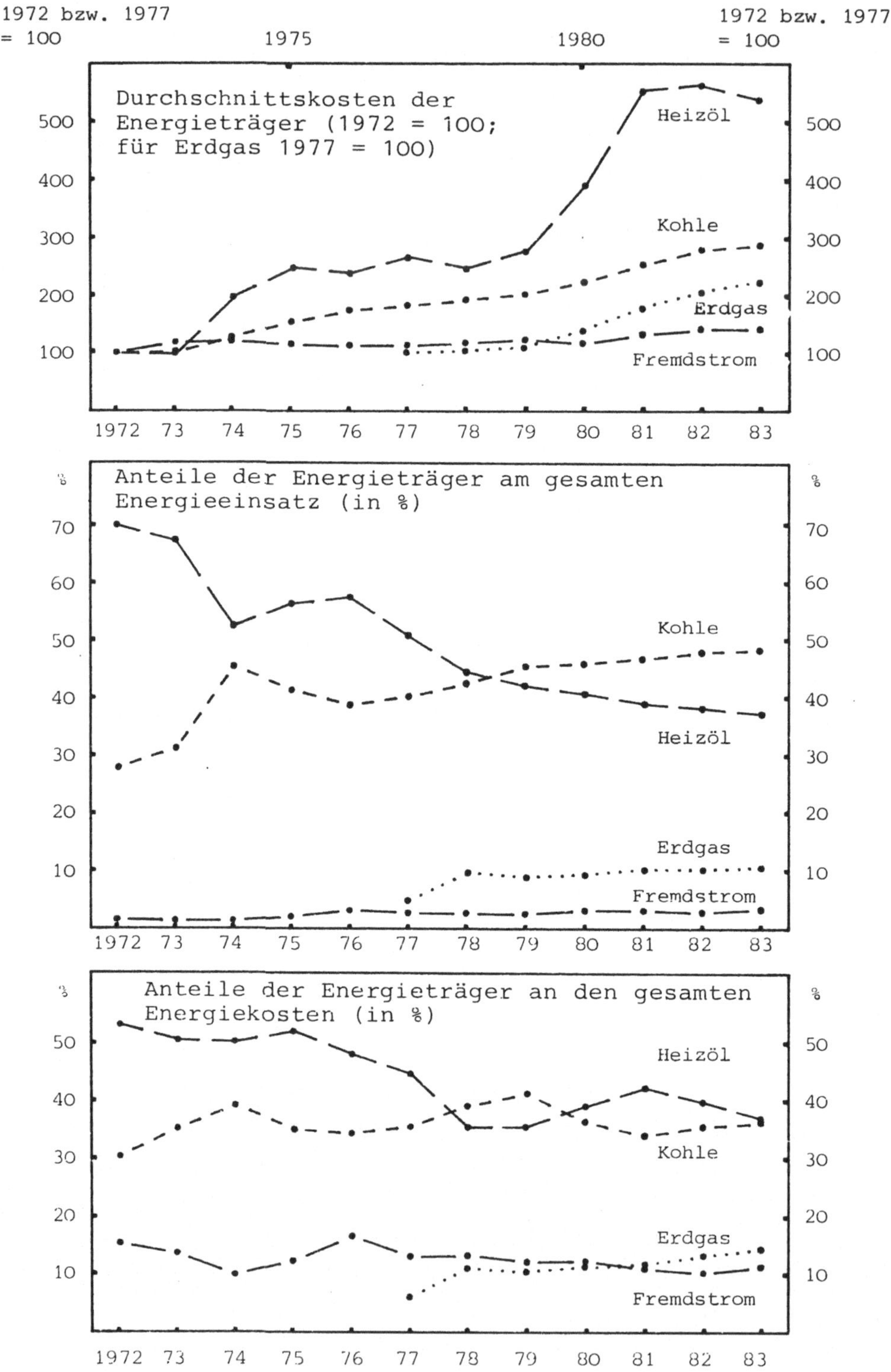

Abb. 21: Entwicklung der Durchschnittskosten der Energieträger, ihrer Anteile am gesamten Energieeinsatz (Substitutionsbewegungen) und an den gesamten Energiekosten in einem Unternehmen des Ernährungsgewerbes

Erhöhung des Anteils der Kohle erreicht worden, bezüglich derer in diesem Fall keine solchen Substitutionshemmnisse geltend gemacht wurden wie von seiten des vorstehend behandelten Maschinenbauunternehmens.

Zur Dampferzeugung im Rahmen der Kraft-Wärme-Kopplung stehen sowohl Öl- als auch Kohlekessel zur Verfügung, so daß in gewissem Umfang Veränderungen der Einsatzmengen der beiden Energieträger auch kurzfristig und ohne zusätzliche Investitionskosten herbeigeführt werden konnten. Daß dabei die sofortige Reaktion auf den Preisschub des Heizöls in 1974 stärker ausfiel als auf den in 1980/81, begründete man damit, daß die technische Durchführbarkeit eines weiteren Austausches ohne größere Investitionen zunehmend mehr Schwierigkeiten bereite. In nicht unerheblichem Maße wurde daneben aber auch ab 1977 der Ersatz von Heizöl durch Erdgas bei der thermischen Trocknung in der Fertigung vorangetrieben.

Für den gesamten Beobachtungszeitraum von 1972 bis 1983 ergeben sich positive Substitutionselastizitäten [1] zwischen Öl, Kohle und Strom im Sinn plausibler Mengenanpassungen an die Änderungen der relativen "Preise". Unter Einbeziehung des erst später zum Einsatz gelangten Erdgases zeigen die Substitutionselastizitäten aber zum Beispiel für die Zeitspannen zwischen 1977 und 1983 und zwischen 1980 und 1983 Steigerungen des Erdgaseinsatzes gegenüber den drei anderen Energieträgern auf, die durch Bewegungen der Preise nicht gerechtfertigt waren. Das Erdgas hat somit in diesen Zeitabschnitten sowohl preis- als auch mengenmäßig relativ am meisten zugelegt und ist insbesondere als alternativer Energieträger für Heizöl unter dem Aspekt der Preisentwicklung nicht als vorteilhaft zu beurteilen.

---

1) Zum Konzept der Substitutionselastizitäten vgl. S. 84 f. dieser Arbeit.

Bei derartigen Erkenntnissen über die Bewegungen der relativen Durchschnittskosten bzw. Preise sollte man jedoch nicht ganz aus dem Auge verlieren, daß der Strom nach wie vor mit deutlichem Abstand an der Spitze steht, wenn man diese Kennzahlen absolut, das heißt in Geldeinheiten pro konstanter Energiemenge ermittelt: Im Referenzunternehmen war der fremdbezogene Strom 1983 immer noch mehr als viermal, dreimal bzw. doppelt so teuer wie die Kohle, das Heizöl bzw. das Erdgas.

Anhand der unteren beiden Teilgraphiken von Abbildung 21 [1] lassen sich die Energieträgeranteile am gesamten Energieeinsatz mit denen an den gesamten Energiekosten vergleichen, wodurch insbesondere auch die Abweichungen der für die einzelnen Energieträger anfallenden Preise von dem insgesamt anzusetzenden Durchschnittspreis deutlich werden: Beim Fremdstrom ist der im gesamten Beobachtungszeitraum erheblich über dem Mengenanteil liegende Kostenanteil direkt durch die Spitzenstellung des Strompreises erklärbar. Weiterhin ist es augenfällig, daß in 1974 die starke Reduzierung des Verbrauchsanteils beim Heizöl nur zu einem leichten Rückgang seines Kostenanteils führte. In den Jahren von 1980 bis 1983 lag dieser Kostenanteil des Heizöls dann über dem der Kohle - zuletzt in 1983 allerdings nur noch knapp -, während bei den Verbrauchsanteilen dieser beiden Energieträger die gegenteilige Entwicklung in zunehmendem Maße Platz griff.

3.2.2.3. Entwicklung der spezifischen Energieverbräuche und -kosten

In Abbildung 22 [2] sind die Entwicklungen der spezifischen Energieverbräuche und -kosten insgesamt und für die vier fremdbezogenen Energieträger veranschaulicht, wobei als Bezugsgröße jeweils die Menge des verarbeiteten Nahrungs-

1) Zahlenangaben: Tabelle A15 des Anhangs.

2) Zahlenangaben: Tabelle A16 des Anhangs.

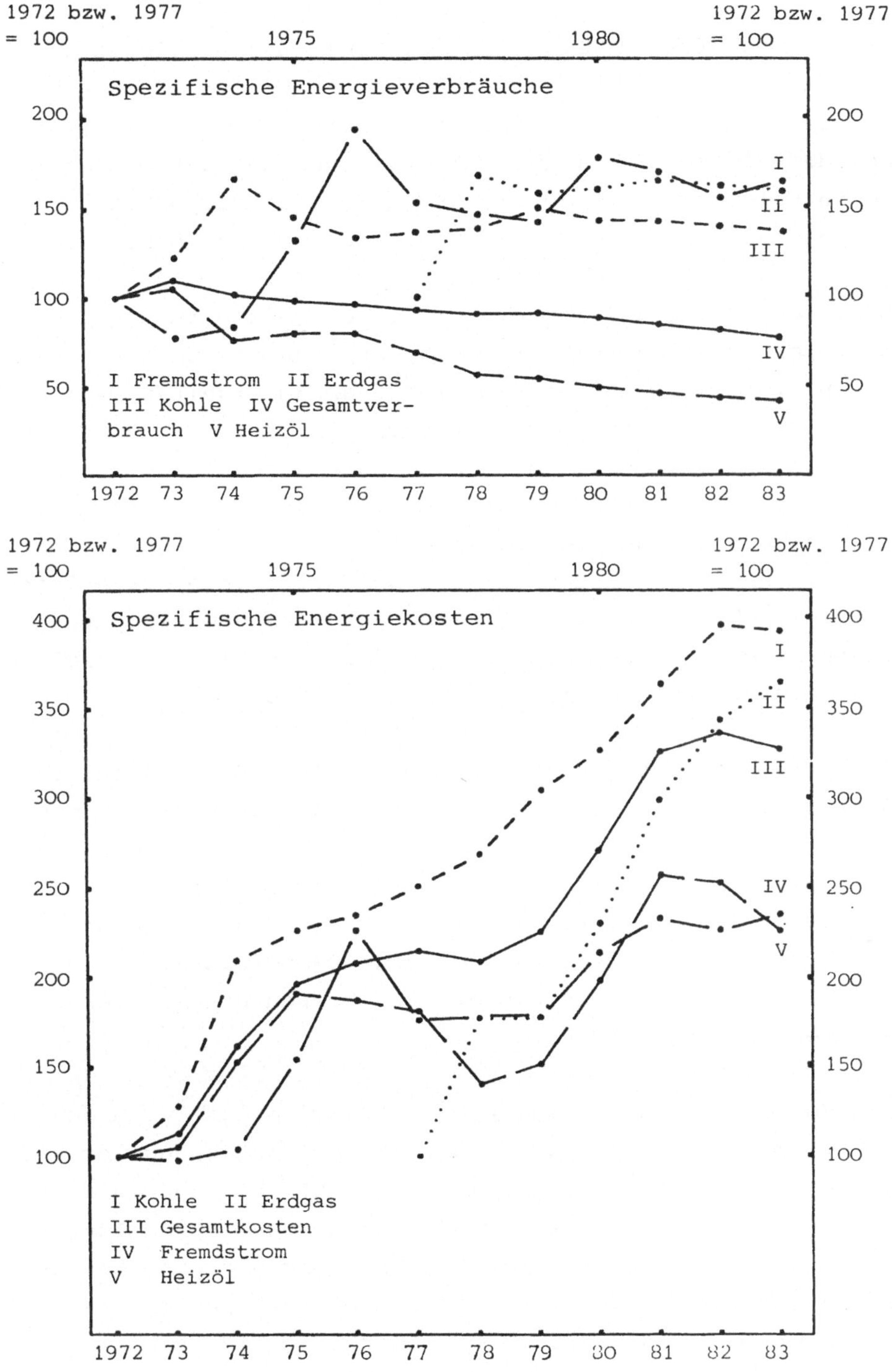

Abb. 22: Spezifische Energieverbräuche und -kosten in einem Unternehmen des Ernährungsgewerbes

mittelrohstoffes dient. Der obere Teil der Abbildung offenbart, daß der spezifische Gesamtenergieverbrauch um mehr als 20 % gesenkt werden konnte. Diese Einsparung kam deshalb zustande, weil die Verminderung des spezifischen Heizöleinsatzes die Erhöhung der spezifischen Verbräuche der drei anderen Energieträger überkompensierte.

Die Reduzierung des pro einheitlicher Rohstoffmenge gemessenen Gesamtenergieverbrauchs trat dabei zum einen als Nebeneffekt von Maßnahmen auf, die ab der zweiten Hälfte der 70er Jahre durchgeführt wurden und in erster Linie auf eine Steigerung der Produktionsmengen ausgerichtet waren. Hier ist die Einführung kontinuierlicher Produktion unter Einschluß der Sonn- und Feiertage in 1977 zu nennen, durch die ein großer Teil der An- und Abfahrvorgänge der Anlagen entfiel, aber auch die Nutzbarmachung des energiesparenden technischen Fortschritts im Zuge der Installierung größerer Anlageneinheiten insbesondere ab 1980.

Zum anderen leisteten Investitionen einen Beitrag zur Senkung des spezifischen Verbrauchs, die vornehmlich zum Zweck der Energieeinsparung getätigt wurden und überwiegend die Bereitstellung der Prozeßwärme rationeller gestalten sollten. Hierzu zählen eine verbesserte Verdampferkonstruktion und eine zunehmende Dampfkondensatrückführung ebenso wie der Einsatz von Pumpen und Motoren mit höheren Wirkungsgraden.

Die Vorteilhaftigkeit weiterer Einsparprojekte wird geprüft: Zum Beispiel erwägt man, bei der Trocknung der Produkte einerseits die mechanische Vorentwässerung zu intensivieren und so die thermische Endtrocknung zu entlasten, andererseits in der thermischen Endtrocknung eine veränderte Prozeßführung mit Mehrfachverwendung der eingesetzten Energie zu implementieren. Hierbei wird jedoch mit in den Kalkül einzubeziehen sein, daß die Kraft-Wärme-Bilanz durch diese Vorgehensweise weiter aus dem Gleichgewicht zu geraten droht, da sie einen vermehrten Strom- und einen verminderten Dampfbedarf mit sich bringt.

Die im Berichtszeitraum erzielten mengenmäßigen Einsparungen konnten die erheblichen Steigerungen der spezifischen Kosten, die im unteren Teil der Abbildung 22 dargestellt sind, nicht verhindern. Der vom Produktionsfaktor Energie ausgehende vermehrte Kostendruck wird zum Beispiel dadurch in eindrucksvoller Weise deutlich, daß die spezifischen Heizölkosten von 1972 auf 1983 um mehr als 125 % anwuchsen, obwohl der spezifische Heizölverbrauch um beinahe 60 % sank.

3.2.3. Zusammenfassung

Die Darstellung und Erörterung der energiewirtschaftlichen Entwicklungslinien in den beiden Unternehmen zeigt, daß man in recht hohem Maße dazu bereit und auch in der Lage war, bei der Energienutzung den gewandelten Rahmenbedingungen entsprechend Veränderungen vorzunehmen, insbesondere Einsparungen und Substitutionsprozesse in die Wege zu leiten. Wie in der Gesamtindustrie stellt sich jedoch auch hier bei beiden Referenzunternehmen die Frage, ob die in der Energieträgerstruktur so deutlich gestärkte Stellung des Erdgases angesichts der hohen Preissteigerungen dieses Brennstoffes in den Berichtszeiträumen gerechtfertigt ist.

Zugleich lassen es gerade die vorangegangenen Erörterungen als dringlich erscheinen, bei Projektplanungen, die auch Fragen des Energieträgereinsatzes aufwerfen - zum Beispiel einer Auswahlentscheidung bei der Anschaffung einer energieintensiven Produktionsanlage -, energiewirtschaftlichen Belangen im Zusammenhang mit anderen Kriterien die nötige Beachtung zu schenken, sie also insbesondere auch in die entsprechenden ökonomischen Entscheidungsmodelle einzubeziehen. Dieses Anliegen soll im nun folgenden vierten

Kapitel verfolgt werden, unter anderem wird auch eine entsprechende konkrete Entscheidungssituation in dem vorgestellten Maschinenbauunternehmen behandelt.

4. Entscheidungsorientierte Ansätze der Produktionsplanung im Rahmen der industriebetrieblichen Energienutzung

Während im dritten Hauptteil dieser Arbeit im Zusammenhang mit der Behandlung energiewirtschaftlicher Entwicklungslinien eine deskriptive bzw. explikative Vorgehensweise verfolgt wurde und der Vergangenheitsbezug bei weitem überwog, sind nun im vierten Kapitel bei normativer und zukunftsorientierter Blickrichtung Entscheidungen und Planungen zur industriebetrieblichen Energienutzung aus einzelwirtschaftlicher Sicht Untersuchungsgegenstand [1]. Damit wird ein Gebiet in Angriff genommen, dem trotz seiner in der jüngeren Vergangenheit beträchtlich gewachsenen Bedeutung in der Betriebswirtschaftslehre bislang überraschend wenig Aufmerksamkeit gewidmet worden ist [2].

Von der unmittelbar entscheidungsorientierten Betrachtungsweise sind die Verfahren zur Erfassung, Abbildung und Vorhersage des betrieblichen Energieeinsatzes abzugrenzen, die in dieser Arbeit nicht eingehender erörtert werden sollen und bezüglich derer auf die hierzu inzwischen in der Literatur vorzufindenden Ansätze verwiesen sei [3]. Als Schnitt-

---

1) Zum Zusammenhang zwischen Entscheidung und Planung vgl. FANDEL, G.: Begriff, Ausgestaltung und Instrumentarium der Unternehmensplanung, in: ZfB, 53. Jg. (1983), S. 481 ff.
Zu den Aufgaben und Elementen mathematischer ökonomischer Entscheidungsmodelle, mit denen im folgenden gearbeitet wird, vgl. BITZ, M.: Die Strukturierung ökonomischer Entscheidungsmodelle, Wiesbaden 1977, S. 51 ff.

2) Vgl. dazu auch CHMIELEWICZ, K., 1984, S. 153; DINKELBACH, W., 1983, S. 1 f.

3) Vgl. z.B. BUCH, J.: Stromkostenrechnung - Die Berücksichtigung der Entgeltfunktion von Strombezugsverträgen im entscheidungsorientierten Rechnungswesen, in: ZfB, 55. Jg. (1985), S. 5 ff.; HENNIGER, C., 1980, S. 3; JETTER, U., 1977.
Zu den Grundlagen der Bereitstellung energiebezogener Informationen im betrieblichen Rechnungswesen vgl. GÄLWEILER, A.: Energiekosten, Abrechnung der, in: HWRewes, 2. Aufl., Stuttgart 1981, Sp. 463 ff.; KERN, W., 1984, S. 115 ff.; LAYER, M., und STREBEL, H.: Energie als produktionswirtschaftlicher Tatbestand, in: ZfB, 54. Jg. (1984), S. 647 ff.

stelle zwischen deskriptivem und normativem Untersuchungsfeld kann beispielsweise die Plankostenrechnung angeführt werden, die zumindest teilweise direkt entscheidungsorientiert ausgerichtet ist bzw. benutzt werden kann [1] und die von daher in einigen Aspekten auch in die folgenden Ausführungen Eingang findet.

Energiebezogene Entscheidungen wirken in viele Teilbereiche und Aufgabenfelder der Unternehmen hinein: Zum Beispiel sind in jedem Fall Organisations-, Personal- und Finanzierungsfragen zu klären, wenn der Aufbau einer zentralen energiewirtschaftlichen Stabsabteilung erwogen wird. Darüber hinaus werden sicherlich noch weitere Teilbereiche berührt, wenn die Einführung eines neuen Energieversorgungskonzeptes bevorsteht.

Ihre hauptsächliche Bedeutung und Zweckbestimmung findet die Energie in Industrieunternehmen allerdings im Produktionsbereich, der durch einen erheblichen Bedarf vor allem an Prozeßwärme und Kraft gekennzeichnet ist [2]. Die Bestimmung der optimalen, das heißt normalerweise gewinnmaximalen oder kostenminimalen Produktion umfaßt wiederum eine Reihe von Teilproblemen, zwischen denen vielfältige Interdependenzen bestehen und für die insofern ebenso wie für die gesamten Unternehmensteilbereiche eine Simultanplanung geboten wäre. Die Komplexität so umfassender Planungsprobleme läßt es andererseits als ratsam erscheinen, Teilfragen sukzessiv einer Lösung zuzuführen, wenn man nicht eine bedenklich starke Abstraktion und damit einen sehr geringen Grad an Isomorphie zwischen der betrieblichen Realität und dem Entscheidungsmodell in Kauf nehmen will.

---

1) Vgl. KILGER, W.: Flexible Plankostenrechnung und Deckungsbeitragsrechnung, 8. Aufl., Wiesbaden 1981, S. 384 ff.

2) Vgl. dazu auch Tabelle 3 auf Seite 36 dieser Arbeit.

Der Produktionsbereich wird daher häufig in die getrennt zu bearbeitenden Aufgabenkomplexe der Programmplanung, Verfahrenswahl, Potentialplanung und Prozeßplanung untergliedert [1], in die nun Fragen der Energienutzung explizit einbezogen und zum Teil in Simultanansätzen mit angegangen werden sollen. Eine andere Vorgehensweise besteht darin, die gesamte Produktionsplanung vorab festzulegen bzw. als gegeben anzunehmen und darauf aufbauend die Energieplanung vorzunehmen - das heißt die Ermittlung des Energiebedarfs und die Bestimmung seiner Deckung [2]. Im folgenden soll das Augenmerk jedoch auf die gegenseitigen Abhängigkeiten von Produktions- und Energieplanung gerichtet werden und eine gemeinsame Behandlung dieser so eng verknüpften Problemstellungen auf den genannten Teilgebieten der Produktionsplanung erfolgen. Andere Teilbereiche - insbesondere Absatz und Finanzierung - gehen in Form von Daten - Absatzhöchstmengen und Finanzmittelbeschränkungen - in die Modellüberlegungen ein.

Die Produktions- und Kostentheorie als Grundlage der Produktionsplanung wird in Teilaspekten mit angesprochen. Eigentlicher Untersuchungsgegenstand ist jedoch die mehr auf die Problemstellungen der industriellen Unternehmenspraxis ausgerichtete Produktionsplanung.

Dabei erweist es sich als sinnvoll, einzelne Fragen der Verfahrenswahl und Potentialgestaltung in die Programmplanung einzubeziehen, wie dies bei der Verfahrenswahl in anderem Zusammenhang auch bereits weitgehend gelungen ist [3]. Bei der Prozeßplanung wird dagegen eine solche Verknüpfung mit einem anderen Teilgebiet nicht vorgenommen.

---

1) Vgl. GUTENBERG, E., 1983, S. 110 ff. und 147 ff. Vgl. auch FANDEL, G.: Zum Stand der betriebswirtschaftlichen Theorie der Produktion, in: ZfB, 50. Jg. (1980), S. 94; KERN, W., 1981, S. 14 ff.

2) Vgl. OHKUMA, R., et al., 1981.

3) Vgl. FANDEL, G., 1980, S. 96.

Was die Energieseite anbelangt, so werden Fragen aufgegriffen, die Einsparungen im Energiebereich, Energieträgerauswahl- und -substitutionsentscheidungen und die damit verbundenen finanziellen Anforderungen bzw. Investitionen betreffen [1].

Die Behandlung der Problemstellungen dieses vierten Kapitels ist quantitativ-methodisch ausgerichtet, wobei zur mathematischen Optimierung aus dem Instrumentarium des Operations Research vor allem auf die lineare und die gemischt-ganzzahlige Programmierung zurückgegriffen wird [2].

In die Untersuchungen werden dabei die durch die eigenen Praxiskontakte erhaltenen Daten und Informationen eingebracht. Dies wird in den Abschnitten 4.2.2.2. und 4.3.1.2.1. zur Auswahl eines Glühofens und zur Abschaltstrategie beim Strombezug ohne explizite Verbrauchsvorausschätzung verstärkt der Fall sein.

---

1) Vgl. dazu auch die Ausführungen über die Anpassungswege der industriebetrieblichen Energiewirtschaft in Abschnitt 2.3.2. dieser Arbeit.

2) Zu den Managementaspekten der Energieplanung, die im folgenden gegenüber den quantitativ-methodischen Überlegungen in den Hintergrund treten, vgl. z.B. BESCHORNER, D., et al.: Energieorientierte Unternehmensplanung, in: Die Betriebswirtschaft, 45. Jg. (1985), insbes. S. 517 ff.

4.1. Energiefragen im Rahmen der Produktionsprogramm- und -verfahrensplanung

Dieser Hauptabschnitt beinhaltet zunächst in 4.1.1. die Erörterung betrieblicher Anpassungspolitiken an Beschäftigungsgradvariationen, während anschließend 4.1.2. die Einbeziehung der Energieträgerauswahl in die Produktionsprogrammplanung zum Gegenstand hat.

4.1.1. Anpassungsprozesse bei Variation der Produktionsmengen

Die Bestimmung der Leistungsintensitäten von Betriebsmitteln ist eines der wenigen Teilprobleme der betriebswirtschaftlichen Betrachtung der Produktion, bei dem die Energie schon traditionell als wesentlicher Einsatzfaktor angeführt wird [1]. Darüber hinaus spielt der Input Energie aber auch ganz allgemein eine bedeutsame Rolle für Anpassungsprozesse in der Fertigung an sich wandelnde Beschäftigungssituationen der Unternehmen. So ist der Energiebedarf von den technischen Eigenschaften der Betriebsmittel und der Intensität abhängig, mit der sie gefahren werden, und nimmt damit als Kostendeterminante Einfluß auf wesentliche Fragen der Verfahrenswahl [2]. Ein konkretes Entscheidungsproblem liegt dann beispielsweise in der Einsatzplanung mehrerer funktionsgleicher Aggregate mit verschiedenen Verbrauchs- bzw. Kostenfunktionen für den Betriebsstoff Energie.

Diese Zusammenhänge sollen nun etwas eingehender beleuchtet werden: In der GUTENBERG-Produktionsfunktion, die technischen Gesichtspunkten eine größere Beachtung

---

1) Vgl. insbes. GUTENBERG, E.: Grundlagen der Betriebswirtschaftslehre, Bd. 1: Die Produktion, Berlin - Göttingen - Heidelberg 1951, S. 222.

2) Vgl. auch DINKELBACH, W., 1983, S. 16.

schenkt, besteht eine Anpassungsmöglichkeit an gewünschte Veränderungen der Endproduktmenge in der Variation der Leistungsintensität der Betriebsmittel [1]. Weiterhin gibt es unter den Verbrauchsfaktoren eine Art, die in Verbindung mit den Betriebsmitteln in die Erzeugung eingeht und von der Endproduktmenge insofern nur mittelbar abhängig ist, als eine Variation der Leistungsintensität der Aggregate eine Veränderung ihrer Produktionskoeffizienten hervorruft. Bei dieser Faktorart kommt der Energie als Betriebsstoff eine wesentliche Bedeutung zu. Verbrauchsfunktionen für solche Inputs lassen sich dann in allgemeiner bzw. speziell auf Energieträger zugeschnittenen Notation wie folgt formulieren:

(9) $$a_{ih} = a_{ih}(\lambda_h)$$

bzw.

(10) $$e_{\tilde{i}h} = e_{\tilde{i}h}(\lambda_h) \quad \text{mit}$$

a_{ih} bzw. $e_{\tilde{i}h}$ als allgemeinem bzw. speziell energiebezogenem Produktionskoeffizienten des intensitätsabhängigen Verbrauchsfaktors i bzw. $\tilde{i}$ auf dem Aggregat h ($i = 1,...,m$; $\tilde{i} = 1,...,\tilde{m}$; $m \geq \tilde{m}$) und

λ_h als Intensität des Aggregats h.

Gewöhnlich wird gängigen technischen Erfahrungen entsprechend für diese Funktionen ein u-förmiger Verlauf unterstellt, so daß auf dem Aggregat h eine hinsichtlich des betreffenden Verbrauchsfaktors i optimale Intensität λ^*_{ih} existiert. Aufgrund der vorausgegangenen Ausführungen ist es mithin offenbar, daß die intensitätsmäßige Anpassung der Betriebsmittel an eine Änderung der Beschäftigung - zum Beispiel bei gegebener genutzter Anzahl und

1) Vgl. GUTENBERG, E., 1983, S. 326 ff. und 348 ff.

feststehenden Betriebszeiten der Aggregate - unter Berücksichtigung des dann zu deckenden Energiebedarfs geplant werden sollte.

Die Änderungen von Produktionskoeffizienten bei Intensitätsvariation kann man dahingehend interpretieren, daß unterschiedliche limitationale Produktionsprozesse in Anspruch genommen werden. Damit ist in der Regel gleichzeitig eine gewisse Substituierbarkeit der betreffenden Verbrauchsfaktoren verbunden. Als Beispiel sei der Fall angeführt, in dem an einem Aggregat ein Energieträger und ein weiterer nur mittelbar von der Endproduktmenge abhängiger Faktor benötigt werden, deren Verbrauchs- bzw. Stückkostenfunktionen u-förmig sind und bei verschiedenen Intensitäten ihr Minimum aufweisen. Eine ceteris paribus eintretende Preiserhöhung bei dem Energieträger wird wegen der Verschiebung des für diese beiden Verbrauchsfaktoren gemeinsam ermittelten Stückkostenminimums einen Substitutionsprozeß mit Einsparung von Energie nahelegen. Die insgesamt kostenminimale Intensität ist dann näher an das Verbrauchs- und Kostenminimum des Energieträgers herangerückt.

Die insgesamt benötigte Menge eines als Verbrauchsfaktor solcher Art benutzten Energieträgers kann man wie folgt formal ausdrücken:

(11) $$r_{\tilde{i}h} = e_{\tilde{i}h}(\lambda_h) \underbrace{\frac{1}{d_h} \lambda_h \hat{t}_h}_{x}$$ mit

$r_{\tilde{i}h}$ Einsatzmenge des Energieträgers $\tilde{i}$ am Aggregat h,

$e_{\tilde{i}h}(\lambda_h)$ intensitätsabhängiger Produktionskoeffizient des Energieträgers $\tilde{i}$ am Aggregat h,

d_h benötigte Leistungsabgabe des Aggregats h pro Einheit des Endproduktes,

λ_h Intensität als Leistungsabgabe des Aggregats h pro Zeiteinheit,

$\hat{t}_h$ Einsatzzeit des Aggregats h und

x Endproduktmenge.

Auch aus dieser Darstellungsweise ist ersichtlich, daß der benötigte Energieeinsatz direkt von der Intensität und nur indirekt von der Endproduktmenge abhängt.

Die einzelnen Aggregate sollten aus produktions- und kostentheoretischen Dominanzüberlegungen heraus mit der optimalen Intensität bis zu der Endproduktmenge gefahren werden, bei der die Möglichkeiten der zeitlichen Anpassung ausgeschöpft sind. Bei darüber hinausgehender Beschäftigung ist eine Erhöhung der Intensität dann unter Umständen durchaus sinnvoll, woraus allerdings eine Steigerung des Stückkostenblocks der betrachteten Verbrauchsfaktoren resultiert [1].

Ohne daß das Problem der Produktionsprogrammplanung letztlich gelöst wird, geht es bei der Gestaltung von Anpassungsprozessen ja allgemein um die Bestimmung der optimalen Verhaltensweise bei Produktmengenvariationen. Ist nun eine bestimmte Endproduktmenge mit Hilfe mehrerer funktionsgleicher Aggregate herzustellen, die durch unterschiedliche Stückkostenfunktionen für die intensitätsabhängigen Verbrauchsfaktoren gekennzeichnet sind, so stellt sich ein Verfahrenswahlproblem der kombinierten Anpassung: Es ist nämlich eine Antwort auf die Fragestellung zu suchen, welche Aggregate mit welchen Betriebszeiten und Intensitäten eingesetzt werden sollen, um die vorgegebene Produktmenge mit minimalen Verbrauchsfaktorkosten zu fertigen. Demnach sind die selektive als Sonderform der quantitativen Anpassung, die zeitliche und die intensitätsmäßige Anpassung Bestandteile des

---

1) Dies bedeutet zugleich auch eine Erweiterung gegenüber der in der Produktionsplanung gewöhnlich zunächst getroffenen Annahme einer Betriebsweise mit Optimalintensitäten. Vgl. KILGER, W.: Optimale Produktions- und Absatzplanung, Opladen 1973, S. 159 und 231.

Problemkomplexes. Hierbei wird davon ausgegangen, daß die Entscheidungen über die jeweils günstigsten Verbrauchsfaktorarten, das heißt insbesondere auch über die zur Anwendung kommenden Energieträger, bereits getroffen worden und nicht Gegenstand der Überlegungen sind [1].

Die variablen Kosten, die an den vorhandenen Aggregaten aufgrund der zu ihrem Betrieb notwendigen und sonstigen intensitätsabhängigen Verbrauchsfaktoren anfallen, lassen sich in Fortführung und Verallgemeinerung von (11) wie folgt erfassen und zur Optimierung des kombinierten Anpassungsprozesses heranziehen:

$$(12) \quad K_v = \sum_{h=1}^{H} K_{vh} = \sum_{h=1}^{H} \sum_{i=1}^{m} q_i \, r_{ih} = \sum_{h=1}^{H} \sum_{i=1}^{m} q_i \, a_{ih}(\lambda_h) x = \sum_{h=1}^{H} \sum_{i=1}^{m} q_i \, a_{ih}(\lambda_h) \frac{1}{d_h} \lambda_h \hat{t}_h \, .$$

Dabei bezeichnen zusätzlich zu den bereits in (9) - (11) aufgetretenen Symbolen

K_v bzw. K_{vh}	die insgesamt bzw. am Aggregat h aufgrund der intensitätsabhängigen Verbrauchsfaktoren anfallenden variablen Kosten,
q_i	den Preis des Verbrauchsfaktors i und
r_{ih}	die Einsatzmenge des intensitätsabhängigen Verbrauchsfaktors i am Aggregat h.

Die in (12) formulierte Funktion der variablen Kosten des kombinierten Anpassungsprozesses ist zu minimieren, wobei

1) Mit der Auswahl bzw. Substitution von Energieträgern beschäftigen sich insbes. die Abschnitte 4.1.2. und 4.2.2. dieser Arbeit. Zu dieser Fragestellung vgl. auch DINKELBACH, W., 1983, S. 18.

vor allem folgende Restriktionen einzuhalten sind: Die jeweils gewünschte Endproduktmenge muß durch die zur Verfügung stehenden Maschinen gerade vollständig gefertigt werden, und die Maximalkapazitäten der Aggregate dürfen nicht überschritten werden, das heißt die Obergrenzen für die Einsatzzeiten, Intensitäten und damit auch für die den Betriebsmitteln zugewiesenen Teilmengen der Gesamtproduktion sind zu beachten.

Hierbei gilt nach wie vor, daß die Produktionsteilmenge eines Aggregats entweder bei Optimalintensität durch zeitliche Anpassung oder bei maximaler Einsatzzeit durch intensitätsmäßige Anpassung verbrauchskostenminimal hergestellt wird. Bezüglich weiterer Einzelheiten und möglicher Lösungsverfahren für derartige Problemformulierungen kann auf die Literatur verwiesen werden [1)].

Für die Zwecke dieser Arbeit soll die vorstehend vorgenommene Skizzierung des aus energiewirtschaftlicher Sicht interessanten, allerdings doch auch recht geläufigen Gebietes der Anpassungsprozesse in der Fertigung und der dabei für die Produktionsplanung auftretenden Verfahrenswahlfragen genügen, bevor nun im folgenden Abschnitt 4.1.2. eine ausführlichere simultane Behandlung von Programmplanungs- und Verfahrenswahlproblemen mit einem besonderen Augenmerk für die betriebliche Energienutzung erfolgt.

---

1) Vgl. JACOB, H.: Produktionsplanung und Kostentheorie, in: KOCH, H. (Hrsg.): Zur Theorie der Unternehmung, Wiesbaden 1962, S. 205 ff.; KARRENBERG, R., und SCHEER, A.-W.: Ableitung des kostenminimalen Einsatzes von Aggregaten zur Vorbereitung der Optimierung simultaner Planungssysteme, in: ZfB, 40. Jg. (1970), S. 689 ff.; PACK, L.: Die Ermittlung der kostenminimalen Anpassungsprozeßkombination, in: ZfbF, 18. Jg. (1966), S. 466 ff.; derselbe: Optimale Produktionsplanung als Entscheidungsproblem, in: ZfB, 40. Jg. (1970), S. 67 ff.

4.1.2. Produktionsprogrammplanung, Energieträger- und Anlagenauswahl

Zum einen geht es also um die Bestimmung der Arten und Mengen der zu erzeugenden Produkte [1]. Bei den Produktarten ist dies nicht so zu verstehen, daß die entsprechenden Grundsatzentscheidungen der Unternehmenspolitik betroffen sind. Es ist allerdings bei insgesamt gegebener Produktpalette doch die Frage zu klären, ob die Produktionsmenge einer Art größer als oder gleich Null sein soll, ob das Erzeugnis also im aktuellen Programm vertreten sein soll oder nicht.

Bei der Verfahrenswahl als dem anderen hier betrachteten Teilgebiet der Produktionsplanung befaßt man sich ja allgemein gesagt mit Entscheidungen zur kostenminimalen Abwicklung der Produktion auf dem vorhandenen Anlagenpark [2]. Innerhalb dieses Problemkreises ist auch die Energieträgerauswahl angesiedelt, soweit mit ihr nicht Fragen der Anschaffung neuer Produktionsanlagen einhergehen. Will man auch die Möglichkeit erfassen, daß die Energieträgerauswahl für mehrere funktionsgleiche Aggregate zu treffen ist, so erhält man ein zweischichtiges Verfahrenswahlproblem. In diesem Planungsbereich muß dann geklärt werden, welche Energieträger auf welchen Aggregaten zur Erzeugung von Wärme, Kraft, Licht etc. [3] herangezogen werden sollen, ob also gegebenenfalls auch eine Energieträgersubstitution erfolgen soll. Möglicherweise ist dadurch lediglich die Nutzungsart von Betriebsmitteln betroffen, wenn man zum Beispiel an Mehrstoffbrenner denkt. Häufig werden jedoch bei dem Einsatz einer bestimmten Energieträger-Anlagen-

---

1) Vgl. FANDEL, G., 1980, S. 94.

2) Vgl. ebenda, S. 94.

3) Es erfolgt hier wiederum eine Beschränkung auf den energetischen Energieträgereinsatz. Den Auswahl- bzw. Substitutionsmöglichkeiten bei nicht-energetischen Verwendungen sind ja auch enge Grenzen gesetzt.

Kombination eigens durch sie bedingte Zusatzeinrichtungen erforderlich sein, die hier ebenfalls ihrer Kostenwirksamkeit wegen Berücksichtigung finden.

Die Interdependenz dieser beiden Fragenkomplexe sei kurz angesprochen und verdeutlicht: Das Produktionsprogramm ist von der Energieträger- und Anlagenwahl schon insofern beeinflußbar, als die zur Verfügung stehenden Verfahren für die einzelnen Produktarten unterschiedliche Stückkosten- und damit auch Deckungsbeitragsanteile verursachen werden, so daß die getroffene Verfahrenswahl häufig einige Produktarten tendenziell begünstigen, andere hingegen benachteiligen wird. Zum anderen kann die Situation eintreten, daß die Entscheidung für eine bestimmte Energieträger-Anlagen-Kombination die Herstellung eines Produkts oder einer gewünschten Produktqualität unmöglich macht.

An diesem letzteren Fall läßt sich auch eine potentielle Abhängigkeit des hier gegebenen Verfahrenswahlproblems von der Programmplanung zeigen: Wenn bestimmte Arten und Mengen von zu erzeugenden Produkten festgelegt sind, ist der dafür erforderliche Energieträger-Anlagen-Einsatz möglicherweise determiniert bzw. die Auswahl zumindest beschränkt. Der Ausschluß einer bestimmten Energieträger-Aggregat-Kombination kann dabei unter anderem dadurch hervorgerufen werden, daß bei Nutzung dieser Inputs zur Realisierung der geplanten Produktion Zusatzeinrichtungen vonnöten wären - zum Beispiel Lager- oder Speicherkapazitäten -, die unter den gegebenen Umständen nicht bereitgestellt werden können - zum Beispiel wegen fehlender Räumlichkeiten -. Außerdem werden sich unter Kostengesichtspunkten in vielen Fällen je nach gewähltem Produktionsprogramm verschiedene Verfahren als optimal erweisen.

Entsprechend ihrer gegenseitigen Abhängigkeit sollen die beiden geschilderten Problemkreise simultan behandelt werden [1], wozu das Instrumentarium der gemischt-ganzzahligen linearen Programmierung herangezogen wird. Ansätze der linearen Programmierung haben sich im übrigen zur simultanen Analyse von Programm- und Verfahrenswahlproblemen bereits bewährt [2].

Die nun folgenden Erörterungen sind so gegliedert, daß zunächst eine nur auf einer Produktionsstufe zu treffende Energieträger- und Anlagenauswahl betrachtet wird, während sich im anschließend untersuchten Fall das Verfahrenswahlproblem auf mehreren Produktionsstufen stellt. Die beiden entsprechenden Abschnitte sind dann jeweils nach vier Problemvarianten weiter untergliedert: Und zwar wird nach den Variationsmöglichkeiten unterschieden, die für die Bereitstellung der Energieträger zur Bearbeitung der Produktarten auf den disponiblen Anlagen offenstehen und dadurch gekennzeichnet sind, daß

I) jede einzelne technisch mögliche Energieträger-Produktart-Kombination auf einer Anlage auch zur Ausführung kommen darf,

II) jede Produktart auf einer Anlage höchstens η Energieträger beanspruchen darf,

III) auf jeder Anlage höchstens η' Energieträger zum Einsatz kommen dürfen,

IV) insgesamt maximal η'' Energieträger Verwendung finden dürfen.

Eine der mehr oder minder strikten Einschränkungen der Variationsvielfalt, die in II bis IV formuliert sind,

---

1) Zur Idee und deren Umsetzung in einen Kostenminimierungsansatz für einen einfach strukturierten Fall vgl. DINKELBACH, W., 1983, S. 19 ff.

2) Dies wird an den Ansätzen deutlich, die die Programmplanung mit der Wahl zwischen mehreren Fertigungsstellen als dem Verfahrenswahlproblem i.e.S., aber auch mit weiteren Verfahrenswahlfragen verbinden: Vgl. KILGER, W., 1973, S. 178 ff.

kann aus den technologischen Gegebenheiten des Einzelfalles heraus geboten erscheinen. Möglicherweise ist es aber auch ohne solche technologischen Restriktionen interessant zu beobachten, in welchem Ausmaß die Optimallösungen der vier Varianten differieren.

4.1.2.1. Auswahlprobleme auf einer Produktionsstufe

Es soll also zunächst von der Problemstruktur ausgegangen werden, daß mit der Produktionsprogrammplanung zugleich die Entscheidung darüber zu treffen ist, welche von mehreren auf einer Fertigungsstufe zur Wahl stehenden Energieträgern mit welchen Mengen zur Herstellung der Erzeugnisse genutzt werden. Außerdem wird die Möglichkeit berücksichtigt, daß dieses Energieträgerauswahlproblem sich für mehrere funktionsgleiche Produktionsanlagen stellt. Das entsprechende zweischichtige Verfahrenswahlproblem ist in Abbildung 23 veranschaulicht:

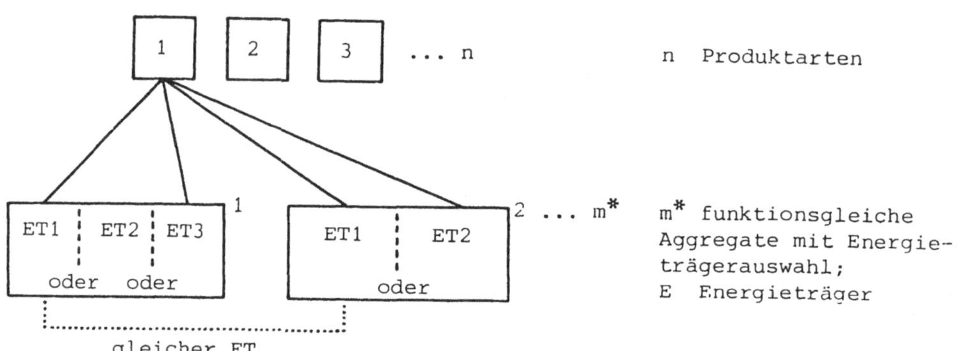

Abb. 23: Struktur des Verfahrenswahlproblems auf einer Produktionsstufe

Um eine problemadäquate Modellformulierung vornehmen zu können, muß die einzubeziehende Verfahrenswahlsituation noch genauer beschrieben werden. Dabei sollen insbesondere auch die betreffenden zugrunde gelegten Annahmen deutlich werden.

Die Problemstruktur ist zunächst einmal dadurch charakterisiert, daß zur Erzeugung der Produktarten Wahlmöglichkeiten bestehen, welche der disponiblen Anlagen und der auf diesen einsetzbaren Energieträger in Anspruch genommen werden. Andererseits kann aber auch der Fall eintreten, daß einzelne Kombinationen von Maschinen und Energieträgern für bestimmte Produktarten nicht in Frage kommen - dies ist in Abbildung 23 beispielhaft dadurch zum Ausdruck gebracht, daß die Verbindungslinie zwischen der ersten Produktart und dem zweiten Energieträger der ersten Maschine fehlt. Die entsprechenden Produktmengenvariablen und die dazugehörigen Daten - variable Stückkosten usf. - sind dann aus der konkreten Problemformulierung auszuschließen.

Die Rüstvorgänge auf den disponiblen Anlagen zur Vorbereitung des Einsatzes eines bestimmten Energieträgers bzw. der Fertigung einer bestimmten Produktart benötigen Zeit und verursachen Kosten, die in den entsprechenden Kapazitätsrestriktionen und in der Zielfunktion Berücksichtigung finden sollen. Dabei sind Rüstkosten und -zeiten unabhängig von der Energieträger- bzw. Produktartenreihenfolge. Es wird weiterhin davon ausgegangen, daß die Einstellung einer Anlage auf einen Energieträger deren Abschaltung voraussetzt, während für eine Produktarteneinstellung der Leerlauf genügen mag. Mit einem Energieträgerrüstvorgang soll dann in jedem Fall auch eine anschließende Neueinstellung der Produktart einhergehen, selbst in dem Fall, daß mit dem neuen Energieträger dieselbe Produktart weiter gefertigt wird. Ein Produktartenrüstvorgang soll hingegen keine energieträgerbedingte Einstellung auslösen, wenn der gleiche Energieträger weiterhin genutzt wird.

Es soll dementsprechend gewährleistet werden, daß ein Energieträgerwechsel auf einer Anlage irreversibel ist, also während der Planungsperiode ein Energieträger auf einer Anlage nur einmal zum Einsatz kommt. Dadurch werden Abschaltungen und Umbauten der Anlagen, die durch die Rüstvorgänge für die Energieträger verursacht sind, von vornherein in Grenzen gehalten. Produktarten dagegen können auf einer Anlage mehrfach mit Unterbrechungen aufgelegt werden.

Die Grundeinstellung einer Anlage zu Beginn des Planungszeitraums auf einen der zur Wahl stehenden Energieträger und zudem gegebenenfalls auf eine bestimmte Produktart kann man in der Weise berücksichtigen, daß man die entsprechenden Rüstzeiten und -kosten mit dem Wert Null ansetzt. Soll in einem solchen Fall zum Beispiel die betreffende Produktart mit dem bereits "installierten" Energieträger tatsächlich gefertigt werden, so darf dem daraus resultierenden Los kein anderer Produktionsvorgang vorangestellt werden, der die Grundeinstellung des Aggregats nicht bestmöglich ausnutzt; dann wäre nämlich die a priori-Vernachlässigung der betreffenden Rüstzeiten und -kosten nicht gerechtfertigt.

Das nun entwickelte Modell soll die geschilderten Verfahrenswahlaspekte unter Rückgriff auf das Konzept der Deckungsbeitragsmaximierung explizit berücksichtigen. Zu diesem Zweck werden die notwendigen Erweiterungen des Standardansatzes zur Produktionsprogrammplanung [1] vorgenommen. Die davon nicht berührten grundlegenden Prämissen des Standardmodells, die von der Produktions- und Absatzmengenunabhängigkeit der Deckungsbeiträge bis hin zur deterministischen Ausprägung des Ansatzes reichen und hier nicht im einzelnen genannt und erläutert werden müssen [2], gelten im übrigen auch für die sich jetzt anschließende Untersuchung.

Zur Formulierung des Problems seien die folgenden Symbole definiert:

$i = 1,...,m$ in ihren Kapazitäten beschränkte Produktionsfaktoren - außer den disponiblen Aggregaten und Energieträgern,

1) Zu diesem Standardansatz vgl. KILGER, W., 1973, S. 99.

2) Vgl. dazu z.B. ebenda, S. 97 ff. und 159 ff.

$i^* = 1,\ldots,m^*$ zur Auswahl stehende funktionsgleiche Aggregate,

$\varepsilon = 1,\ldots,E$ zur Auswahl stehende Energieträger,

$j = 1,\ldots,n$ Endproduktarten,

$x_{ji^*\varepsilon}$ Produktionsmengenvariable als Menge der Produktart j, die auf dem Aggregat i^* mit dem Energieträger ε gefertigt wird,

$v_{ji^*\varepsilon}$ bzw. $v_{i^*\varepsilon}$ Binärvariable, die anzeigt, ob die Produktart j auf dem Aggregat i^* mit dem Energieträger ε gefertigt wird oder nicht bzw. ob auf dem Aggregat i^* der Energieträger ε eingesetzt wird oder nicht ($v_{ji^*\varepsilon}$ bzw. $v_{i^*\varepsilon} \in \{0,1\}$),

p_j Absatzpreis der Produktart j,

$k_{ji^*\varepsilon}$ variable Stückkosten der Produktart j unter der Voraussetzung, daß diese auf dem Aggregat i^* mit dem Energieträger ε gefertigt wird, einschließlich der Kosten des Aggregats i^* und des Energieträgers ε,

$\hat{k}_{ji^*\varepsilon}$ bzw. ${}^{*}{}_{\varepsilon}$ ausbringungsfixe Kosten durch die Einstellung des Aggregats i^* auf die Produktart j, wenn mit dem Energieträger ε gefertigt wird, bzw. auf den Energieträger ε (Rüstkosten),

Produktionskoeffizient des Faktors i bei der Produktart j unter der Voraussetzung, daß diese auf dem Aggregat i^* mit dem Energieträger ε gefertigt wird,

Produktionskoeffizient des Aggregats i^* (hier in Zeiteinheiten) bei der Produktart j unter der Voraussetzung, daß diese mit dem Energieträger ε gefertigt wird,

$\hat{a}_{ji^*\varepsilon}$ bzw. $\hat{a}_{i^*\varepsilon}$ zeitliche Inanspruchnahme des Aggregats i^* bei Einstellung auf die Produktart j, wenn diese mit dem Energieträger ε gefertigt wird, bzw. auf den Energieträger ε (Rüstzeiten),

$e_{ji^*\varepsilon}$	Produktionskoeffizient des Energieträgers ε bei der Produktart j auf dem Aggregat i^*,
b_i, b_{i^*} bzw. f_ε	vorhandene Kapazität des Faktors i, des Aggregats i^* (hier in Zeiteinheiten) bzw. des Energieträgers ε,
$\bar{x}_j$	maximale Absatzmenge der Produktart j,
M	Hilfsparameter mit hohem positiven Wert.

Mit Hilfe der gemischt-ganzzahligen linearen Programmierung kann nun für die abgegrenzten Varianten des Auswahlproblems auf einer Produktionsstufe das folgende Entscheidungsmodell mit den entsprechenden Erweiterungen aufgestellt werden.

<u>I):</u> Auf den Anlagen i^* sind alle möglichen Kombinationen der Energieträger ε und Produktarten j zugelassen. Die Reihenfolge der Fertigungslose ist dabei den genannten Prämissen entsprechend festzulegen; das bedeutet insbesondere, daß ein Energieträger während der Planungsperiode auf einer Anlage nur einmal eingesetzt wird.

(13.0)
$$\underbrace{\sum_{j=1}^{n}\sum_{i^*=1}^{m^*}\sum_{\varepsilon=1}^{E} p_j\, x_{ji^*\varepsilon}}_{1} - \underbrace{\sum_{j=1}^{n}\sum_{i^*=1}^{m^*}\sum_{\varepsilon=1}^{E} k_{ji^*\varepsilon}\, x_{ji^*\varepsilon}}_{2} - \underbrace{\sum_{j=1}^{n}\sum_{i^*=1}^{m^*}\sum_{\varepsilon=1}^{E} \hat{K}_{ji^*\varepsilon}\, v_{ji^*\varepsilon}}_{3} - \underbrace{\sum_{i^*=1}^{m^*}\sum_{\varepsilon=1}^{E} \hat{K}_{i^*\varepsilon}\, v_{i^*\varepsilon}}_{4} \rightarrow \text{Max!}$$

(13.1)
$$\sum_{j=1}^{n}\sum_{i^*=1}^{m^*}\sum_{\varepsilon=1}^{E} a_{iji^*\varepsilon}\, x_{ji^*\varepsilon} \le b_i \qquad i = 1,\ldots,m$$

(13.2)
$$\sum_{j=1}^{n}\sum_{\varepsilon=1}^{E} a_{ji^*\varepsilon}\, x_{ji^*\varepsilon} + \sum_{j=1}^{n}\sum_{\varepsilon=1}^{E} \hat{a}_{ji^*\varepsilon}\, v_{ji^*\varepsilon} + \sum_{\varepsilon=1}^{E} \hat{a}_{i^*\varepsilon}\, v_{i^*\varepsilon} \le b_{i^*} \qquad i^* = 1,\ldots,m^*$$

$$(13.3) \qquad \sum_{j=1}^{n} \sum_{i^*=1}^{m^*} e_{ji^*\varepsilon} \, x_{ji^*\varepsilon} \leq f_\varepsilon \qquad \varepsilon = 1,\ldots,E$$

$$(13.4) \qquad x_{ji^*\varepsilon} \leq Mv_{ji^*\varepsilon} \qquad \begin{array}{l} j = 1,\ldots,n \\ i^* = 1,\ldots,m^* \\ \varepsilon = 1,\ldots,E \end{array}$$

$$(13.5) \qquad v_{ji^*\varepsilon} \leq v_{i^*\varepsilon} \qquad \begin{array}{l} j = 1,\ldots,n \\ i^* = 1,\ldots,m^* \\ \varepsilon = 1,\ldots,E \end{array}$$

$$(13.6) \qquad \sum_{i^*=1}^{m^*} \sum_{\varepsilon=1}^{E} x_{ji^*\varepsilon} \leq \overline{x}_j \qquad j = 1,\ldots,n$$

$$(13.7) \qquad x_{ji^*\varepsilon} \geq 0 \qquad \begin{array}{l} j = 1,\ldots,n \\ i^* = 1,\ldots,m^* \\ \varepsilon = 1,\ldots,E \end{array}$$

$$(13.8) \qquad v_{ji^*\varepsilon} \in \{0,1\} \qquad \begin{array}{l} j = 1,\ldots,n \\ i^* = 1,\ldots,m^* \\ \varepsilon = 1,\ldots,E \end{array}$$

$$(13.9) \qquad v_{i^*\varepsilon} \in \{0,1\} \qquad \begin{array}{l} i^* = 1,\ldots,m^* \\ \varepsilon = 1,\ldots,E \end{array}$$

Die Produktionsmengenvariablen des Modells sind also in der Weise aufgespalten, daß die Bearbeitung einer Produktart j auf einer disponiblen Anlage bzw. mit einem der zur Wahl stehenden Energieträger durch den Index i^* bzw. ε bezeichnet wird.

Term 1 der Zielfunktion (13.0) beinhaltet den Gesamterlös des Produktionsprogramms, Term 2 die variablen Kosten der Fertigung einschließlich der Kosten der Anlagen i^* und Energieträger ε. Die variablen Stückkostenanteile der übrigen Produktionsfaktoren können ebenfalls abhängig von der Energieträger- und Anlagenwahl sein. Die Terme 3 und 4 enthalten die beschäftigungsfixen Kosten der Rüstvorgänge zur Vorbereitung der Aggregate i^* auf die Fertigung der Produktart j - bei Inanspruchnahme des Energieträgers ε - und auf die Fertigung mit dem Energieträger ε. Die Funktionsweise dieser beiden Ausdrücke wird im Zusammenhang mit den Nebenbedingungen (13.4) und (13.5) noch genauer erläutert.

In (13.1) - (13.3) sind die Kapazitätsrestriktionen für die in diesem Ansatz voneinander abgegrenzten drei Arten von Produktionsfaktoren formuliert: (13.1) betrifft die Inputs, die zusätzlich zu den verfahrensmäßig festzulegenden Anlagen und Energieträgern benötigt werden. Die Produktionskoeffizienten dieser Inputs - wie auch schon ihre variablen Stückkostenkomponenten - sind differenziert nach der Anlagen- und Energieträgerwahl angesetzt, so daß entsprechende Abhängigkeiten Berücksichtigung finden können. Die Nebenbedingungen (13.2), die die zeitliche Inanspruchnahme der disponiblen Aggregate betreffen, enthalten auch Ausdrücke zur Erfassung des Zeitbedarfs der Rüstvorgänge bei Einstellung der Maschine i^* auf die Produktart j, wenn mit dem Energieträger ε gefertigt wird, bzw. auf den Energieträger ε. Durch (13.3) sind die Kapazitätsbeschränkungen der zur Auswahl stehenden Energieträger erfaßt.

(13.4) und (13.5) dienen dazu, den Binärvariablen $v_{ji^*\varepsilon}$ und $v_{i^*\varepsilon}$ wo nötig den Wert Eins zuzuweisen und damit den kostenmäßigen und zeitlichen Auswirkungen der für die Produktion erforderlichen Rüstvorgänge Rechnung zu tragen. Ist beispielsweise durch das optimale Produktionsprogramm festgelegt, daß auf der Anlage i^* die Produktarten 2 und 3 mit dem Energieträger 1 gefertigt werden sollen, so nehmen die Variablen v_{2i^*1}, v_{3i^*1} - wegen (13.4) - und v_{i^*1} - wegen (13.5) - den Wert Eins an; die entsprechenden Kosten $\hat{K}_{2i^*1}$, $\hat{K}_{3i^*1}$ und $\hat{K}_{i^*1}$ - in (13.0) - und zeitlichen Beanspruchungen $\hat{a}_{2i*1}$, $\hat{a}_{3i*1}$ und $\hat{a}_{i*1}$ - in (13.2) - werden wirksam.

Es kann nun zu Beginn des Planungszeitraums ein Aggregat auf einen Energieträger und gegebenenfalls zudem auf eine Produktart eingestellt sein - ein solcher Fall sei durch die Indizierung mit $\bar{i}*$, $\bar{\varepsilon}$ und gegebenenfalls $\bar{j}$ gekennzeichnet. Berücksichtigt man diese Ausgangssituation, indem man die betreffenden Rüstzeiten und -kosten mit Null ansetzt, so können zur Gewährleistung der formalen Eindeutigkeit der Modellergebnisse zusätzlich zu (13.4) und (13.5) weitere Nebenbedingungen eingefügt werden: Diese Restriktionen verhindern, daß die betreffenden Binärvariablen $v_{\bar{i}*\bar{\varepsilon}}$ und gegebenenfalls $v_{\bar{j}\bar{i}*\bar{\varepsilon}}$ den Wert Eins annehmen können, obwohl die Grundeinstellung überhaupt nicht zur Produktion genutzt wird. Ein substantieller Einfluß auf die Resultate wird dadurch nicht ausgeübt, da durch Rüstzeiten und -kosten von Null die Werte der entsprechenden Binärvariablen in ihrer Wirkung aufgehoben werden.

$$(13.5a) \qquad M \sum_{j=1}^{n} x_{j\bar{i}*\bar{\varepsilon}} \geq v_{\bar{i}*\bar{\varepsilon}}$$

$$(13.5b) \qquad M\, x_{\bar{j}\bar{i}*\bar{\varepsilon}} \geq v_{\bar{j}\bar{i}*\bar{\varepsilon}}$$

(13.5a) erfaßt hierbei die Situation, daß die Anlage $\bar{i}*$ lediglich für einen Energieträger gerüstet ist, ohne zugleich auf eine bestimmte Produktart ausgerichtet zu sein, während beide Nebenbedingungen gemeinsam dem Fall Rechnung tragen, daß eine Energieträger- und Produktartengrundeinstellung gegeben ist.

Mit Hilfe von (13.6) - (13.9) werden die Wertebereiche der Variablen durch Absatzhöchstmengenrestriktionen, Nichtnegativitätsbedingungen und Binärdefinitionen abgesteckt.

Die zweite Variante des hier zu untersuchenden Programmplanungs- und Verfahrenswahlproblems, die durch die folgende Einschränkung charakterisiert ist, läßt sich nun aufbauend auf dem Ansatz (13) behandeln.

II): Jede Produktart j darf auf einer Anlage i* höchstens η der E Energieträger beanspruchen. Dieser Forderung kann man in der Modellanalyse Rechnung tragen, indem das Restriktionensystem des Ansatzes (13) um die Nebenbedingungen (13.10) erweitert wird:

$$(13.10) \qquad \sum_{\varepsilon=1}^{E} v_{ji^*\varepsilon} \leq \eta \qquad \begin{matrix} j = 1,\dots,n \\ i^* = 1,\dots,m^* \end{matrix}$$

Hierbei ist η als ganzzahliger positiver Wert je nach den Gegebenheiten des Einzelfalles vorzugeben. In Verbindung mit (13.4) ist dann gewährleistet, daß die Teilmengen der Produktarten nur unter Beachtung der Bedingung II festgelegt werden können und sich die Energieträgerwechsel in diesem Sinn in Grenzen halten. Insgesamt können bei dieser Ausgestaltung des Ansatzes auf einer Anlage jedoch durchaus mehr als η Energieträger genutzt werden; durch die folgende Einschränkung wird in dieser Hinsicht eine striktere Regelung eingebracht.

III): Auf jeder Anlage i* dürfen höchstens η' der E Energieträger zum Einsatz kommen. Diese Problemvariante kann in eine adäquate Formulierung gefaßt werden, indem anstelle von (13.10) die Nebenbedingungen (13.10)' mit dem ebenfalls positiv-ganzzahligen Parameter η' eingeführt werden.

$$(13.10)' \qquad \sum_{\varepsilon=1}^{E} v_{i^*\varepsilon} \leq \eta' \qquad i^* = 1,\dots,m^*$$

Im Zusammenspiel mit (13.5) und somit indirekt mit (13.4) wird durch diese Restriktionen erreicht, daß die Produktion nur entsprechend der Bedingung III aufgeteilt werden kann. Es ist hiernach jedoch ohne weiteres möglich, daß im gesamten Fertigungsbereich mehr als η' der zur Auswahl stehenden Energieträger verwendet werden, so daß eine noch restriktivere Formulierung sinnvoll sein kann.

IV): Es dürfen insgesamt höchstens η'' der E Energieträger zum Einsatz kommen. Die Beachtung dieser strengsten Einschränkung kann durch die folgende Modifizierung und Ergänzung des Modells (13) gesichert werden:

$$(13.3)' \quad \sum_{j=1}^{n} \sum_{i^*=1}^{m^*} e_{ji^*\varepsilon} \, x_{ji^*\varepsilon} \leq f_\varepsilon \, v_\varepsilon \qquad \varepsilon = 1,\ldots,E$$

$$(13.10)'' \quad \sum_{\varepsilon=1}^{E} v_\varepsilon \leq \eta''$$

$$(13.11) \quad v_\varepsilon \in \{0,1\} \qquad \varepsilon = 1,\ldots,E$$

In die Energieträgerkapazitätsrestriktionen (13.3) sind also die Binärvariablen v_ε eingefügt worden, deren Summe durch den Wert η'' begrenzt wird, so daß maximal η'' Energieträger zur Verfügung stehen und die Produktionsmöglichkeiten insofern einer Beschränkung unterliegen.

Durch den Ansatz (13) in seinen vier Varianten ist es also möglich, Verfahrensfragen der Anlagen- und Energieträgerauswahl in die Produktionsprogrammplanung einzubeziehen. Während die bisherigen Untersuchungen die Verfahrenswahl auf einer Produktionsstufe betrafen, soll nun im folgenden eine Erweiterung auf mehrstufige Problemstellungen vorgenommen werden.

4.1.2.2. Auswahlprobleme auf mehreren Produktionsstufen

Die Erweiterung des zu Beginn des vorangegangenen Abschnitts beschriebenen einstufigen Verfahrenswahlproblems auf mehrere Produktionsstufen ist in Abbildung 24 veranschaulicht:

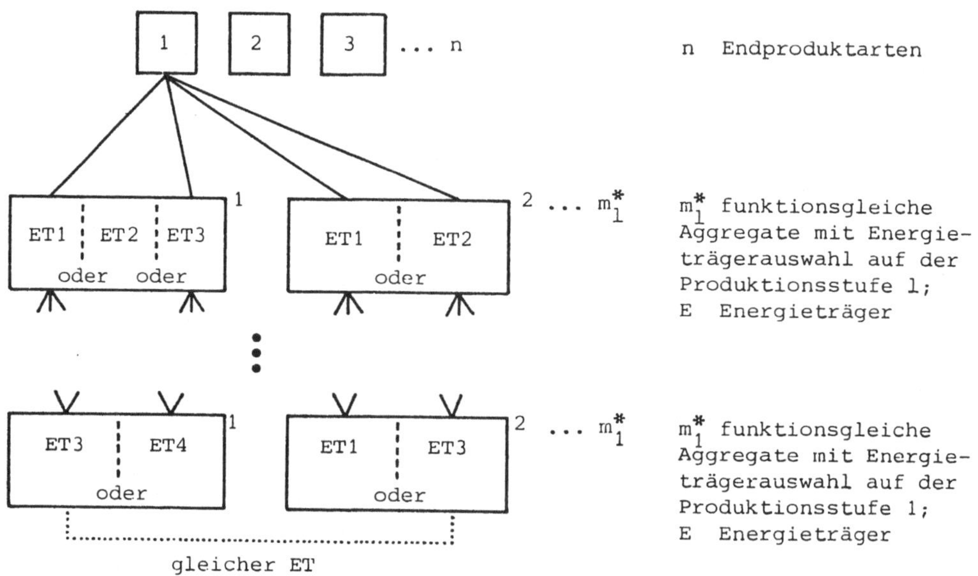

Abb. 24: Struktur des Verfahrenswahlproblems auf mehreren Produktionsstufen

Auf den Fertigungsstufen 1 bis l ist für die Produktarten jeweils eine Anlagen- und Energieträgerauswahl zu treffen. Es wird dabei angenommen, daß nur die Endproduktarten j verkaufsfähig sind und keine Kuppelprozesse auftreten. Dadurch erübrigt sich insbesondere eine Aufspaltung der Produktvariablen nach verschiedenen Verwendungsmöglichkeiten.

Ergänzend zu den für den Ansatz (13) eingeführten Symbolen bezeichnen

$s = 1,\dots,l$	die zu durchlaufenden Produktionsstufen und
$i_s^* = 1,\dots,m_s^*$	die auf der Produktionsstufe s zur Auswahl stehenden funktionsgleichen Aggregate.

In Fortführung des Ansatzes (13) läßt sich nun das für mehrere Produktionsstufen zu lösende Programmplanungs- und Verfahrenswahlproblem in den vier abgegrenzten Varianten wie folgt formulieren.

<u>I):</u> Auf den Anlagen i_s^* der Produktionsstufen s sind alle möglichen Kombinationen der Energieträger ε und Produktarten j zugelassen.

$$(14.0)\quad \underbrace{\sum_{j=1}^{n}\sum_{i_1^*=1}^{m_1^*}\sum_{\varepsilon=1}^{E} p_j\, x_{j1i_1^*\varepsilon}}_{1} -$$

$$\underbrace{\sum_{j=1}^{n}\sum_{s=1}^{l}\sum_{i_s^*=1}^{m_s^*}\sum_{\varepsilon=1}^{E} k_{jsi_s^*\varepsilon}\, x_{jsi_s^*\varepsilon}}_{2} -$$

$$\underbrace{\sum_{j=1}^{n}\sum_{s=1}^{l}\sum_{i_s^*=1}^{m_s^*}\sum_{\varepsilon=1}^{E} \hat{K}_{jsi_s^*\varepsilon}\, v_{jsi_s^*\varepsilon}}_{3} -$$

$$\underbrace{\sum_{s=1}^{l}\sum_{i_s^*=1}^{m_s^*}\sum_{\varepsilon=1}^{E} \hat{K}_{si_s^*\varepsilon}\, v_{si_s^*\varepsilon}}_{4} \quad \rightarrow \text{Max!}$$

$$(14.1)\quad \sum_{j=1}^{n}\sum_{s=1}^{l}\sum_{i_s^*=1}^{m_s^*}\sum_{\varepsilon=1}^{E} a_{ijsi_s^*\varepsilon}\, x_{jsi_s^*\varepsilon} \leq b_i$$

$$i = 1,\dots,m$$

$$(14.2)\quad \sum_{j=1}^{n}\sum_{\varepsilon=1}^{E} a_{jsi_s^*\varepsilon}\, x_{jsi_s^*\varepsilon} + \sum_{j=1}^{n}\sum_{\varepsilon=1}^{E} \hat{a}_{jsi_s^*\varepsilon}\, v_{jsi_s^*\varepsilon} +$$

$$\sum_{\varepsilon=1}^{E} \hat{a}_{si_s^*\varepsilon}\, v_{si_s^*\varepsilon} \le b_{si_s^*} \qquad \begin{array}{l} s = 1,\dots,l \\ i_s^* = 1,\dots,m_s^* \end{array}$$

$$(14.3)\quad \sum_{j=1}^{n}\sum_{s=1}^{l}\sum_{i_s^*=1}^{m_s^*} e_{jsi_s^*\varepsilon}\, x_{jsi_s^*\varepsilon} \le f_\varepsilon \qquad \varepsilon = 1,\dots,E$$

$$(14.4)\quad x_{jsi_s^*\varepsilon} \le M v_{jsi_s^*\varepsilon} \qquad \begin{array}{l} j = 1,\dots,n \\ s = 1,\dots,l \\ i_s^* = 1,\dots,m_s^* \\ \varepsilon = 1,\dots,E \end{array}$$

$$(14.5)\quad v_{jsi_s^*\varepsilon} \le v_{si_s^*\varepsilon} \qquad \begin{array}{l} j = 1,\dots,n \\ s = 1,\dots,l \\ i_s^* = 1,\dots,m_s^* \\ \varepsilon = 1,\dots,E \end{array}$$

$$(14.6)\quad \sum_{i_{s+1}^*=1}^{m_{s+1}^*}\sum_{\varepsilon=1}^{E} x_{j,s+1,i_{s+1}^*,\varepsilon} -$$

$$\sum_{i_s^*=1}^{m_s^*}\sum_{\varepsilon=1}^{E} x_{jsi_s^*\varepsilon} = 0 \qquad \begin{array}{l} j = 1,\dots,n \\ s = 1,\dots,l-1 \end{array}$$

$$(14.7)\quad \sum_{i_l^*=1}^{m_l^*}\sum_{\varepsilon=1}^{E} x_{jli_l^*\varepsilon} \le \bar{x}_j \qquad j = 1,\dots,n$$

$$(14.8)\quad x_{jsi_s^*\varepsilon} \ge 0 \qquad \begin{array}{l} j = 1,\dots,n \\ s = 1,\dots,l \\ i_s^* = 1,\dots,m_s^* \\ \varepsilon = 1,\dots,E \end{array}$$

(14.9) $$v_{jsi_s^*\varepsilon} \in \{0,1\} \qquad \begin{array}{l} j = 1,\ldots,n \\ s = 1,\ldots,l \\ i_s^* = 1,\ldots,m_s^* \\ \varepsilon = 1,\ldots,E \end{array}$$

(14.10) $$v_{si_s^*\varepsilon} \in \{0,1\} \qquad \begin{array}{l} s = 1,\ldots,l \\ i_s^* = 1,\ldots,m_s^* \\ \varepsilon = 1,\ldots,E \end{array}$$

Bei der Erläuterung dieses Modells ist es nun ausreichend, punktuell auf die Ergänzungen und Modifikationen des Ansatzes (13) einzugehen.

Wenn man von Lagerhaltung und Ausschuß absieht, kann man die insgesamt gefertigte und abgesetzte Menge einer Produktart durch die Summe ihrer Teilmengen ausdrücken, die auf die zur Auswahl stehenden Verfahren einer der Produktionsstufen entfallen. In (14) wird die letzte Stufe als repräsentativ für die entsprechenden Gesamtmengen angenommen. Das betrifft die Erlöse des Produktionsprogramms in Term 1 der Zielfunktion (14.0) ebenso wie die Absatzhöchstmengenbedingungen (14.7).

Die Koeffizienten $k_{jsi_s^*\varepsilon}$ in Term 2 der Zielfunktion (14.0) bezeichnen nun also die der Produktionsstufe s zuzuordnenden variablen Stückkosten der Produktart j unter der Voraussetzung, daß diese mit der Anlage i_s^* und dem Energieträger ε bearbeitet wird; hierin ist der durch das betreffende disponible Aggregat i_s^* und den zur Auswahl stehenden Energieträger ε verursachte Werteverzehr eingeschlossen. Die Kosten einer Fertigungsstufe sind unabhängig davon, welche Verfahrenswahl auf den übrigen Stufen getroffen wird. Entsprechend sind auch die Produktionskoeffizienten in (14.1) - (14.3) verfahrensspezifisch formuliert, dagegen unabhängig von den auf anderen Produktionsstufen gefällten Entscheidungen.

Da die Gütervariablen nicht produktionsstufenübergreifend, sondern für jedes einzelne Verfahren isoliert formuliert sind, muß durch zusätzliche Nebenbedingungen gewährleistet werden, daß die auf den verschiedenen Produktionsstufen bearbeiteten Gesamtmengen der einzelnen Produktarten die gleiche Höhe aufweisen. Diesem Zweck dienen die für die arbeitsgangweise Kalkulation [1] charakteristischen und hier unter (14.6) aufgeführten Mengenkontinuitätsbedingungen.

Die Unterfälle II-IV in der mehrstufigen Problemstellung können schließlich durch die folgenden Ergänzungen bzw. Modifizierungen des Ansatzes (14) in die Modellanalyse Eingang finden.

II): Jede Produktart j darf auf einer Anlage i^*_s der Stufe s höchstens η der E Energieträger beanspruchen.

$$(14.11) \qquad \sum_{\varepsilon=1}^{E} v_{jsi^*_s\varepsilon} \leq \eta \qquad \begin{array}{l} j = 1,...,n \\ s = 1,...,l \\ i^*_s = 1,...,m^*_s \end{array}$$

III): Auf jeder Anlage i^*_s der Stufe s dürfen höchstens η' der E Energieträger zum Einsatz kommen.

$$(14.11)' \qquad \sum_{\varepsilon=1}^{E} v_{si^*_s\varepsilon} \leq \eta' \qquad \begin{array}{l} s = 1,...,l \\ i^*_s = 1,...,m^*_s \end{array}$$

1) Vgl. ALBACH, H.: Produktionsplanung auf der Grundlage technischer Verbrauchsfunktionen, in: BRANDT, L. (Hrsg.): Arbeitsgemeinschaft für Forschung des Landes Nordrhein-Westfalen, Heft 105, Köln - Opladen 1962, S. 45 ff.

IV): Insgesamt dürfen höchstens η" der E Energieträger zum Einsatz kommen.

$$(14.3)' \quad \sum_{j=1}^{n} \sum_{s=1}^{l} \sum_{i_s^*=1}^{m_s^*} e_{jsi_s^*\varepsilon} \, x_{jsi_s^*\varepsilon} \leq f_\varepsilon \, v_\varepsilon \qquad \varepsilon = 1,\ldots,E$$

$$(14.11)'' \quad \sum_{\varepsilon=1}^{E} v_\varepsilon \leq \eta''$$

$$(14.12) \quad v_\varepsilon \in \{0,1\} \qquad \varepsilon = 1,\ldots,E$$

Mit den hier angestellten Untersuchungen sollten also Möglichkeiten aufgezeigt werden, verschiedene Varianten der Energieträger- und Anlagenauswahl als Verfahrensfragen in die Produktionsprogrammplanung einzubeziehen und simultan mit ihr zu bearbeiten. Im folgenden wird nun als weiterer Problemkreis des Produktionsbereichs die energiewirtschaftlich bedeutsame Potentialplanung in den Mittelpunkt des Interesses rücken und in Verbindung mit der Programmplanung behandelt werden.

4.2. Energiefragen im Rahmen der Produktionsprogramm- und -potentialplanung

In dem durch diese beiden Teilgebiete der Produktionswirtschaft abgesteckten Rahmen wird in 4.2.1. ein Ansatz zur simultanen Planung des Produktionsprogramms und von Energieeinsparinvestitionen erstellt. 4.2.2. befaßt sich dann mit Investitionsrechnungen, die bei in groben Umrissen gegebenen Programmen für energiewirtschaftlich bedeutsame Anlagen durchgeführt werden.

4.2.1. Produktionsprogrammplanung und Energieeinsparinvestitionen

Zum einen ist also wiederum die Produktionsprogrammplanung mit dem bereits geschilderten Aufgabenfeld der Festlegung von Produktarten und -mengen Objekt der Betrachtung. Als Ausschnitt aus dem Gebiet der Potentialgestaltung, die allgemein gesagt ja die optimale Zusammensetzung und Anordnung der Produktionsfaktoren zum Ziel hat [1] und hier im Hinblick auf den sachlichen Produktionsapparat von Interesse ist, kommt nun die Planung von Investitionen hinzu, die Energieeinsparungen durch Senkung der betreffenden Produktionskoeffizienten herbeiführen können.

Energiesparinvestitionen in der Fertigung nehmen einerseits unmittelbar Einfluß auf Daten, die zur Festlegung des Programms wesentlich sind, so daß unterschiedliche Investitionen auch unterschiedliche optimale Produktarten- und -mengenentscheidungen zur Folge haben können. Solche Investitionen sollen andererseits nur dann realisiert werden, wenn sie vom Programm getragen werden können, wenn sie sich also beispielsweise bei genügend großen Produktmengen kostenreduzierend auswirken. Aufgrund der gegenseitigen Verknüpfung der beiden Problemfelder ist zu ihrer Behandlung

1) Vgl. FANDEL, G., 1980, S. 94.

ein Simultanansatz angemessen. Ein sukzessives Vorgehen birgt die Gefahr, daß bei dem zuerst einer Lösung zugeführten Problemkreis Entscheidungen getroffen werden, die das Erreichen des Gesamtoptimums für beide Planungsbereiche verhindern.

Es soll demnach der Fall betrachtet werden, daß gemeinsam mit der Festlegung der Produktionsprogrammplanung die Entscheidung über Investitionsobjekte zur Energieeinsparung zu treffen ist, die im Laufe des Planungszeitraums unter Beachtung jeweils festgelegter Periodenbudgets durchgeführt werden können. Bei ihrer Realisierung verursachen diese Investitionen einerseits Anschaffungskosten in bestimmter Höhe, ermöglichen andererseits aber eine Senkung von energetischen Produktionskoeffizienten und der entsprechenden Stückkostenkomponenten. Die Herabsetzung der Verbrauchsmengen pro Erzeugniseinheit kann dabei als weiteren positiven Effekt zugleich eine Erhöhung der Fertigungskapazität bewirken.

Kapitalbedarf und Laufzeit der Investitionen werden in der Regel von nicht unerheblichem Ausmaß sein. Der Beobachtungszeitraum soll daher mehrere Planungsperioden umfassen, um so die Nutzung der Investitionen über mehrere Zeitabschnitte hinweg verfolgen zu können. Es wird davon ausgegangen, daß eine Rationalisierungsinvestition dieser Art in der Periode ihrer Realisierung zu entsprechenden Anschaffungskosten und ab derselben Periode zu Energieeinsparungen in der Fertigung führt. Um die in unterschiedlichen Perioden anfallenden Kosten und Erlöse unmittelbar vergleichbar zu machen, werden sämtliche Beträge auf den Beginn des Planungszeitraumes hin abgezinst.

Analog zur Verfahrensweise bei der in die Produktionsprogrammplanung einbezogenen Energieträger- und Anlagenauswahl soll die Modellformulierung auch bei der hier vorliegenden Problemstellung unter Rückgriff auf das Konzept der Deckungsbeitragsmaximierung und das Instrument der gemischt-ganzzahligen Programmierung [1] vorgenommen werden. Entsprechend den in den vorangegangenen Abschnitten verwendeten Symbolen werden die folgenden Bezeichnungen eingeführt:

$h = 1,...,H$	Einsparinvestitionsmöglichkeiten,
$i = 1,...,m$	Produktionsfaktoren, die von den Einsparinvestitionen nicht berührt werden,
$\varepsilon = 1,...,E$	Energieträger, bei denen aufgrund der Investitionen Einsparungen möglich sind,
$j = 1,...,n$	Produktarten,
t bzw. $\Theta = 1,...,T$	Planungsperioden,
x_{tj}	Produktionsmengenvariable der Produktart j in Periode t,
v_{th}	Investitionsvariable des Projekts h in Periode t ($v_{th} \in \{0,1\}$),
p_{tj}	Absatzpreis der Produktart j in Periode t,
k_{tj}	variable Stückkosten der Produktart j in Periode t ohne Berücksichtigung der möglichen Energieeinsparungen,
$\Delta k_{tj\Theta h}$	Senkung der variablen Stückkosten der Produktart j in Periode t unter der Voraussetzung, daß die Investition h in der Periode Θ durchgeführt worden ist,
$\hat{K}_{th}$	Anschaffungskosten des Projekts h in Periode t,

1) Bei der hier verfolgten Vorgehensweise treten allerdings zunächst Nichtlinearitäten auf, deren Eliminierung dann am Ende dieses Abschnitts im einzelnen erörtert wird.

a_{tij}	Produktionskoeffizient des von den Einsparinvestitionen nicht berührten Inputs i bei der Produktart j in Periode t,
$e_{t\varepsilon j}$	Produktionskoeffizient des Energieträgers ε, bei dem aufgrund der Investitionen Einsparungen möglich sind, bei der Produktart j in Periode t (die möglichen Energieeinsparungen sind hier nicht eingerechnet),
$\Delta e_{t\varepsilon j\Theta h}$	Reduzierung des Produktionskoeffizienten des Energieträgers ε bei der Produktart j in Periode t unter der Voraussetzung, daß die Investition h in Periode Θ durchgeführt worden ist,
b_{ti}	verfügbare Kapazität des von den Einsparinvestitionen nicht berührten Inputs i in Periode t,
$f_{t\varepsilon}$	verfügbare Kapazität des Energieträgers ε, bei dem aufgrund der Investitionen Einsparungen möglich sind, in Periode t,
$\bar{x}_{tj}$	Absatzhöchstmenge der Produktart j in Periode t,
B_t	in Periode t für Einsparinvestitionen maximal verfügbarer Kapitalbetrag,
D_t	Diskontierungsfaktor der Periode t.

Zur Behandlung der dargelegten Problemstellung der Produktionsprogrammplanung und der gleichzeitigen Entscheidung über Investitionsobjekte zur Energieeinsparung bei mehreren Planungsperioden kann nunmehr das Entscheidungsmodell (15) formuliert werden:

$$(15.0)\quad \underbrace{\sum_{t=1}^{T}\sum_{j=1}^{n} (p_{tj}\, x_{tj}\, D_t - k_{tj}\, x_{tj}\, D_{t-1})}_{1} - \underbrace{\sum_{t=1}^{T}\sum_{h=1}^{H} \hat{K}_{th}\, v_{th}\, D_{t-1}}_{2} +$$

$$\underbrace{\sum_{t=1}^{T}\sum_{j=1}^{n}\sum_{\Theta=1}^{t}\sum_{h=1}^{H} \Delta k_{tj\Theta h}\, x_{tj}\, v_{\Theta h}\, D_{t-1}}_{3} \rightarrow \text{Max!}$$

$$(15.1)\quad \sum_{j=1}^{n} a_{tij}\, x_{tj} \leq b_{ti} \qquad t=1,\ldots,T;\ i=1,\ldots,m$$

$$(15.2)\quad \sum_{j=1}^{n} e_{t\varepsilon j}\, x_{tj} - \sum_{j=1}^{n}\sum_{\Theta=1}^{t}\sum_{h=1}^{H} \Delta e_{t\varepsilon j\Theta h}\, x_{tj}\, v_{\Theta h} \leq f_{t\varepsilon} \qquad t=1,\ldots,T;\ \varepsilon=1,\ldots,E$$

$$(15.3)\quad \sum_{h=1}^{H} \hat{K}_{th}\, v_{th} \leq B_t \qquad t=1,\ldots,T$$

$$(15.4)\quad 0 \leq x_{tj} \leq \bar{x}_{tj} \qquad t=1,\ldots,T;\ j=1,\ldots,n$$

$$(15.5)\quad v_{th} \in \{0,1\} \qquad t=1,\ldots,T;\ h=1,\ldots,H$$

$$(15.6)\quad \sum_{t=1}^{T} v_{th} \leq 1 \qquad h=1,\ldots,H$$

In der Zielfunktion (15.0) werden die variablen Stückkosten der Fertigung, die Anschaffungskosten der Investitionsobjekte und die Einsparungen aufgrund der Investitionen jeweils dem Beginn einer Planungsperiode zugeordnet, die Erlöse aus dem Absatz der Produkte dagegen dem Periodenende.

Term 1 beinhaltet den Gesamtdeckungsbeitrag des Produktionsprogramms ohne Berücksichtigung der Energiesparinvestitionen. Entsprechend den getroffenen zeitlichen Annahmen sind die Absatzerlöse und variablen Fertigungskosten mit unterschiedlichen Diskontierungsfaktoren gewichtet.

Bei dieser Vorgehensweise werden zum Beispiel die Fertigungskosten der ersten Periode nicht abdiskontiert, während dies bei den entsprechenden Erlösen dieser Periode doch der Fall ist [1].

Term 2 gibt die gesamten diskontierten Investitionskosten wieder. Durch den Wert Eins der Variablen v_{th} ist dabei der Fall gekennzeichnet, daß das Investitionsobjekt h in der Periode t zur Durchführung gelangt und die periodenspezifischen Anschaffungskosten dieses Projekts $\hat{K}_{th}$ demnach tatsächlich anfallen. Der Wert Null bedeutet hingegen Unterlassung des Projekts h in dem Zeitabschnitt t und hat zur Folge, daß die betreffenden Kosten nicht wirksam werden.

Term 3 hat die gesamten diskontierten Kostenreduzierungen zum Inhalt, die durch die Einsparinvestitionen erzielt werden. Eine bestimmte Kostensenkung in t wird dann wirksam, wenn die entsprechende Investition in Θ erfolgt ist. Der Index Θ, der hier also zur Kennzeichnung der Durchführungszeitpunkte der Sparprojekte dient, ist jeweils von 1 bis t zu durchlaufen. Die Investitionen führen demnach bereits in der Periode ihrer Realisierung zu Einsparungen [2]. Daß ein Projekt nicht in mehreren Perioden zur Durchführung vorgesehen wird, ist aufgrund der Nebenbedingungen (15.5) und (15.6) gewährleistet. Die Kostenreduzierungen Δk sollen als positive Beträge ausgewiesen werden, so daß der

---

1) Wenn die Periodenlänge jeweils ein Jahr beträgt, ergeben sich die Diskontierungsfaktoren durch $D_t = (1 + \frac{\jmath}{100})^{-t}$ und $D_{t-1} = (1 + \frac{\jmath}{100})^{-(t-1)}$, wobei $\jmath$ den Kalkulationszinsfuß bezeichnet. Bei anderer Periodenlänge läßt sich durch Anpassung des Exponenten leicht eine entsprechende Modifizierung erreichen.

2) Wenn unterstellt würde, daß zwischen den Investitionen und den dadurch ermöglichten Einsparungen ein time lag auftritt, so könnte man auch dies auf einfache Weise im Modell berücksichtigen: Zum Beispiel liefe bei einer Zeitverzögerung von einer Periode der Index Θ jeweils nur von 1 bis t-1 anstatt von 1 bis t.

gesamte Term 3 eine Erhöhung des Zielfunktionswertes bewirkt.

Die Fertigungskapazitätsrestriktionen sind nach der Beeinflußbarkeit der Faktorverbrauchsmengen durch die zur Disposition stehenden Einsparinvestitionen in zwei Arten differenziert: Die Nebenbedingungen (15.1) gelten für die Inputs, deren Verbrauchsmengen durch die Investitionen nicht berührt werden. In den Restriktionen (15.2) kommt demgegenüber zum Ausdruck, daß die Produktionskoeffizienten bestimmter Energieträger gesenkt werden können - die Reduzierungen des Energieträgereinsatzes Δe sollen analog zur Formulierung in Term 3 der Zielfunktion als positive Beträge angesetzt werden. Um die gesamten Einspareffekte in Abhängigkeit von der vorausgegangenen Investitionstätigkeit erfassen zu können, läuft der Index θ innerhalb jeder einzelnen Restriktion von 1 bis t [1].

Durch die Restriktionen (15.3) wird sichergestellt, daß der Kapitalbedarf der geplanten Sparinvestitionen pro Periode die für seine Deckung maximal zur Verfügung stehenden Mittel nicht übersteigt. Die Bedingungen (15.4) stecken die zulässigen Wertebereiche der Produktmengenvariablen ab. Durch (15.5) werden die Investitionsvariablen als binäre Größen definiert. Die Restriktionen (15.6) stellen dann in Verbindung mit dieser Definition sicher, daß jedes Einsparungsprojekt im Planungszeitraum nur einmal zur Realisierung vorgesehen werden kann.

Die Daten des Modells von den Absatzpreisen bis hin zu den Absatzhöchstmengen sind periodenabhängig angesetzt, so daß Änderungen im Zeitablauf Eingang finden können. Insbesondere ist es möglich, zeitabhängige Variationen der Einsparungen Δe und Δk infolge einer bestimmten Investition, zum Beispiel Steigerungen aufgrund von Lerneffekten, zu berücksichtigen.

---

1) Auch hier würde sich der Laufbereich des Index θ bei Annahme eines time lag zwischen Investitionen und Einsparungen entsprechend verkürzen.

Es sollen nun noch drei Erweiterungsmöglichkeiten bzw. Ergänzungen des Ansatzes (15) angesprochen werden, die an inhaltlichen Gesichtspunkten anknüpfen, bevor dann auf rechentechnische Aspekte eingegangen wird: Die Kapitalrestriktionen (15.3) können durch Erfassung zeitlich kumulierter Beträge so modifiziert werden, daß die Übertragung nicht ausgeschöpfter Investitionsmittel in Folgeperioden zugelassen wird:

$$(15.3)' \quad \sum_{\Theta=1}^{t} \sum_{h=1}^{H} \hat{K}_{\Theta h} \, v_{\Theta h} \leq \sum_{\Theta=1}^{t} B_{\Theta} \qquad t = 1,\ldots,T$$

Weiterhin läßt sich der Fall, daß von mehreren grundsätzlich durchführbaren Investitionsobjekten maximal eine bestimmte Anzahl realisiert werden soll, in entsprechenden Nebenbedingungen ausdrücken. Beispielsweise würde man diese zusätzliche Einschränkung für zwei Projekte h und h', von denen höchstens eines implementiert werden soll, in die folgende Restriktion kleiden können; hierdurch würden für diese beiden Objekte zugleich die Nebenbedingungen (15.6) ersetzt:

$$(15.6)' \quad \sum_{t=1}^{T} v_{th} + \sum_{t=1}^{T} v_{th'} \leq 1 \qquad \text{mit } h,h' \in \{1,\ldots,H\}; \; h \neq h'$$

Schließlich kann die Durchführbarkeit eines Einsparprojektes von vornherein auf bestimmte Perioden beschränkt sein. Die betreffenden Investitionsvariablen der übrigen Perioden und die dazugehörigen Daten - Anschaffungskosten etc. - sind dann aus der Modellformulierung von vornherein auszuklammern.

Die in der Zielfunktion (15.0) und den Nebenbedingungen (15.2) auftretenden Variablenprodukte $x_{tj} \, v_{\Theta h}$ sind unter lösungstechnischen Gesichtspunkten problematisch. Eine

Erleichterung der rechnerischen Bewältigung des Ansatzes läßt sich allerdings durch eine formale Modifizierung herbeiführen, die keine inhaltlichen Änderungen bedingt und im wesentlichen zwei Schritte umfaßt [1]: Die nichtlinearen Ausdrücke werden zunächst durch einzelne Variablen ersetzt. Um die Logik der ursprünglichen Formulierung aufrechtzuerhalten und die Ersatzvariablen in diesem Sinn zu steuern, fügt man dann zusätzliche lineare Restriktionen in das Modell ein.

Diese Vorgehensweise soll im einzelnen dargelegt werden: An die Stelle der Produkte $x_{tj}\ v_{\Theta h}$ treten die stetigen Variablen $y_{tj\Theta h}$. Zum Ausgleich dieser Komprimierung der Formulierung in (15.0) und (15.2) ist es erforderlich, die folgenden beiden logischen Bedingungen explizit in das Modell einfließen zu lassen:

$$v_{\Theta h} = 0 \quad \rightarrow \quad y_{tj\Theta h} = 0$$

$$v_{\Theta h} = 1 \quad \rightarrow \quad y_{tj\Theta h} = x_{tj}$$

Diese Bedingungen können durch zusätzliche lineare Restriktionen ausgedrückt werden:

(15.7) $$0 \le y_{tj\Theta h} \le M\ v_{\Theta h}$$

(15.8) $$y_{tj\Theta h} \le x_{tj}$$

(15.9) $$x_{tj} - y_{tj\Theta h} \le M - M\ v_{\Theta h}$$

Dabei ist M wiederum ein Parameter mit "hohem positiven Wert", den die einzelnen Produktionsmengenvariablen x_{tj} - und damit auch die Hilfsvariablen $y_{tj\Theta h}$ - nicht erreichen können: $M \ge \bar{x}_{tj}$ für alle t und j.

---

1) Vgl. dazu WILLIAMS, H.P.: Model Building in Mathematical Programming, Chichester et al. 1978, S. 163.

Die Nebenbedingungen (15.7) stellen sicher, daß die Ersatzvariablen $y_{tj\Theta h}$ für den Fall $v_{\Theta h} = 0$ im Sinn der entsprechenden logischen Bedingung fixiert werden, und halten gleichzeitig den nötigen Zulässigkeitsbereich für $v_{\Theta h} = 1$ offen. Demgegenüber regeln (15.8) und (15.9) den Fall, daß $v_{\Theta h} = 1$ ist, ohne für $v_{\Theta h} = 0$ zu restriktiv zu sein.

Diese zusätzlichen Nebenbedingungen sind für alle Ersatzvariablen $y_{tj\Theta h}$ zu formulieren und sorgen dann dafür, daß jedes $y_{tj\Theta h}$ in Abhängigkeit von der Durchführung oder Unterlassung der Investition h in der Periode Θ entweder den Wert x_{tj} oder Null annimmt. So können die nichtlinearen Komponenten aus dem Ansatz (15) eliminiert werden.

4.2.2. Partielle energieorientierte Investitionsentscheidungen

Unter der Voraussetzung, daß das Produktionsprogramm zumindest in groben Umrissen vorgegeben ist und man auf dieser Grundlage in etwa weiß, welcher Energiebedarf in der Fertigung zu decken ist bzw. wie die Produktionsanlagen dimensioniert sein müssen, sollen nun partielle - das heißt Einzelobjekte betreffende - energieorientierte Investitionsentscheidungen für den Fertigungsbereich betrachtet werden. Gegenstand der Untersuchung sind dabei zunächst in 4.2.2.1. quantitative Ansätze für innerbetriebliche Energieversorgungsanlagen; in der Literatur ist eine Reihe von Beiträgen erschienen, die sich hiermit befassen. Anschließend wird in 4.2.2.2. anhand eines eigenen praktischen Fallbeispiels ein anderer, bislang in der Literatur kaum beachteter Problemkreis behandelt: Es geht dabei um Produktionsanlagen im engeren Sinn, deren Energieverbrauch schon bei der Beschaffungsentscheidung explizit berücksichtigt werden soll.

4.2.2.1. Einzelobjektentscheidungen für innerbetriebliche Energieversorgungsanlagen

Die zu dem Gebiet der partiellen energieorientierten Investitionsentscheidungen vorliegenden Veröffentlichungen konzentrieren sich bislang auf der Praxis nahestehende Ansätze zur innerbetrieblichen Energieversorgung [1]. Hierbei wird der Kraft-Wärme-Kopplung, das heißt der Gewinnung von Elektrizität bzw. mechanischer Energie einerseits und Wärme andererseits [2] aus demselben Umwandlungsverfahren, besondere Aufmerksamkeit gewidmet [3]. Demgegenüber treten andere innerbetriebliche Energieversorgungsmöglichkeiten und weitere mit der Energieversorgung im Zusammenhang stehende Einsparprojekte, beispielsweise zur Wärmerückführung, in den Hintergrund [4].

Die Literaturbeiträge orientieren sich recht häufig an praktischen Fallbeispielen [5] und arbeiten zum Teil mit den stark vereinfachenden Methoden der statischen Inve-

---

1) Dies gilt unter dem bereits ausgeführten Vorbehalt, daß zu dem einzelwirtschaftlichen Verbrauchsbereich der Energiewirtschaft insgesamt verhältnismäßig wenig publiziert wird.
Als Beispiel dafür, daß solche Investitionsrechnungen auch in Unternehmen des Energieversorgungssektors, und zwar bei Investitionsvolumina von beträchtlicher Höhe, zur Entscheidungsfindung mit herangezogen werden, vgl. ZIEMANN, W.: Investitions- und Wirtschaftlichkeitsrechnungen in der Elektrizitätswirtschaft, Bochum 1983, insbes. S. 15 ff.

2) Die Erzeugung des Stroms bzw. der mechanischen Energie kann der Bereitstellung der Nutzwärme vorausgehen, aber auch die umgekehrte Reihenfolge ist möglich.

3) Vgl. BISSINGER, B.:KWK - plus/minus, in: Energie, 31. Jg. (1979), S. 372 ff. und 387 ff.; HAKE, B., 1980, S. 3; HUGEL, G., und DITTRICH, E.: Wirtschaftlich investieren bei energetischen Anlagen, Berlin 1981, S. 57 ff. und 73 ff.; PORTER, R.W., und MASTANAIAH, K., 1982, S. 171 ff.; SKEA, J.F.: Switching from Oil to Coal Firing for Steam Raising, in: Energy Policy, Vol. 9 (1981), S. 205 ff.; STADLER, F.: Alternativen der industriellen Kraftwerkstechnik, in : Energie, 30. Jg. (1978), S. 105 ff.

4) Zu solchen Ansätzen vgl. HUGEL, G., und DITTRICH, E., 1981, z.B. S. 46 f. und 73 ff.; ROSTEK, H., und VOSSEN, W.: Energiekosten im Griff, in: Energie, 33. Jg. (1981), S. 74 ff.

5) Fallbeispiele der Praxis beinhalten die folgenden Beiträge: BISSINGER, B., 1979; HUGEL, G., und DITTRICH, E., 1981, S. 46 ff.; SKEA, J.F., 1981; STADLER, F., 1978.

stitionsrechnung für Einzelobjektentscheidungen [1]. Andererseits erfolgt aber auch eine angemessenere Erfassung der Zeitkomponente in dynamischen Verfahren [2].

Auf dem Gebiet der Kraft-Wärme-Kopplung, die unter dem Aspekt der rationellen Energienutzung auch für Industrieunternehmen lohnend sein kann und wie erwähnt in der Literatur verhältnismäßig häufig aufgegriffen wird, lassen sich vornehmlich die folgenden Problemkreise voneinander abgrenzen:

- die für die Implementierung grundlegende Entscheidung, ob lediglich Fremdstrom bezogen oder auch Eigenstrom erzeugt werden soll,
- die Auswahl der Anlage zur Kraft-Wärme-Kopplung und damit zusammenhängend die Energieträgerauswahl für das anzuwendende Verfahren,
- die Frage des Verkaufs von selbsterzeugtem Strom an die Elektrizitätswirtschaft.

Einer der Ansätze zur Kraft-Wärme-Kopplung, der methodisch relativ weit entwickelt ist und die wesentlichen Fragen im Zusammenhang mit diesem Energiekonzept berücksichtigt, soll nun in seinen Grundzügen vorgestellt und erläutert werden [3]:

Die Investitionsrechnung wird auf der Basis eines gegebenen Wärmebedarfs durchgeführt, auf den hin die innerbetrieblichen Versorgungseinrichtungen ausgelegt werden sollen. Die Elektrizität, die möglicherweise durch dasselbe Verfahren wie die Wärme bereitgestellt wird, kann zum Ersatz

---

1) Vgl. BISSINGER, B., 1979; HAKE, B., 1980; HUGEL, G., und DITTRICH, E., 1981, z.B. S. 46 f.; STADLER, F., 1978.

2) Vgl. HUGEL, G., und DITTRICH, E., 1981, z.B. S. 86 ff.; PORTER, R.W., und MASTANAIAH, K., 1982; ROSTEK, H., und VOSSEN, W., 1981; SKEA, J.F., 1981, insbes. S. 212 ff.

3) Es handelt sich dabei um den Ansatz von PORTER, R.W., und MASTANAIAH, K., 1982.

ansonsten zu kaufenden Stroms herangezogen oder zumindest teilweise an die Elektrizitätswirtschaft verkauft werden. Die gesamte Menge eigenerzeugter Elektrizität ist in Abhängigkeit von der Anlagenwahl in weiten Grenzen variierbar. Insbesondere kann auch auf eine eigene Stromgewinnung verzichtet werden, indem eine reine Dampferzeugungsanlage zum Einsatz kommt. Andererseits stehen verschiedene Kraft-Wärme-Kopplungs-Aggregate mit ihrem thermodynamischen Vorteil reduzierter Verluste zur Auswahl, die mit Kohle, Erdgas oder Dieselöl zu betreiben wären, so daß also gemeinsam mit der Anlagenentscheidung auch eine Energieträgerauswahl zu treffen ist [1].

Die Kraft-Wärme-Kopplungs-Anlagen sind unter anderem durch unterschiedliche Möglichkeiten der Stromausbeute bei wärmebezogener Fahrweise, durch verschiedene Wirkungsgrade und Anschaffungskosten gekennzeichnet. So kann es in einer konkreten Entscheidungssituation beispielsweise von vornherein feststehen, daß sich bei vorgegebener Dampferzeugungsmenge die Stromausbeute von kohlegefeuerten Turbinen über Gasturbinen bis hin zu Dieselaggregaten erhöhen läßt, zugleich allerdings in derselben Reihenfolge der Gesamtwirkungsgrad abnimmt und die Investitionskosten steigen [2].

Die relative Vorteilhaftigkeit der verschiedenen Projekte wird mit Hilfe einer Return on Investment-Rate gemessen, die sich auf der Grundlage jährlicher Cash flows errechnet. Als Einnahmen werden hier unter anderem die Beträge aus vermiedenen Stromkäufen und die Einkünfte aus Verkäufen eigenerzeugten Stroms angesetzt, während auf der Ausgabenseite insbesondere die Anschaffung der Aggregate und die

1) Zur Problemstellung des Ansatzes vgl. PORTER, R.W., und MASTANAIAH, K., 1982, insbes. S. 171 f.

2) Zu den technischen Aspekten der Aggregate vgl. ebenda, S. 174 ff. Ein Zahlenbeispiel unter Einschluß der Investitionskosten ist auf Seite 184 derselben Quelle im Überblick wiedergegeben.

laufenden Brennstoffbezüge zu Buche schlagen. Es wird ein Schwellenzinssatz festgelegt, den die Return on Investment-Rate des jeweils zusätzlich eingesetzten Kapitals im Sinn eines Anspruchsniveaus mindestens erreichen muß.

Im einzelnen wird dabei nach der folgenden Vorgehensweise verfahren: Man ordnet die zur Disposition stehenden Energieversorgungsanlagen, also die Kraft-Wärme-Kopplungs-Aggregate und die Anlage zur ausschließlichen Dampferzeugung, nach der Reihenfolge steigender Investitionsauszahlungen, um dann beginnend mit den beiden "billigsten" Investitionsmöglichkeiten Challenger-Defender-Tests bei nach und nach größerem Kapitaleinsatz durchzuführen. Das Projekt mit dem höheren Kapitalbedarf wird abgelehnt, wenn der zusätzlich zu investierende Betrag nicht den Schwellenzinssatz erreicht. Das günstigere Projekt aus einem Test wird zum Defender des darauffolgenden Vergleichs, in den außerdem die Anlage mit dem nächstgrößeren Kapitalbedarf als Challenger eingeht. Der zuletzt übrigbleibende Defender stellt das optimale Investitionsobjekt dar. Dieses Vorteilhaftigkeitskriterium bewirkt, daß nicht unbedingt die Anlage mit der höchsten Return on Investment-Rate als die günstigste beurteilt wird. Entscheidend ist vielmehr, ob die jeweilige Zusatzinvestition das gesetzte Anspruchsniveau zu erfüllen vermag [1)].

Zu dem Problemkreis der Einzelobjektentscheidungen für innerbetriebliche Energieversorgungsanlagen sollen die vorstehenden Ausführungen genügen. Dieser Fragenkomplex, insbesondere der Bereich der Kraft-Wärme-Kopplung, ist in der Literatur doch recht häufig und in seinen wesentlichen Gesichtspunkten aufgegriffen worden.

---

1) Zu dem verwendeten Vorteilhaftigkeitskriterium und Auswahlverfahren vgl. PORTER, R.W., und MASTANAIAH, K., 1982, insbes. S. 172 ff. und 183 ff.

4.2.2.2. Einzelobjektentscheidungen für Produktionsanlagen im engeren Sinn

Das Gebiet partieller Investitionsentscheidungen, die Produktionsanlagen im engeren Sinn unter besonderer Berücksichtigung energetischer Belange betreffen, ist dagegen in der Literatur bislang vernachlässigt worden. Es soll nun eingehend anhand eines Falles aus der industriebetrieblichen Praxis behandelt werden.

Gegenstand der Untersuchung ist ein konkretes Projektplanungsproblem des Maschinenbauunternehmens, das unter dem Aspekt energiewirtschaftlicher Entwicklungslinien bereits im vorhergehenden dritten Kapitel betrachtet worden ist. Es geht hierbei um die Auswahlentscheidung im Zusammenhang mit der beabsichtigten Anschaffung eines Glühofens für den Fertigungsbereich.

Dem Unternehmen sind für einen Ofen der benötigten Größenordnung zwei Angebote unterbreitet worden. Aus diesen beiden Investitionsmöglichkeiten ergibt sich in Verbindung mit unternehmensinternen Anforderungen und Annahmen die in Tabelle 5 angegebene Charakterisierung der Entscheidungssituation.

Merkmale / Investitionsobjekte	Elektroofen	ölbeheizter Ofen (leichtes Heizöl)
für den Fertigungsprozeß benötigte Nutzenergie	1.056 kW	1.056 kW
Wirkungsgrad	88 %	55 %
benötigte Endenergie	1.200 kW	1.920 kW
Anschaffungsauszahlung	1.250.000,-- DM	1.720.000,-- DM
Energieträgerpreis	-,12 DM/kWh jährlich + 4 %	-,06 DM/kWh jährlich + 7 %
jährliche Instandhaltungsauszahlungen	5 % der Anschaffungsauszahlung, jährlich + 5 %	5 % der Anschaffungsauszahlung, jährlich + 5 %
jährliche Betriebsdauer	5.000 Stunden	5.000 Stunden
gesamte Nutzungsdauer	10 Jahre	10 Jahre

Tab. 5: Entscheidungssituation bei der Auswahl eines Glühofens in einem Maschinenbauunternehmen

Im Vergleich der beiden Investitionsobjekte benötigt demnach der Elektroofen wegen seines höheren Wirkungsgrades gegenüber dem mit leichtem Heizöl betriebenen Ofen eine geringere Menge an Endenergie, um die für den Fertigungsprozeß erforderliche Nutzenergieleistung zu erbringen. Weitere Vorzüge des Elektroofens liegen darin, daß er eine geringere Anschaffungsauszahlung verursacht, was sich auch günstig auf die für Instandhaltung in Ansatz zu bringenden Mittel auswirkt, und daß nach der Einschätzung des Entscheidungsträgers die Steigerung des Strompreises deutlich geringer ausfallen wird als die des Heizölpreises. Andererseits - und dem kommt wegen der hohen Energieintensität der Anlagen eine große Bedeutung zu - ist der Strompreis zu Beginn des Planungszeitraums doppelt so hoch wie der Heizölpreis, wenn man den Beträgen in beiden Fällen dieselbe Bezugsgröße, hier eine Kilowattstunde, zugrunde legt. Schließlich wird die jährliche und die gesamte Nutzungsdauer für beide Öfen als gleich lang angenommen.

Um zu Aussagen über die relative Vorteilhaftigkeit der Investitionsobjekte zu gelangen, wird anhand dieser Angaben eine Kapitalwertrechnung durchgeführt. Die Auszahlungen aus der Anschaffung, dem Betrieb und der Instandhaltung der Öfen werden, soweit erforderlich, auf den Beginn des Planungszeitraums, das heißt den Zeitpunkt 0 abgezinst. In Tabelle 6 sind die betreffenden Teilbeträge und daraus resultierenden Kapitalwerte der beiden Anlagen aufgeführt [1)].

Demnach beträgt der gesamte - negative - Kapitalwert des Elektroofens 7.347.700,- DM. Bei einer Vergleichszahl von 7.599.800,- DM für den ölbeheizten Ofen ergibt sich eine recht deutliche relative Vorteilhaftigkeit des ersteren Projekts. Der höhere Preis des Stroms gegenüber dem des leichten Heizöls wird durch die Vorteile des Elektroofens bei anderen Kriterien also überkompensiert.

Die negativen Kapitalwerte sind nicht als Investitionshemmnis zu interpretieren, da zum einen die den Öfen zuzurechnenden Einzahlungen in dem Ansatz keine Berücksichtigung finden - sie sind vor allem in Anbetracht der gleichen in den Produktionsprozeß abzugebenden Leistung als gleich hoch unterstellt und haben unter dieser Voraussetzung auch keine Wirkung auf die Kapitalwertdifferenz der Anlagen. Zum anderen ist die Entscheidung zugunsten einer Neuanschaffung bereits gefallen und lediglich die Auswahl zwischen den beiden Investitionsmöglichkeiten zu treffen.

---

1) Der Entscheidungsträger hat nicht die Absicht, den Unterschiedsbetrag zwischen den Anschaffungsauszahlungen der beiden Anlagen bei Wahl des "billigeren" Ofens unmittelbar einer anderen Sachinvestition zuzuführen. Es besteht insofern keine Veranlassung, von der der Prämisse des vollkommenen Kapitalmarktes entsprechenden Annahme einer Rendite der Differenzinvestition in Höhe des Kalkulationszinssatzes abzuweichen, so daß sich eine explizite Berücksichtigung der Differenzinvestition erübrigt.

Rechnungsposten \ Zeitpunkte	0	1	2	3	4	5	6	7	8	9	10
Anschaffungsauszahlung (1000 DM)	1250										
Strompreis (Pf/kWh; jährlich + 4 %)	12,00	12,48	12,98	13,50	14,04	14,60	15,18	15,79	16,42	17,08	17,76
Auszahlungen für Strombezüge (1000 DM; 1200 kW; 5000 Betriebsstunden/a)		748,8	778,8	810,0	842,4	876,0	910,8	947,4	985,2	1024,8	1065,6
Instandhaltungsauszahlungen (1000 DM; jährlich + 5 %)		62,5	65,6	68,9	72,4	76,0	79,8	83,8	87,9	92,3	97,0
Barwert der gesamten Auszahlungen pro Periode (1000 DM; Kalkulationszinssatz 9 %)	1250,0	744,0	711,0	678,5	647,7	618,8	590,4	564,1	538,7	513,9	490,9
Kapitalwert des Projekts (1000 DM)	-7347,7										

Tab. 6a: Berechnung des Kapitalwertes für einen Elektroofen in einem Maschinenbauunternehmen (Kalkulationszinssatz 9 %)

Rechnungsposten \ Zeitpunkte	0	1	2	3	4	5	6	7	8	9	10
Anschaffungsauszahlung (1000 DM)	1720										
Heizölpreis (Pf/kWh; jährlich + 7 %)	6,00	6,42	6,87	7,35	7,86	8,42	9,00	9,63	10,31	11,03	11,80
Auszahlungen für Heizölbezüge (1000 DM; 1920 kW; 5000 Betriebsstunden/a)		616,3	659,5	705,6	754,6	808,3	864,0	924,5	989,8	1058,9	1132,8
Instandhaltungsauszahlungen (1000 DM; jährlich + 5 %)		86,0	90,3	94,8	99,6	104,5	109,8	115,2	121,0	127,1	133,4
Barwert der gesamten Auszahlungen pro Periode (1000 DM; Kalkulationszinssatz 9 %)	1720,0	644,3	631,1	618,1	605,1	593,3	580,6	568,8	557,5	546,1	534,9
Kapitalwert des Projekts (1000 DM)	-7599,8										

Tab. 6b: Berechnung des Kapitalwertes für einen ölbeheizten Ofen in einem Maschinenbauunternehmen (Kalkulationszinssatz 9 %)

Die Lösung des gerade betrachteten Basisfalls soll nunmehr auf ihre Sensitivität gegenüber Änderungen von Daten geprüft werden, die der Rechnung zugrunde gelegt worden sind, um so bei einigen ausgewählten Parametern Kenntnis über die Auswirkungen möglicher Abweichungen von den ursprünglich angesetzten Werten zu erlangen [1]. In diese Analyse gehen die Preisentwicklungen des Stroms und Heizöls, die Gesamtnutzungsdauer der Anlagen und der Kalkulationszinssatz ein. Demgegenüber werden die für den Produktionsprozeß benötigte Nutzenergiemenge, der Wirkungsgrad der Anlagen, ihre Anschaffungsauszahlungen, die Energieträgerpreise zu Beginn des Planungszeitraumes, die jährlichen Instandhaltungsauszahlungen und Betriebsstunden als gesicherter angesehen und keiner Variation unterzogen.

Die Sensitivitätsanalyse erfolgt zunächst in der Form, daß jeweils ein Parameter verändert und dabei die Entwicklung der Zielgrößenwerte und der Rangfolge der Projekte beobachtet wird, während die übrigen Daten den ihnen im Basisfall beigemessenen Wert annehmen. Anschließend folgen einige Anmerkungen zur gleichzeitigen Änderung mehrerer Daten.

Abbildung 25 [2] veranschaulicht die Ergebnisse der Sensitivitätsanalyse mit isolierter Änderung je eines Parameters um 25 % und 50 %, bei den Energieträgerpreissteigerungen auch um 75 %, nach oben und unten. Es werden demnach Strompreissteigerungen im Bereich von 1 % bis 7 % pro Jahr erfaßt - während diese Entwicklung im Basisfall mit 4 % angesetzt wurde - und Ölpreissteigerungen von 1,75 % bis 12,25 % pro Jahr - Basiswert 7 % -; bei der Nutzungsdauer der Anlagen reicht die Spanne von 5 bis hin zu 15 Jahren - Basiswert 10 Jahre - und beim Kalkulationszinssatz von 4,5 % bis 13,5 % - Basiswert 9 % -.

---

1) Zu Sensitivitätsanalysen vgl. DINKELBACH, W.: Sensitivitätsanalysen und parametrische Programmierung, Berlin - Heidelberg - New York 1969, insbes. S. 25 ff.

2) Zahlenangaben: Tabelle A17 des Anhangs.

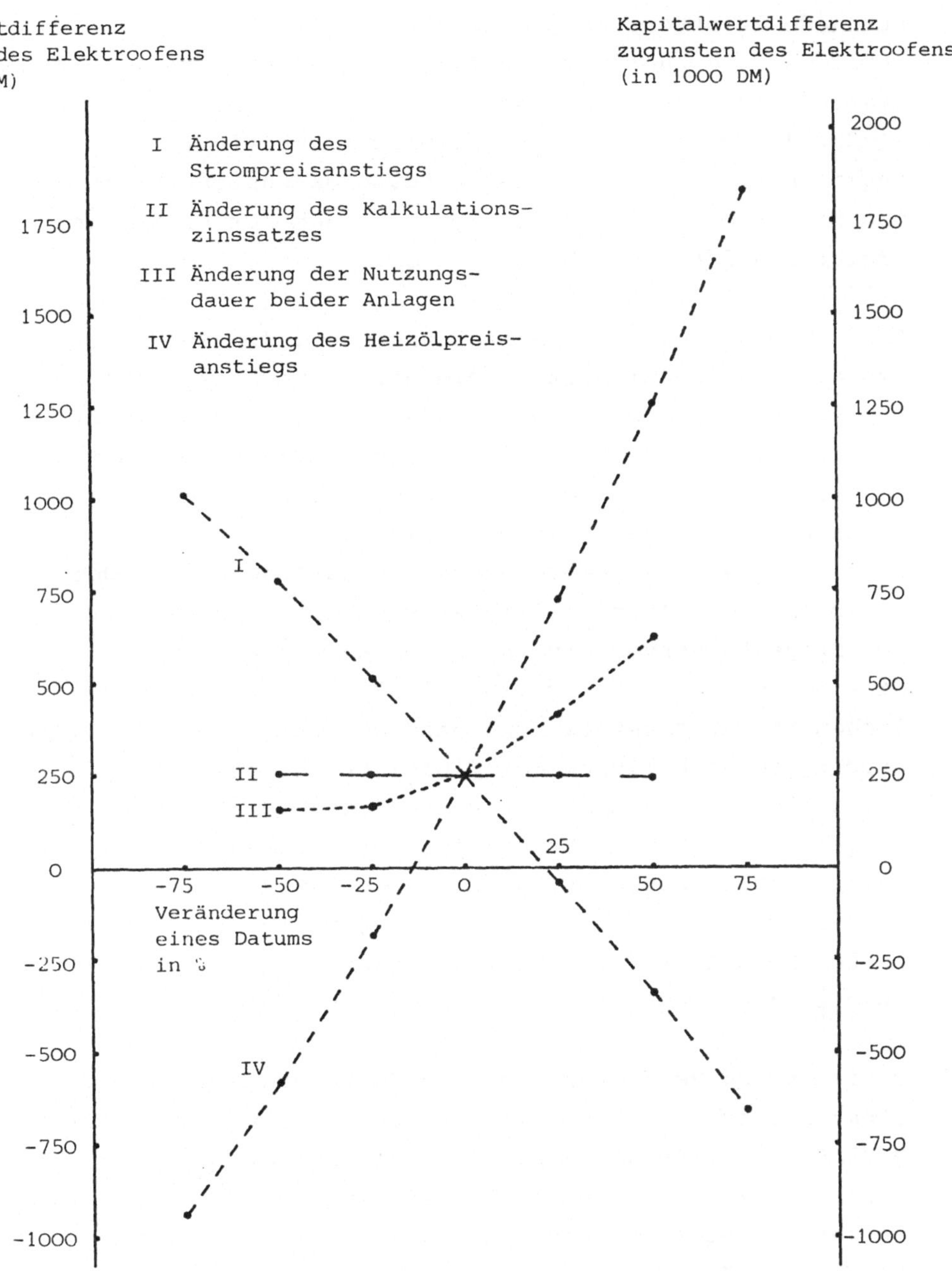

Abb. 25: Sensitivitätsanalyse für das Ergebnis der Basisrechnung zur Auswahl eines Glühofens in einem Maschinenbauunternehmen (Änderung jeweils eines Parameters bei Konstanthaltung der übrigen)

Für jede zu untersuchende Datenkonstellation ist aus der Abbildung die Kapitalwertdifferenz zugunsten des Elektroofens ersichtlich. Dem Basisfall sind die Koordinaten (0;252,1) im Schnittpunkt der vier "Sensitivitätskurven" zugeordnet, da sich bei der Ausgangsdatenstruktur für den Elektroofen ein um 252.100,- DM höherer Kapitalwert ergibt als für den ölbeheizten Ofen.

Im Rahmen dieser Sensitivitätsanalyse ruft die Variation des Kalkulationszinssatzes die geringste Änderung der Kapitalwertdifferenz des Basisfalls hervor und bleibt fast gänzlich ohne Einfluß auf das Ergebnis. Dagegen reagiert die Kapitalwertdifferenz sehr empfindlich auf Änderungen des Energieträgerpreisanstiegs, durch die auch innerhalb der betrachteten Variationsspannen der Daten eine Umkehrung der relativen Vorteilhaftigkeit der Projekte hervorgerufen werden kann - und zwar tritt dies bei einer um wenig mehr als 22 % höheren jährlichen Strompreissteigerung oder um wenig mehr als 14 % niedrigeren jährlichen Heizölpreissteigerung als im Basisfall ein. Da sich die Entwicklung der Energieträgerpreise auf die Ergebnisse der Rechnung so gravierend auswirken kann, wird als weitere Überlegung in dieser Richtung im folgenden die Vorteilhaftigkeit der beiden Öfen in Abhängigkeit von ganz unterschiedlichen Ausprägungen der beiden Preispfade untersucht.

Abbildung 26 zeigt zunächst die Überlegenheit des Elektroofens bei jährlichen Preissteigerungsraten von 4 % bzw. 7 % für den Strom bzw. das Heizöl, die im Basisfall zugrunde gelegt worden sind. Die in der soeben angestellten Sensitivitätsanalyse herausgegriffenen Fälle der isolierten Preissteigerungsvariation sind durch die gepunktet eingezeichneten Strecken verdeutlicht.

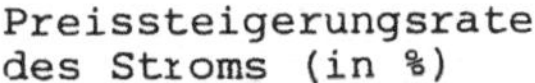

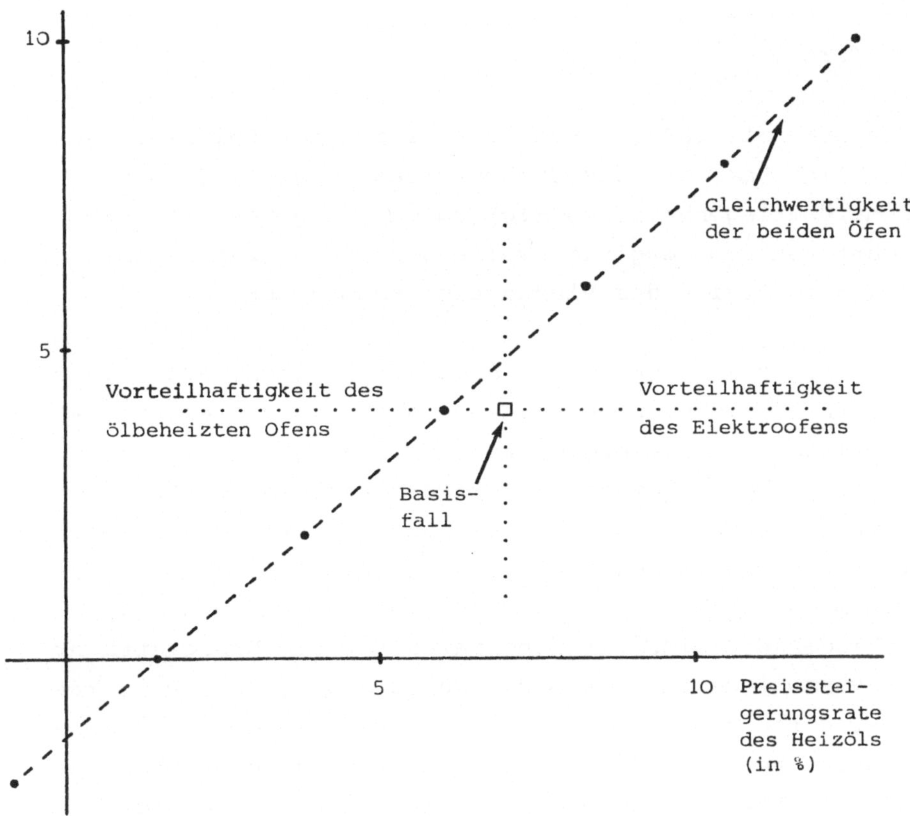

Abb. 26: Vorteilhaftigkeit der beiden Öfen bei unterschiedlichen Kombinationen des jährlichen Preisanstiegs für Strom und Heizöl

Außerdem ist nun die Grenzlinie eingetragen, an der sich die Vorteilhaftigkeit der Projekte umkehrt [1]. Die Kombinationen der Preissteigerungsraten auf dieser Linie führen zu einer Kapitalwertdifferenz von Null.

1) Zahlenangaben: Tabelle A17 des Anhangs.

Zugleich läßt sich die tendenzielle Aussage treffen, daß die Kapitalwertdifferenzen um so höher ausfallen, je weiter man sich von dieser "Gleichwertigkeitskurve" entfernt.

Man erkennt, daß die Steigerungsrate des Heizölpreises deutlich über der des Strompreises liegen muß, damit eine Überlegenheit des Elektroofens gegeben ist. Dies rührt von dem vergleichsweise sehr niedrigen Heizölpreis zu Beginn des Planungszeitraumes her.

Mit diesen Einsichten sei die exemplarische Behandlung des Entscheidungsproblems, das sich bei einzelnen Investitionen für energieintensive Fertigungsanlagen stellt, abgeschlossen. Selbstverständlich könnten je nach den Vorstellungen eines anderen Entscheidungsträgers Variationen bzw. Ergänzungen der Rechnung vorgenommen werden, wie etwa durch den Ansatz von verschiedenen Preissteigerungsraten für die Energieträger in verschiedenen Phasen der Nutzungsdauer der Projekte oder durch eine Sensitivitätsanalyse, in der zur Beobachtung von Kumulierungseffekten auch andere Parameter als die Preissteigerungsraten gleichzeitig verändert werden. Eine Einbeziehung weiterer Varianten in die Investitionsrechnung soll hier jedoch nicht erfolgen. Die vorgeführte Untersuchung zeigte eine relative Vorteilhaftigkeit des Elektroofens bei allerdings recht großer Sensitivität der Ergebnisse gegenüber Änderungen des Energieträgerpreisanstiegs.

4.3. Energiefragen im Rahmen der Produktionsprozeßplanung

Gegenstand der Produktionsprozeßplanung, die in einer insgesamt sukzessiven Produktionsplanung als letzter Schritt auf der Grundlage des gegebenen Produktionsprogramms, -verfahrens und -potentials vorgenommen werden kann, sind verschiedene für den Produktionsvollzug erforderliche Teilregelungen zum Beispiel im Hinblick auf Bearbeitungsreihenfolgen und Fertigstellungstermine [1)]. Die Ansätze der Literatur zu diesem Gebiet, die zugleich energiewirtschaftlich ausgerichtet und quantitativ-entscheidungsorientiert sind, befassen sich mit der Bezugssteuerung bei leitungsgebundenen Energieträgern, einer Problemstellung, der auch in der Unternehmenspraxis größere Aufmerksamkeit gewidmet wird [2)]. Die nun folgenden Ausführungen beziehen sich ebenfalls auf diesen Fragenkomplex und hierfür konzipierte Lösungsbeiträge verschiedener Art.

Die praktische Bedeutung der Bezugssteuerung für leitungsgebundene Energieträger resultiert aus Preisregelungen der Versorgungsunternehmen, nach denen die Energiekosten durch

---

1) Vgl. FANDEL, G., 1980, S. 94.

2) Zur Bedeutung dieser Problemstellung vgl. HUGEL, G., und SCHMITZ, H.: Betriebliche Energiewirtschaft, Berlin - Köln 1977, S. 75 ff. und 162 f.; KERN, W., 1981, S. 13; derselbe, 1984, S. 114; KILGER, W., 1981, S. 387; RICHARTS, F., 1976, S. 84; VERBAND DER ENERGIEABNEHMER (Hrsg.), 1978, S. 6 f. und 27.
Quantitative Ansätze zur Bezugssteuerung stammen von CONSTANTOPOULOS, P., et al.: Decision Models for Electric Load Management by Consumers Facing a Variable Price of Electricity, in: LEV, B. (Hrsg.): Energy Models and Studies, Amsterdam - New York - Oxford 1983, S. 273 ff.; FATTI, L.P., 1983, S. 583 ff.; VOSS, G., und WARTMANN, R., 1977, S. 83 ff. Der Beitrag von CONSTANTOPOULOS et al., der von der für die Bundesrepublik völlig ungewöhnlichen Situation variabler, an der momentanen Marktlage ausgerichteter Arbeitspreise ausgeht, wird in den folgenden Ausführungen nicht weiter berücksichtigt.
Ganz ähnliche Problemstellungen wie bei der energienutzenden Industrie können im übrigen auch bei Energieversorgungsunternehmen auftreten: Zur Glättung des Gasbezugs eines Erdgaslieferanten unter Rückgriff auf ein Simulationsmodell vgl. GÜNTHER, H.H., und HOMANN, K.: Planungs- und Entscheidungsprobleme bei der Deckung von Bedarfsspitzen in der Gaswirtschaft, in: ORSpektrum, 6. Jg. (1984), S. 239 ff.

kurzfristige Bezugsspitzen steigen [1]. Aufgrund der zu diesem Problemgebiet veröffentlichten Beiträge und der eigenen Praxiskontakte ergibt sich die Möglichkeit, weitgehend Fallbeispiele heranzuziehen und mit ihnen unterschiedliche Lösungsansätze aufzuzeigen.

Grundsätzlich kann man die beiden Regulierungsformen der Bezugssteuerung durch Abnahmeunterbrechungen und durch das Aufstellen von Maschineneinsatzprogrammen unterscheiden [2]. An dieser Einteilung ist auch die Untergliederung dieses Abschnitts ausgerichtet. Zu dem Konzept der Maschineneinsatzprogramme, das in der Literatur in dem hier interessierenden Zusammenhang bislang verhältnismäßig wenig Aufmerksamkeit gefunden hat, wird ein eigener Ansatz vorgestellt und anhand von Beispielrechnungen in seiner Anwendung demonstriert.

---

1) Zu den gebräuchlichen Preisregelungen vgl. FINSINGER, J., und KLEINDORFER, P.R.: Höchstlast- und Spitzenlastpreisbildung. Ein Vergleich der Strompreise für typische Sonderabnehmer in der Bundesrepublik Deutschland und Frankreich, in: ZfE, o. Jg. (1981), S. 52 f.; KILGER, W., 1981, S. 386 f.; VERBAND DER ENERGIEABNEHMER (Hrsg.), 1978, S. 3 ff. und 21 f.
Arbeitspreise, die je nach momentanem Stand von Angebot und Nachfrage variieren, sind für die Bundesrepublik bislang völlig ungewöhnlich, könnten auf weitere Sicht aber eine gewisse Bedeutung erlangen. Zu einer solchen Preisgestaltung vgl. ACTON, J.P., et al.: British Industrial Response to the Peak-Load Pricing of Electricity, Santa Monica 1980, z.B. S. vi und 24; CARAMANIS, M.C., et al.: Optimal Spot Pricing: Practice and Theory, in: IEEE Transactions on Power Apparatus and Systems, Vol. PAS - 101 (1982), S. 3234 ff.; CONSTANTOPOULOS, P., et al., 1983, S. 273 ff.

2) Vgl. dazu VERBAND DER ENERGIEABNEHMER (Hrsg.), 1978, S. 6 f. Die beiden Maßnahmenkategorien werden dort am Beispiel des Strombezugs erläutert. Einer Übertragung auf die anderen leitungsgebundenen Energieträger steht aber nichts entgegen.

4.3.1. Steuerung des Bezugs von leitungsgebundenen Energieträgern mit Hilfe von Abnahmeunterbrechungen

Im Rahmen der Bezugssteuerung von leitungsgebundenen Energieträgern geht es nun also zunächst um die Verfahrensweise der Abnahmeunterbrechungen von seiten der Verbraucher: Die vorübergehende partielle oder gänzliche Einstellung der Entnahme von Gas, Strom oder Fernwärme aus dem Netz des Versorgers soll dabei eine Glättung des Energiebezugs herbeiführen.

Diese Regulierungsform wird eingangs für den Fall von Gaslieferungen mit der Möglichkeit der innerbetrieblichen Speicherung auch größerer Mengen dieses Energieträgers behandelt. Der weitere Verlauf der Ausführungen bezieht sich dann auf Steuerungsmaßnahmen beim Strombezug [1].

4.3.1.1. Abnahmeunterbrechungen beim Gasbezug mit Speichermöglichkeiten

Als Referenzunternehmen des Fallbeispiels, das nun betrachtet wird [2], dient ein südafrikanisches Stahlwerk, in dem Gas zu Produktionszwecken verwendet wird. Es ist die Möglichkeit gegeben, Speichereinheiten zu installieren, in die das Gas, für das keine aktuelle Nachfrage aus dem Produktionsbereich besteht, aufgenommen werden kann. Der Anreiz zur Abnahmeglättung liegt darin, daß die innerhalb eines Jahres gemessenen Spitzenbezüge pro Stunde und pro Tag, ins Verhältnis gesetzt zu den Stunden- und Tages-

---

1) Die Fernwärme als weitere leitungsgebundene Energieform, für die ähnliche Preisregelungen wie bei Gas und Strom bestehen, die aber insgesamt relativ wenig eingesetzt wird, soll nicht eigens untersucht werden.

2) Vgl. FATTI, L.P., 1983, S. 583 ff.; vgl. ferner derselbe: Modelling a Reservoir with Stochastic Outflows - Application to the Optimal Smoothing of Demand for Industrial Gas, in: Operational Research, Vol. 10 (1984), S. 864 ff.

durchschnittsbezügen, bestimmend sind für den Arbeitspreis einer Abrechnungsperiode von einem halben Jahr. Durch diese Preisregelung kann schon eine einzelne nach oben vom Durchschnitt abweichende Abnahmemenge stark spürbare Kostensteigerungen zur Folge haben.

Angesichts dieser Gegebenheiten wird angestrebt, interne Obergrenzen der stündlichen und täglichen Gasbezüge und die einzurichtende Speicherkapazität simultan so festzulegen, daß die gesamten Versorgungskosten minimiert werden. Bei Erreichen der Grenzwerte ist dann dafür zu sorgen, daß zum einen die Gasabnahme vorübergehend ganz unterbrochen wird und zum anderen, soweit vorhanden, gespeichertes Gas in Anspruch genommen wird.

Die Veränderung der Aktionsparameter hat tendenziell gegenläufige Wirkungen auf einzelne Kostenkomponenten zur Folge: Je höher die Abnahmeobergrenzen angesetzt werden, um so höher sind bei ihrer Ausschöpfung auch die Gasbezugskosten, um so niedriger dagegen die durch Produktionsausfälle verursachten Kosten - bis sie auf den Wert Null gesunken sind. Zum anderen steigen mit einer Erhöhung der installierten Speicherkapazität die entsprechenden Investitions- und sonstigen Speicherkosten, während sich die Kosten aufgrund von Produktionsausfällen wiederum vermindern.

In das angewendete analytische Verfahren zur Minimierung des Erwartungswertes der gesamten Gasversorgungskosten eines Tages werden die pro Stunde bzw. Tag für den Produktionsvollzug benötigten Gasmengen als empirisch ermittelte Häufigkeitsverteilungen einbezogen. Ein denkbarer Verlauf der Gasnachfrage und ihrer Deckung nach Festlegung der Abnahmeunterbrechungsgrenzen und Installierung der Speicher ist in Abbildung 27 beispielhaft für einen Tag dargestellt:

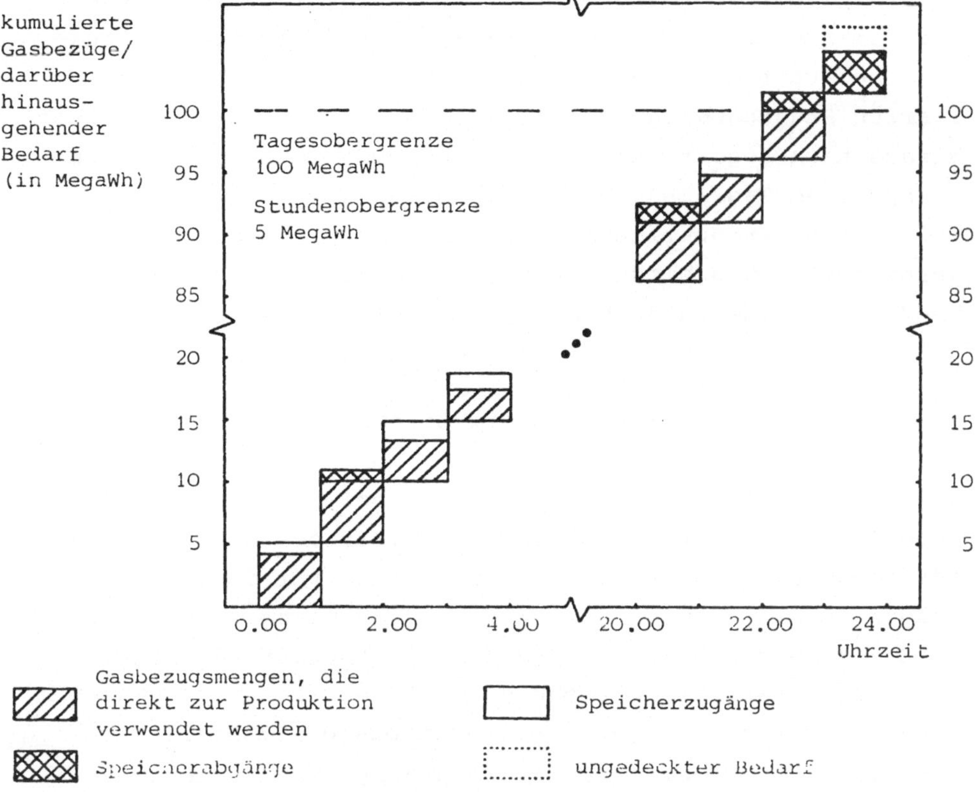

Abb. 27: Gasnachfrage und ihre Deckung bei Regulierung durch Abnahmeunterbrechungen und Speichernutzung

Für fixierte Grenzwerte von 5 Megawattstunden pro Stunde und 100 Megawattstunden pro Tag illustriert die Abbildung die jeweiligen Gasbezüge, die unmittelbar zur Fertigung genutzt wurden, die Speicherzu- und -abgänge und den Bedarf, zu dessen Deckung keine Liefer- bzw. Vorratsmengen zur Verfügung standen. Sind die Gasspeicher zu einem bestimmten Zeitpunkt aufgrund der vorausgegangenen Entwicklung von Nachfrage und Lieferungen gefüllt, so wird in dem betreffenden Intervall die maximal mögliche Stundenabnahme unter Umständen nicht ausgeschöpft - dies tritt im Beispiel zwischen 3.00 und 4.00 Uhr ein. Abnahmeunterbrechungen werden in den Fällen vorgenommen, in denen die Stunden-

oder Tagesobergrenze anderenfalls durch die betreffende Bezugsmenge überschritten würden. Für die letztere Situation bedeutet dies, daß die über den gesamten Tag kumulierten Stundenbezüge das Tageslimit erreichen und darüber hinaus noch Bedarf besteht. Hierbei ist im dargestellten Beispiel am Tagesende auch ein ungedeckter Bedarf mit der Folge eines Produktionsausfalls zu verzeichnen, weil das gespeicherte Gas nicht ausreicht, um die zusätzlich bestehende Nachfrage zu decken.

4.3.1.2. Abschaltstrategie beim Strombezug

Die Speicherung der Endenergie, die beim Gas grundsätzlich ohne Schwierigkeiten möglich ist, wirft bei der Elektrizität schwerwiegende Probleme auf und hat für diesen Energieträger in die industrielle Fertigung bislang noch nicht in größerem Ausmaß Eingang gefunden [1]. Anstatt Regulierungseingriffe erst bei Erreichung der Grenzwerte vorzunehmen und die dann auftretenden Bezugsengpässe mit Hilfe des gespeicherten Energieträgers zu überbrücken - wie in dem gerade geschilderten Fall -, kann man jedoch auch bereits bei voraussichtlicher Überschreitung der Abnahmegrenzen prophylaktisch bestimmte Verbraucher abschalten, wovon beim Strom häufig Gebrauch gemacht wird.

Die Auswahl der gegebenenfalls abzuschaltenden Anlagen wird sich daran ausrichten, daß die Störungen des Produktionsprozesses aufgrund der eventuell auftretenden partiellen Versorgungsunterbrechungen so gering wie möglich ausfallen. Die Bestimmung der Situation, in der jeweils die Einhaltung der Abnahmegrenze als bedroht gilt, und damit die Auslösung von Abschaltungen, kann dabei mit expliziter Verbrauchsvorausrechnung erfolgen, die die jeweiligen Gegebenheiten des Einzelfalles zu berücksichtigen bestrebt ist, aber auch

---

1) Auch die indirekte Speicherung des Endenergieträgers Strom, die von Akkumulatoren oder Pumpspeicherwerken her bekannt ist, spielt für die industrielle Fertigung bisher eine eher untergeordnete Rolle.

ohne eine solche Vorausschätzung auf der Grundlage standardisierter Annahmen vorgenommen werden.

4.3.1.2.1. Abschaltungen ohne explizite Verbrauchsvorausschätzung

Die Darstellung eines Fallbeispiels für eine Abschaltstrategie ohne explizite Verbrauchsvorausschätzung kann anhand des bereits mehrfach in die Untersuchungen einbezogenen Maschinenbauunternehmens erfolgen: In einem Zweigwerk hat man dort eine Maximumüberwachungsanlage installiert, um die aus den Bezugsspitzen resultierenden Stromkosten so niedrig wie möglich zu halten. Mit dem liefernden Energieversorgungsunternehmen ist eine Leistungspreisregelung vereinbart worden, nach der zunächst die jeweils höchste 15-Minuten-Durchschnittsleistung innerhalb jedes Monats eines Jahres festgestellt wird. Nach dem Durchschnitt der drei höchsten dieser zwölf Viertelstundenwerte bemessen sich dann die Jahresleistungskosten. Die Bezugssteuerung ist jahreszeitunabhängig, kann sich also nicht auf die Wintermonate beschränken, da der Strom ausschließlich im Produktionsprozeß selbst und nicht zur Erzeugung von Raumwärme eingesetzt wird.

Das Hauptproblem des Regulierungsverfahrens wird von der Werksleitung darin gesehen, Stromverbraucher ausfindig zu machen, die ohne größere Störfolgen zeitweilig abgeschaltet werden können. Für diesen Zweck werden Anlagen bevorzugt, die die aus dem Strom gewonnenen Zwischenenergieträger oder Nutzenergieformen speichern können, wie zum Beispiel Kompressoren mit Druckluftspeichern oder Badheizungen an Galvanikanlagen.

Der Überwachungsanlage wird die im Durchschnitt von 15 Minuten jeweils maximal erlaubte Leistungsabnahme vorgegeben, die sich im vorliegenden Fall auf 7,5 Megawatt beläuft - hingegen wies eine typische Tagesbelastungskurve vor Installation der Maximumüberwachungsanlage Viertelstundenmittelwerte von bis zu 7,9 Megawatt aus. Innerhalb eines jeden Viertelstundenintervalls ermittelt das Meß- und Steuerungssystem fortlaufend die tatsächliche Durchschnittsleistung und vergleicht sie mit dem einzuhaltenden Grenzwert, um auf dieser Grundlage gegebenenfalls in den Strombezug einzugreifen. Eine explizite Stromverbrauchsvorausschätzung bis zum jeweiligen Viertelstundenende wird demnach nicht vorgenommen. Abbildung 28 veranschaulicht diese Vorgehensweise:

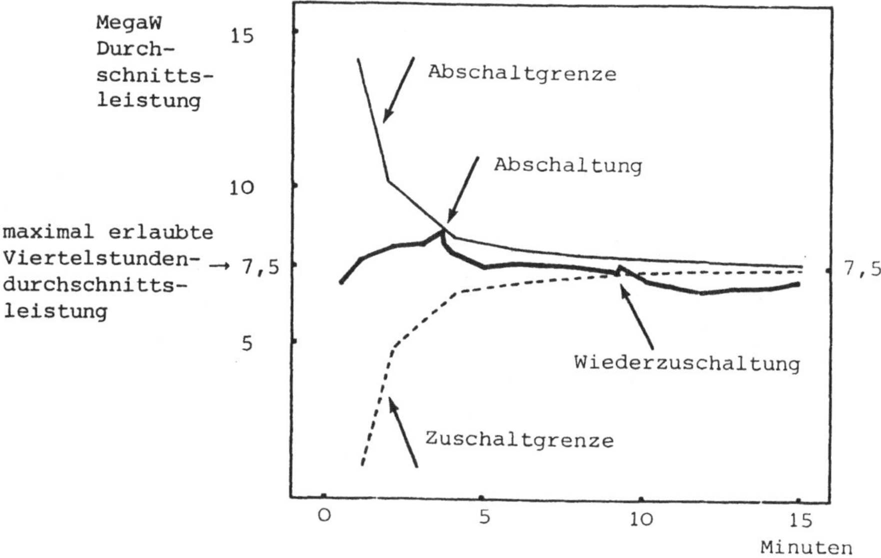

Abb. 28: Durchschnittliche Leistungsabnahme bei Regulierung des Strombezugs durch eine Abschaltstrategie ohne explizite Verbrauchsvorausschätzung

Gelangt die durchschnittliche Leistungsabnahme an den jeweils geltenden Wert der Abschaltgrenze, so unterbricht die Überwachungsanlage die Stromzufuhr von Verbrauchern nach vorher festgelegten Prioritäten. Wird anschließend die untere Grenzlinie erreicht, so werden die betreffenden Verbraucher in umgekehrter Reihenfolge wieder zugeschaltet.

Zu Beginn eines Viertelstundenintervalls sind noch größere Überschreitungen der maximalen Durchschnittsleistung von

7,5 Megawatt ohne Auslösung von Abschaltungen erlaubt, um die Chance der "Selbstregulierung" im weiteren Verlauf des Zeitabschnitts zu erhalten. Gegen Ende der jeweiligen 15-Minuten-Periode ist in dieser Hinsicht jedoch immer größere Vorsicht geboten, so daß die Abschaltgrenze immer weiter herabgesetzt wird, bis sie schließlich die maximal erlaubte Viertelstundendurchschnittsleistung erreicht. Andererseits nähert sich die Zuschaltgrenze in analogem Verlauf von unten dieser Marke. Die Steigung der beiden zur Initiierung von Eingriffen dienenden Linienzüge kann in gewissem Rahmen nach den Vorstellungen des Entscheidungsträgers variiert werden.

Die Überwachungsanlage zeichnet auf, welche Verbraucher zur Einhaltung der oberen Grenzwerte wie lange abgeschaltet waren. Aus dieser Dokumentation läßt sich dann a posteriori zum Beispiel erkennen, ob die maximal erlaubte Durchschnittsleistung ohne Eingriffe tatsächlich überschritten worden wäre und gegebenenfalls in welchem Ausmaß.

Im vorliegenden Fall wurde die Investition in das Maximumüberwachungssystem nachträglich als vorteilhaft beurteilt, da sich die Amortisationsdauer des Projekts aufgrund der Einsparungen beim Leistungspreiskostenblock auf nur wenig mehr als ein Jahr belief. Nennenswerte Einschränkungen des betrieblichen Fertigungsprozesses wurden dabei nicht gesehen.

Dennoch bleibt festzuhalten, daß die hier anhand eines Fallbeispiels beschriebene Form der Abschaltstrategie insofern undifferenziert ist, als für die Ab- und Zuschaltungen von Anlagen nur die vergangene Verbrauchsentwicklung in Verbindung mit den fixierten Grenzwerten herangezogen wird. Eine Vorausschätzung des weiteren Verbrauchsverlaufs innerhalb der jeweiligen Viertelstunde unter Berücksichtigung der gerade vorherrschenden Situation des Produktionsvollzugs erfolgt hingegen nicht.

Zusätzlich zu den bereits bei fehlerfreier Steuerung erforderlichen Abschaltungen und den daraus resultierenden Störmöglichkeiten des Produktionsprozesses beinhaltet das Verfahren daher in recht hohem Maße das Risiko falsch terminierter Eingriffe: Verspätete Abschaltungen vergrößern dabei einerseits die Störungen des Produktionsablaufs wegen anschließend erforderlicher Notabschaltungen. Aber auch die Überschreitung der als Maximum festgelegten Durchschnittsleistung ist nicht in jedem Fall von vornherein auszuschließen. Andererseits kann es zu Abschaltungen kommen, die sich im nachhinein als verfrüht oder gar unnötig erweisen. Schließlich besteht die Gefahr von Fehlsteuerungen in ähnlicher Form auch bei den Zuschaltungen.

4.3.1.2.2. Abschaltungen mit expliziter Verbrauchsvorausschätzung

Eine bessere Anpassung an den jeweiligen Stand des Produktionsprozesses kann man erwarten, wenn mit expliziten Verbrauchsvorausschätzungen gearbeitet wird. Eine solche Verfahrensweise ist für den Strombezug eines deutschen Hüttenwerkes entwickelt worden [1)]. Der Anreiz zur Glättung des Elektrizitätseinsatzes besteht hier darin, daß mit dem Energieversorgungsunternehmen für die Viertelstundenmittelwerte der abgenommenen Leistung eine Obergrenze vereinbart ist, deren Überschreitung erhebliche Zusatzkosten verursacht.

Das Steuerungskonzept sieht vor, die Viertelstundenmittelwerte in regelmäßigen Zeitabständen - von beispielsweise einer Minute - auf der Grundlage der jeweils aktuellen Ist-Verbrauchswerte vorauszuschätzen, um bei der Gefahr einer Überschreitung der Leistungsgrenze bestimmte Aggregate bzw. Betriebsteile nach einer festgesetzten Priori-

---

1) Vgl. VOSS, G., und WARTMANN, R., 1977, S. 83 ff.

tätsreihenfolge vorübergehend abzuschalten [1]. Die Vorausschätzungen erfolgen dabei entweder anhand der relativ einfach zu implementierenden Methode der exponentiellen Glättung oder, was allerdings einen weitaus höheren Aufwand erfordert, mit Hilfe zu identifizierender charakteristischer Verbrauchsmuster in den einzelnen Werksteilen. Durch Abbildung 29 wird die auf diese Weise durchgeführte Regulierung des Strombezugs verdeutlicht:

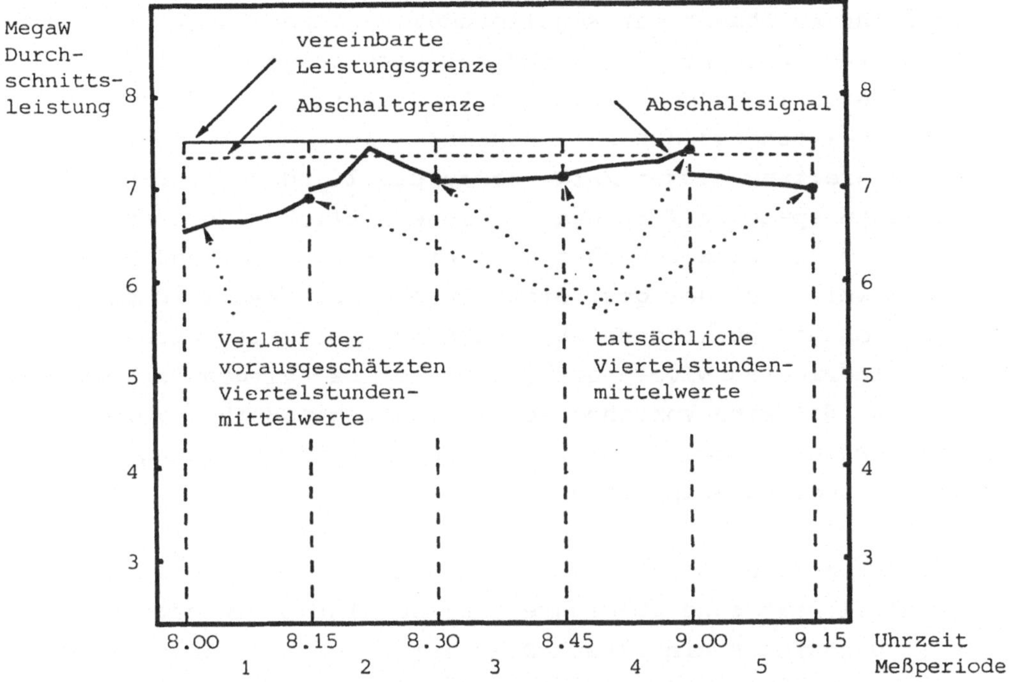

Abb. 29: Geschätzte und tatsächliche Viertelstundenmittelwerte der Leistungsabnahme bei Regulierung des Strombezugs durch eine Abschaltstrategie mit expliziter Verbrauchsvorausschätzung

In jeder Meßperiode wird auf der Grundlage der sukzessiv bekannt werdenden Ist-Verbräuche für die interessierende Viertelstundendurchschnittsleistung eine Folge von Schätzwerten ermittelt, an deren Ende sich der tatsächliche

---

1) Wiederzuschaltungen von Anlagen noch in demselben 15-Minuten-Intervall, in dem sie abgeschaltet worden sind, werden in diesem Fall nicht vorgenommen.

15-Minuten-Mittelwert ergibt. Von diesem Ist-Wert kann der gleichzeitig errechnete erste Schätzwert der folgenden Meßperiode, für die nun noch keine Ist-Verbrauchsinformationen vorliegen, deutlich abweichen.

Unterhalb der mit dem Energieversorgungsunternehmen vereinbarten Leistungsgrenze ist unternehmensintern eine Abschaltgrenze fixiert, die der Viertelstundendurchschnitt nicht übersteigen soll und die damit als Richtwert zur Auslösung der Regulierungsmaßnahmen dient. Allerdings wird nicht notwendigerweise jedes Mal ein Abschaltsignal gegeben, wenn die Schätzwerte über diese interne Leistungsgrenze hinausgehen: Wenn sich nämlich bei Überschreitung dieser Marke herausstellt, daß ein Eingriff zu einem späteren Zeitpunkt voraussichtlich noch rechtzeitig käme, so wird zunächst noch nichts unternommen. Möglicherweise ist der geschätzte Durchschnittswert zu dem späteren Zeitpunkt dann aber auch ohne Eingriff wieder auf ein niedrigeres Niveau unterhalb die Abschaltgrenze gesunken, so daß eine vorschnelle Regulierungsmaßnahme vermieden werden konnte. Ein solcher Fall ist in Abbildung 29 in der zweiten Meßperiode dargestellt [1)].

Auf der anderen Seite kann aber auch trotz erfolgter Abschaltsignale eine Überschreitung der intern gesetzten Leistungsgrenze eintreten: Dies ist in erster Linie dadurch zu erklären, daß man bei einem Abschaltsignal für einen Verbraucher den gerade laufenden bzw. unmittelbar bevorstehenden Arbeitsgang zunächst noch ausführen läßt und der gewünschte Entlastungseffekt daher erst nach einer gewissen Zeitspanne wirksam wird. Wenn nun zum Beispiel der Stromverbrauch in den letzten Minuten einer Viertelstunde unvorhergesehen ansteigt, so können sich die Abschaltungen für dieses Zeitintervall als verspätet erwei-

---

1) Bei den in Abbildung 29 eingetragenen Durchschnittsleistungen finden die noch nicht ausgelösten Abschaltungen keine Berücksichtigung. Dagegen werden ab dem Zeitpunkt der Auslösung eines Abschaltsignals die entsprechenden geschätzten Entlastungswirkungen einbezogen.

sen - für den nächsten 15-Minuten-Abschnitt werden sie dann aber in der Regel von Beginn an eine Senkung der Schätzwerte unter die Abschaltgrenze bewirken. Eine solche Situation ist in Abbildung 29 in der vierten bzw. fünften Meßperiode unterstellt.

Trotz der methodischen Verfeinerung gegenüber der Abschaltstrategie ohne explizite Verbrauchsvorausschätzung ist auch die hier vorgestellte Regulierungsform mit Schwachpunkten behaftet: So sind normalerweise mehr oder weniger starke Produktionsstörungen die Folge der durchzuführenden Abschaltungen, und dies um so mehr, als das Fehlerrisiko, Eingriffe unnötigerweise oder zum falschen Zeitpunkt vorzunehmen, nicht gänzlich auszuschließen ist. Insbesondere bergen verspätete Anpassungsmaßnahmen zur Reduzierung des Viertelstundendurchschnittswertes die Gefahr von Notabschaltungen oder einer Überschreitung der im Verhältnis zum Versorgungsunternehmen maßgeblichen Leistungsgrenze. Außerdem können die Implementierungskosten des Verfahrens je nach der gewählten Methode der Vorausschätzung eine beträchtliche Höhe erreichen, und zwar vor allem wegen der Anforderungen an die Ausstattung des notwendigen Rechensystems in Hardware und Software.

4.3.2. Steuerung des Bezugs von leitungsgebundenen Energieträgern mit Hilfe von Maschineneinsatzprogrammen

Die Steuerung des Bezugs von leitungsgebundenen Energieträgern mit Hilfe von Abnahmeunterbrechungen kann also zu einer spürbaren Senkung der Produktionskosten führen, ist aber, wie insbesondere im Zusammenhang mit den Abschaltstrategien bei eingeschränkter Speichermöglichkeit des Endenergieträgers aufgezeigt wurde, nicht frei von Mängeln. Daher soll nun am Beispiel der Elektrizität eine andere Konzeption zur Glättung des Energieverbrauchs untersucht werden: Es handelt sich dabei um Maschineneinsatzprogramme, durch die die Einschaltzeiten der Produktionsanlagen im voraus festgelegt werden, so daß man auf a priori nicht bestimmbare, im Bedarfsfall kurzfristig vorzunehmende Abschaltungen verzichten kann.

Als ein erster Schritt in diese Richtung ist die in der Unternehmenspraxis auch bereits zur Ausführung kommende Vorgehensweise zu beurteilen, ohne Einsatz eines speziellen entscheidungsorientierten quantitativen Regulierungsansatzes "manuell" einen "Fahrplan" geeigneter Anlagen zur Entlastung der täglichen Spitzenverbrauchsphase aufzustellen, das heißt die Betriebszeiten der ausgewählten Aggregate möglichst aus der erwarteten Phase des Leistungsmaximums zu verlegen. Die Anwendung dieses Verfahrens setzt die Kenntnis der für den Verlauf eines Tages typischen Verbrauchsentwicklung voraus, die auf der Grundlage wiederholter Messungen von Tagesprofilen der Leistungsabnahme ermittelt werden kann [1).

Im weiteren wird nun ein eigener Ansatz erstellt und anhand von Beispielrechnungen vorgeführt, der die Fortentwicklung des gerade skizzierten Procedere zum Ziel hat. Insbesondere soll dabei zur methodischen Fundierung ein analytisches Verfahren - die gemischt-ganzzahlige lineare Programmierung - eingesetzt werden, das auf die Ableitung von Optimallösungen ausgerichtet ist.

4.3.2.1. Ausgangssituation und Wesenszüge eines Modells zur Maschineneinsatzplanung

Zunächst wird konkretisiert, an welcher Ausgangssituation der Regulierungsansatz anknüpft und wie er in seinen Wesenszügen konzipiert ist:

---

1) Vgl. WOLOBRINSKI, S.D., und SORIN, B.P.: Die Regelung der täglichen Belastungskurven von Industrie- und Verkehrsbetrieben, in: Energietechnik, 26. Jg. (1976), S. 459 ff.
Maschineneinsatzprogramme in dem in dieser Arbeit verstandenen Sinn betreffen wie bereits erwähnt die Zeitplanung. Bei Einbeziehung der Variation von Anlagenintensitäten - vgl. WOLOBRINSKI, S.D., und SORIN, B.P., 1976, S. 460 f. - steigt die Problemkomplexität wegen der damit berührten Verfahrenswahlfragen beträchtlich, so daß diese über die Prozeßplanung hinausgehenden Aspekte in die folgende analytische Behandlung der Bezugsregulierung nicht aufgenommen werden sollen.

Die Glättung des Stromverbrauchs der Produktionsanlagen soll für das Unternehmen insofern interessant sein, als die höchsten der in den Meßperioden ermittelten Durchschnittsleistungen mit maßgeblich sind für die Höhe der gesamten Strombezugskosten - eine Meßperiode sei dabei wie in der Abrechnungspraxis üblich eine Viertelstunde. Es erübrigt sich, über weitere Einzelheiten der Preisregelung Annahmen zu treffen, also beispielsweise darüber, ob mit dem Energieversorgungsunternehmen eine Leistungsgrenze zu vereinbaren ist oder die Wahl zwischen einer flachen und steilen Preisregelung mit unterschiedlichem Verhältnis zwischen Arbeits- und Leistungspreis vorzunehmen ist [1)]. Die Entscheidungsfindung bezüglich dieser Aspekte kann aber gegebenenfalls durch die Ergebnisse der im folgenden dargestellten Modellanalyse unterstützt werden.

Die Produktionsplanung ist weitgehend vorgegeben, das heißt Produktionsprogramm, -potential und -verfahren sind in diesem Rahmen überhaupt nicht beeinflußbar, und auch die Prozeßplanung steht bis auf die Einsatzzeiten der zur Regulierung ausgewählten Stromverbraucher fest. Auf dieser Grundlage, insbesondere also auch bei gegebenen Intensitäten, kann der im Fertigungsprozeß bestehende Leistungsbedarf der einzelnen Maschinen jeweils als Viertelstundendurchschnitt angegeben werden.

Die Anlagen werden danach differenziert, ob ihre Einschaltung im Tagesverlauf zeitlich fixiert ist oder nicht. Dementsprechend wird dann auch der gesamte Strombezug in die beiden Komponenten des autonomen und disponiblen Verbrauchs aufgeteilt.

Es erfolgt eine Planung der Leistungsabnahme im Viertelstundendurchschnitt für den Verlauf eines repräsentativen Tages, um so den Strombezug möglichst weitgehend zu glätten:

---

1) Zu den verschiedenen gebräuchlichen Strompreisregelungen vgl. FINSINGER, J., und KLEINDORFER, P.R., 1981, S. 52 f.; KILGER, W., 1981, S. 386 f.; VERBAND DER ENERGIEABNEHMER (Hrsg.), 1978, S. 3 ff.

Zunächst ist auf der Grundlage des vorliegenden Produktionsplans die Entwicklung des autonomen Stromverbrauchs zu ermitteln. Dann wird die Struktur des disponiblen Stromverbrauchs so festgelegt, daß das Leistungsabnahmemaximum im Tagesverlauf minimiert wird. Hiervon sind diejenigen Anlagen betroffen, bei deren Einschaltphasen - nicht aber der Einschaltgesamtdauer - Entscheidungsspielräume gegeben sind. Technische und ökonomische Belange der Produktion, die sich zum Beispiel in dem Verbot des gleichzeitigen Laufs ansonsten disponibler Anlagen äußern können, werden in der Regel die Freiheiten bei der Anordnung der Einschaltzeiten beschränken.

Dieses Regulierungsverfahren, das durch Abbildung 30 veranschaulicht wird, ist also darauf ausgerichtet, Abschaltungen zum Zweck der Bezugsglättung von vornherein zu vermeiden. Es kann aber auch in Verbindung mit einer Abschaltstrategie bzw. allgemeiner gesagt einer Steuerung mit Abnahmeunterbrechungen eingesetzt und dabei insbesondere zu einer sinnvollen Festlegung der Eingriffsgrenzwerte herangezogen werden.

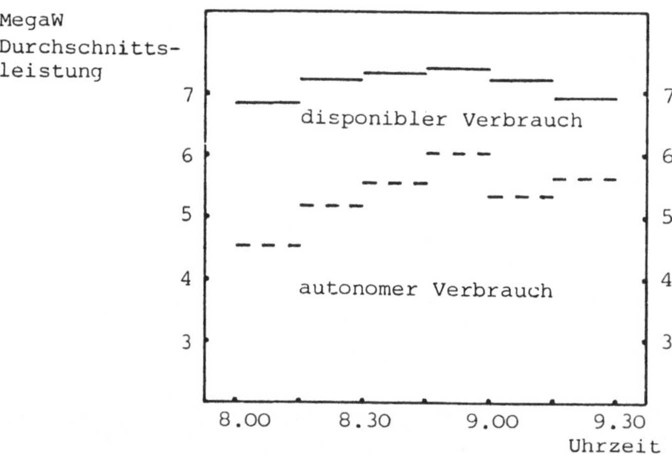

Abb. 30: Geplante Viertelstundenmittelwerte der Leistungsabnahme bei Regulierung des Strombezugs durch ein Maschineneinsatzprogramm

4.3.2.2. Formulierung des Modells

Der formalen Ausgestaltung des Ansatzes zur Regulierung des Strombezugs mit Hilfe eines Maschineneinsatzprogramms sei die folgende Legende vorangestellt:

h bzw. h' = 1,...,H	Maschinen mit Strombedarf,
t = 1,...,T	Meßperioden (Dauer jeweils eine Viertelstunde),
v_{th}	Einschaltvariable der Maschine h für Periode t ($v_{th} \in \{0,1\}$),
e_{max}	Bezugsspitzenvariable als höchste Leistungsabnahme, die sich im Durchschnitt einer Meßperiode aufgrund der Regulierung ergibt,
e_t^{aut}	autonomer Stromverbrauch - Durchschnittsleistung - der Meßperiode t als Summe der Verbräuche aller Maschinen, die in t eingeschaltet sein müssen,
e_h^{disp}	Stromverbrauch - Durchschnittsleistung - der Maschine h, deren Einschaltzeit zumindest in gewissen Grenzen disponibel ist,
g_h	insgesamt erforderliche Einschaltdauer der zeitlich disponiblen Maschine h in Meßperioden,
δ	Parameter zur Kennzeichnung der Länge eines Zeitintervalls in Meßperioden,
η	Parameter zur Kennzeichnung von Mindesteinschaltdauern in Meßperioden,
Θ	Hilfsindex zur Periodenkennzeichnung,

τ_h	Periode des spätesten Betriebsbeginns der Maschine h,
Ψ_ν	Teilmenge aus der Gesamtheit aller Maschinen bzw. Maschinenpaare ($\nu = 1,\ldots,9$),
Ω_{ν_h} bzw. $\Omega_{\nu_{(h,h')}}$	Teilmenge aus der Gesamtheit aller Meßperioden, abhängig von der Maschine h bzw. dem Maschinenpaar (h,h') aus der Menge ν ($\nu = 2,3,6,\ldots,9$).

Mit diesen Symbolen läßt sich nun das Modell (16) formulieren. Es besteht aus einem in jedem Fall notwendigen Grundgerüst - (16.0)-(16.3) - und einer Reihe zusätzlicher Restriktionen, die je nach den Gegebenheiten der konkreten Problemsituation möglicherweise zum Tragen kommen - (16.4)-(16.14) -.

(16.0) $$e_{max} \rightarrow \text{Min!}$$

(16.1) $$e_{max} \geq e_t^{aut} + \sum_{h=1}^{H} v_{th}\, e_h^{disp} \qquad t = 1,\ldots,T$$

(16.2) $$\sum_{t=1}^{T} v_{th} = g_h \qquad h = 1,\ldots,H$$

(16.3) $$v_{th} \in \{0,1\} \qquad h = 1,\ldots,H; \quad t = 1,\ldots,T$$

- -

$$(16.4) \qquad \sum_{t=1}^{\tau_h} v_{th} \geq 1 \quad \text{für alle } h \in \Psi_1 \qquad \Psi_1 \subset \{1,...,H\}$$ [1]

$$(16.5) \qquad v_{th} = 0 \quad \text{für alle } h \in \Psi_2 \qquad \Psi_2 \subset \{1,...,H\}$$

$$\text{für alle } t \in \Omega_{2_h} \qquad \Omega_{2_h} \subset \{1,...,T\}$$ [2]

$$(16.6) \qquad v_{th} = 1 \quad \text{für alle } h \in \Psi_3 \qquad \Psi_3 \subset \{1,...,H\}$$

$$\text{für alle } t \in \Omega_{3_h} \qquad \Omega_{3_h} \subset \{1,...,T\}$$

$$(16.7) \qquad \sum_{t=\theta+1}^{\theta+\delta} v_{th} \geq \eta \quad \text{für alle } h \in \Psi_4 \qquad \Psi_4 \subset \{1,...,H\}$$

$$\theta = 0, \delta, 2\delta, 3\delta, ..., T-(T)\bmod\delta-\delta$$

$$(16.8) \qquad v_{2h} \geq v_{1h} \quad \text{für alle } h \in \Psi_5 \qquad \Psi_5 \subset \{1,...,H\}$$

$$(16.9) \qquad v_{t-1,h} + v_{t+1,h} \geq v_{th} \quad \text{für alle } h \in \Psi_5 \qquad \Psi_5 \subset \{1,...,H\}$$

$$t = 2,...,T-1$$

$$(16.10) \qquad v_{T-1,h} \geq v_{Th} \quad \text{für alle } h \in \Psi_5 \qquad \Psi_5 \subset \{1,...,H\}$$

---

1) (16.4) kann, wenn es die Problemsituation erfordert, für <u>einige</u> Maschinen h formuliert werden; im Extremfall ist aber auch <u>keine</u> oder <u>jede</u> der Maschinen betroffen. Dies gilt ebenso für (16.5) - (16.10) und in ähnlicher Form, das heißt bezogen auf Maschinenpaare (h,h'), für (16.11) - (16.14).

2) (16.5) ist bei jeder der betroffenen Maschinen h aus der Menge ν, hier $\nu = 2$, für mindestens eine Periode t zu formulieren. Entsprechendes gilt auch für (16.6) und (16.11) - (16.14).

(16.11) $v_{th}+v_{th'} \leq 1$ für alle $(h,h')\in\Psi_6$ $\Psi_6 \subset \{1,...,H\} x \{1,...,H\}$
$h \neq h'$

für alle $t \in \Omega_{6_{(h,h')}}$

$\Omega_{6_{(h,h')}} \subset \{1,...,T\}$

(16.12) $v_{th}+v_{th'} \geq 1$ für alle $(h,h')\in\Psi_7$ $\Psi_7 \subset \{1,...,H\} x \{1,...,H\}$
$h \neq h'$

für alle $t \in \Omega_{7_{(h,h')}}$

$\Omega_{7_{(h,h')}} \subset \{1,...,T\}$

(16.13) $v_{th}-v_{th'} = 0$ für alle $(h,h')\in\Psi_8$ $\Psi_8 \subset \{1,...,H\} x \{1,...,H\}$
$h \neq h'$

für alle $t \in \Omega_{8_{(h,h')}}$

$\Omega_{8_{(h,h')}} \subset \{1,...,T\}$

(16.14) $v_{th}+v_{th'} = 1$ für alle $(h,h')\in\Psi_9$ $\Psi_9 \subset \{1,...,H\} x \{1,...,H\}$
$h \neq h'$

für alle $t \in \Omega_{9_{(h,h')}}$

$\Omega_{9_{(h,h')}} \subset \{1,...,T\}$

Es liegt hier ein Minimax-Problem in dem Sinn vor, daß die maximale im Durchschnitt einer Meßperiode anfallende Leistungsabnahme minimiert werden soll: Die Zielfunktion (16.0) bringt diese Minimierungsvorschrift bezüglich der Bezugsspitze zum Ausdruck. Nach (16.1) bildet andererseits der Gesamtbedarf pro Viertelstunde, der sich aus autonomer und disponibler Komponente zusammensetzt, die Untergrenze der zu minimierenden Größe e_{max}; die Variablen v_{th} geben jeweils an, ob die Maschine h in t eingeschaltet - $v_{th} = 1$ - oder ausgeschaltet - $v_{th} = 0$ - sein soll. Durch das Zusammenspiel von (16.0) und (16.1) wird e_{max} dann genau der Wert des höchsten 15-Minuten-Durchschnittsbedarfs zugewiesen und der disponible Verbrauch so gesteuert, daß dieser Maximalbezug möglichst gering ausfällt.

Aufgrund von (16.2) ist es gewährleistet, daß die durch die Modellanalyse bestimmten Betriebszeiten der zur Regulierung herangezogenen Maschinen in ihrer Summe der jeweils insgesamt benötigten Einschaltdauer entsprechen. Die Nebenbedingungen (16.3) beinhalten die Binärdefinitionen der Einschaltvariablen.

Mit der Zielfunktion (16.0) und den Restriktionen (16.1) - (16.3) ist das Grundgerüst des Modells bereits erstellt. Die außerdem noch formulierten Nebenbedingungen (16.4) - (16.14) können einigen weiteren technischen und ökonomischen Belangen Rechnung tragen, die bei der Festlegung des Maschineneinsatzprogramms möglicherweise zu beachten sind. Hierzu gehören zum Beispiel der späteste Betriebsbeginn bestimmter Aggregate - (16.4) - und von vornherein festgelegte Stillstands- bzw. Betriebsperioden für ansonsten zeitlich nicht fixierte Anlagen - (16.5) bzw. (16.6) -. So kann man einem geforderten spätesten Bearbeitungsendtermin einer disponiblen Anlage, der noch innerhalb des Planungszeitraums liegt, dadurch Rechnung tragen, daß man die betreffenden Einschaltvariablen der nachfolgenden Meßperioden auf Null setzt - (16.5) -.

Durch (16.7) wird die Anforderung beschrieben, daß Aggregate in aufeinanderfolgenden gleichlangen Zeitintervallen des Planungszeitraums, deren Dauer durch δ anzugeben ist, zumindest η Meßperioden lang eingeschaltet sein müssen, also beispielsweise bei $\delta = 4$ und $\eta = 1$ innerhalb jeder Stunde mindestens für die Dauer einer Viertelstunde.

Unterstellt man weiterhin, daß der Planungszeitraum $T = 34$ Meßperioden umfaßt, so nimmt der Hilfsindex θ, der hier jeweils die Meßperiode vor der gerade zu betrachtenden Stunde bezeichnet, die Werte 0,4,8,12,...,28 an. Der Wert 28 errechnet sich gemäß (16.7) durch $T-\delta-(T)\text{mod}\delta = 34-4-2$; $(T)\text{mod}\delta$ gibt dabei die Restanzahl von Meßperioden an, für die die Restriktion nicht mehr eingehalten werden muß.

Häufig wird es notwendig oder wünschenswert sein, bei einem Aggregat eine Mindesteinschaltzeit ohne Unterbrechung einzuhalten. Eine Mindestdauer von zwei Meßperioden, also einer halben Stunde, kommt in den Nebenbedingungen (16.8) - (16.10) zum Ausdruck. (16.8) bzw. (16.10) stellen dabei sicher, daß keine isolierte Einschaltung in der ersten bzw. letzten Meßperiode vorgesehen werden kann, während die übrigen 15-Minuten-Intervalle durch (16.9) erfaßt werden. Die Berücksichtigung einer über eine halbe Stunde hinausgehenden Mindesteinschaltphase erhöht zwar die Anzahl der Restriktionen, bereitet jedoch keine grundsätzlichen Schwierigkeiten.

In den verbleibenden Restriktionen ist schließlich für jeweils zwei Maschinen das Verbot des gleichzeitigen Laufes bzw. Stillstandes - (16.11) bzw. (16.12) - und der Zwang zu gleichem bzw. unterschiedlichem Betriebszustand - (16.13) bzw. (16.14) - formal ausgedrückt.

Um den Gegebenheiten eines konkreten Einzelfalles gerecht zu werden, können insbesondere im Restriktionenteil (16.4) - (16.14) des Ansatzes (16) Modifikationen oder Ergänzungen, zum Beispiel zur Einbeziehung längerer Mindesteinschaltzeiten ohne Unterbrechung, sinnvoll bzw. erforderlich sein. In den Beispielrechnungen des folgenden Abschnitts soll jedoch auf die Nebenbedingungen der hier erstellten Modellversion zurückgegriffen und Bezug genommen werden.

4.3.2.3. Anmerkungen zur Modellösung und Beispielrechnungen

Die rechentechnische Abwicklung des Modells ist insofern nicht unproblematisch, als bis auf eine Ausnahme - e_{max} - nur 0-1-Variablen zu verarbeiten sind, also praktisch eine Aufgabenstellung der binären linearen Programmierung vorliegt: Wie in den folgenden Ausführungen, insbesondere der zweiten Beispielrechnung, noch im einzelnen gezeigt wird, läßt sich unter Inanspruchnahme entsprechender Standardsoftware auch ein praxisrelevanter Problemumfang, der durch verhältnismäßig viele 0-1-Variablen gekennzeichnet ist, bewältigen. Allerdings sind durchaus Fälle denkbar, in denen eine Überschreitung der als tolerierbar angesehenen Rechenzeiten wahrscheinlich ist.

Durch die Struktur des Ansatzes (16) sind andererseits Erleichterungsmöglichkeiten des Rechenvorganges in Form von Variablengruppen gegeben, innerhalb derer die Anzahl der zulässigen Wertekombinationen gegenüber der Zahl der grundsätzlich denkbaren erheblich reduziert ist. In der Literatur sind die einschneidendsten Ausprägungen solcher durch spezielle Beschränkungen charakterisierten Teilmengen von Variablen unter der Bezeichnung Special Ordered Sets geläufig [1].

Selbst wenn man nun lediglich das unabdingbare Grundgerüst des hier formulierten Modells, also (16.0) - (16.3), genauer betrachtet, so stößt man bei den Restriktionen

$$(16.2), \qquad \sum_{t=1}^{T} v_{th} = g_h , \qquad h = 1,\ldots,H,$$

1) Vgl. zum Beispiel WILLIAMS, H.P., 1978, S. 164 f.
So wird als Special Ordered Set vom Typ 1 eine Gruppe von Variablen bezeichnet, innerhalb derer genau eine einen von Null verschiedenen Wert annehmen muß. Dieser Typ 1 tritt gemeinhin unter 0-1-Variablen auf. Vgl. WILLIAMS, H.P., 1978, S. 164.

auf eine ganz ähnliche, etwas weniger strikte Form der Gruppierung. Pro Maschine h beläuft sich nämlich die Zahl der Einschaltpläne, die die Bedingung (16.2) erfüllen, auf $\binom{T}{g_h}$; ohne diese Beschränkung wären es 2^T Möglichkeiten. Bei T = 10 und g_h = 3 ergibt sich dadurch beispielsweise eine Eingrenzung von 1024 grundsätzlich denkbaren auf 120 für dieses g_h in Frage kommende Wertekombinationen [1].

In dem verbleibenden Teil des Modells können ähnliche, die Zahl der zulässigen Lösungspunkte stark vermindernde Nebenbedingungen auftreten. Wenn solche Strukturkomponenten durch eine auf sie zugeschnittene Ausgestaltung der in die Standardsoftware eingearbeiteten Algorithmen genutzt werden - womit man für die Zukunft rechnen kann -, so werden auch weitaus komplexere Fälle als die im folgenden untersuchten mit vertretbarem Aufwand zu bewältigen sein [2].

Der nun zunächst vorgeführten Beispielrechnung soll eine Problemstellung zugrunde gelegt werden, die der besseren Überschaubarkeit halber lediglich zehn Meßperioden, also zweieinhalb Stunden umfaßt und anhand derer sich recht einfach veranschaulichen läßt, daß sukzessive Lösungswege zur Ableitung von Maschineneinsatzprogrammen oftmals zu suboptimalen Zeitplänen führen werden. Anschließend wird dann ein umfangreicherer Fall behandelt.

Für das erste Beispiel seien die autonomen Stromverbräuche der Fertigungsanlagen vom ersten bis zum zehnten Viertel-

---

1) Für T = 10 und g_h = 2 fällt die Reduzierung von 1024 auf 45 Lösungen noch größer aus, bei g_h = 1 schließlich ist ein Special Ordered Set vom Typ 1 mit 10 verbleibenden zulässigen Lösungen gegeben.

2) Zu den Fortschritten und Erfolgen, die in einzelnen Fällen bei der exakten Lösung umfangreicher Probleme der 0-1-binären linearen Programmierung bereits erzielt worden sind, vgl. z.B. CROWDER, H., et al.: Solving Large-Scale Zero-One Linear Programming Problems, in: Operations Research, Vol. 31 (1983), S. 803 ff.

stundenintervall im Durchschnitt mit 6,9 , 6,5 , 6,4 , 6,75 , 6,55 , 7,0 , 6,5 , 5,8 , 5,0 und 6,6 Megawatt vorgegeben. Es stehen vier zeitdisponible Aggregate [1] zur Verfügung, deren durchschnittliche Leistungsabnahme bei 1,5 (Maschine 1), 1,0 (Maschine 2), 0,7 (Maschine 3) und 0,5 (Maschine 4) Megawatt liegt und für die Gesamteinschaltzeiten von 3 (Maschine 1), 5 (Maschine 2), 6 (Maschine 3) und 7 (Maschine 4) Meßperioden gefordert sind.

Außerdem sollen die folgenden Beschränkungen in den Ansatz einbezogen werden: Die Bearbeitungsschritte auf Maschine 1 sind spätestens in der siebten Teilperiode abzuschließen. Maschine 2 muß jede halbe Stunde, beginnend mit dem 30-Minuten-Intervall von 8.00 - 8.30 Uhr, mindestens einmal eingeschaltet sein. Maschine 3 muß jeweils zumindest zwei Teilperioden ohne Unterbrechung in Betrieb sein. Die Anlagen 1 und 3 dürfen nicht gemeinsam laufen. Die Anlagen 2 und 4 müssen während der ersten sechs Teilperioden jeweils den gleichen Betriebszustand aufweisen.

Erfolgt der Maschineneinsatz, ohne daß eine Strombezugsglättung angestrebt wird, und werden daher etwa gleich in der ersten Meßperiode die Maschinen 1, 2 und 4 eingeschaltet, so ergibt sich bereits in diesem Intervall eine mittlere Leistungsabnahme von 9,9 Megawatt. Tatsächlich wird in der industriellen Praxis häufig zu Beginn eines Arbeitstages oder einer Schicht ein überdurchschnittlicher Stromverbrauch oder gar die Bezugsspitze auftreten [2].

---

1) Bei den zeitdisponiblen Verbrauchern kann es sich auch um Anlagengruppen oder Betriebsteile handeln. Der Einfachheit halber wird hier von einzelnen Aggregaten ausgegangen.

2) Vgl. VERBAND DER ENERGIEABNEHMER (Hrsg.), 1978, S. 6.

Im Vergleich zum Maschineneinsatz ohne Strombezugsglättung sind gewisse Erfolge sicherlich häufig durch eine Regulierung mit Hilfe eines sukzessiven Planungsverfahrens erzielbar. Dieser Weg soll auch hier zunächst einmal eingeschlagen werden, und zwar in der folgenden Weise: Die disponiblen Maschinen werden nacheinander in der Reihenfolge abnehmender Stromintensität, also beginnend mit dem größten Stromverbraucher, den Meßperioden mit dem jeweils niedrigsten Verbrauch zugeordnet, bis die erforderlichen Gesamtlaufzeiten erreicht sind. Die übrigen Beschränkungen des Maschineneinsatzprogramms werden ebenfalls nach und nach, nämlich jeweils bei dem Lösungsschritt, bei dem es unumgänglich wird, einbezogen.

In dem hier vorliegenden Fall ist bei der Anordnung der Einschaltfolgen demnach zunächst zu beachten, daß Maschine 1 nicht für die letzten drei Meßperioden eingeplant wird - das Verbot des gleichzeitigen Laufes mit Maschine 3 wird demgegenüber erst bei deren Einsatzplanung berücksichtigt. Die anschließend hinzugenommene Anlage 2 muß für jede halbe Stunde mindestens einmal zur Einschaltung vorgesehen werden, wobei die vorher zeitlich fixierten Verbräuche von Maschine 1 nunmehr als Daten anzusehen sind. So fortschreitend werden die Einschaltzeiten aller vier disponiblen Aggregate festgelegt.

Dieses sukzessive "Auffüllen" führt zu einer zulässigen Lösung mit einem maximalen Verbrauch von 8,95 Megawatt, wie aus Abbildung 31 hervorgeht:

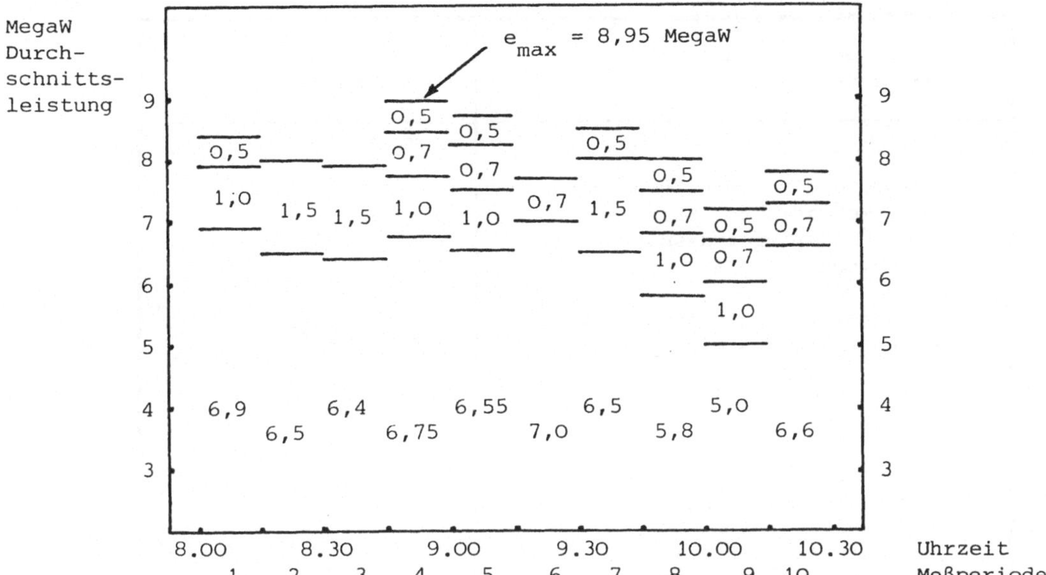

Abb. 31: Ein durch ein sukzessives Lösungsverfahren ermitteltes zulässiges Maschineneinsatzprogramm für ein Problem mit zehn Meßperioden und vier zur Regulierung herangezogenen Anlagen

Für die Simultanplanung, mit deren Hilfe die optimale Lösung zuverlässig gefunden werden kann, wurde der Ansatz (16) eingesetzt. Hierbei ergaben sich 40 Binärvariablen und 45 Nebenbedingungen - wenn man von den Binärdefinitionen der Einschaltvariablen absieht [1]. Während die vollständige Modellformulierung im Anhang dieser Arbeit wiedergegeben ist [2], soll an dieser Stelle lediglich überblicksartig dargestellt werden, durch welche Nebenbedingungen des Ansatzes (16) die speziellen Annahmen und Beschränkungen des ersten Beispielfalls erfaßt wurden. Hierzu dient Tabelle 7:

---

1) Die Zahl der Binärvariablen bzw. Nebenbedingungen reduziert sich allerdings unmittelbar auf 37 bzw. 42, wenn man den spätesten Fertigstellungstermin für Maschine 1 dadurch berücksichtigt, daß man für die letzten drei Meßperioden von vornherein überhaupt keine Einschaltvariablen dieser Anlage formuliert.

2) Liste A1 des Anhangs enthält die Zielfunktion und Nebenbedingungen für diesen Beispielfall.

Annahmen/Beschränkungen des ersten Beispielfalls	Nebenbedingungen des Ansatzes (16)
Autonome Stromverbräuche der zehn Meßperioden, Stromverbräuche der vier disponiblen Maschinen	(16.1)
Gesamteinschaltzeiten der vier disponiblen Maschinen	(16.2)
Binärdefinition der Einschaltvariablen	(16.3)
Spätester Fertigstellungstermin für Maschine 1	(16.5)
Mindesteinschaltdauer pro halbe Stunde für Maschine 2	(16.7)
Mindesteinschaltdauer ohne Unterbrechung für Maschine 3	(16.8)-(16.10)
Verbot des gleichzeitigen Laufs der Maschinen 1 und 3	(16.11)
Erfordernis des gleichen Betriebszustandes der Maschinen 2 und 4 während der ersten sechs Meßperioden	(16.13)

Tab. 7: Überblick zur Anwendung des Ansatzes (16) auf die Gegebenheiten eines Problems mit zehn Meßperioden und vier zur Regulierung herangezogenen Anlagen

Die Modellrechnung wurde auf einer CDC 175-Anlage mit Hilfe des Standardsoftwaresystems APEX-III vorgenommen und beanspruchte dabei eine CPU-Zeit von weniger als 3 Sekunden. Die Optimallösung weist eine Verbrauchsspitze von nur 8,7 Megawatt auf, wie aus Abbildung 32 ersichtlich ist:

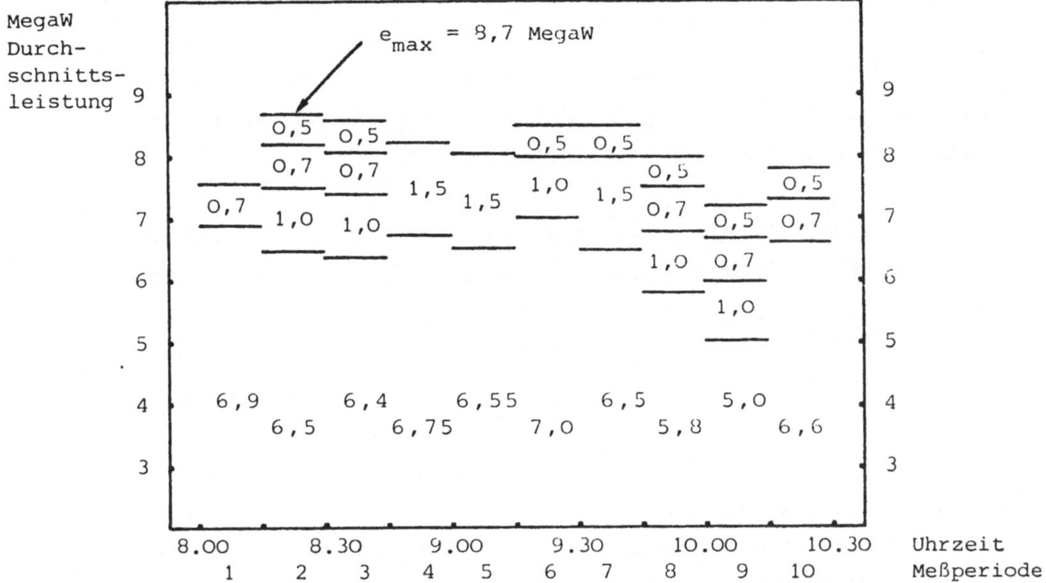

Abb. 32: Das durch ein simultanes Lösungsverfahren ermittelte optimale Maschineneinsatzprogramm für ein Problem mit zehn Meßperioden und vier zur Regulierung herangezogenen Anlagen

Für die Reduzierung der Strombezugskosten, die durch eine Verbrauchssteuerung erreicht werden kann, sind letztlich die mit dem jeweiligen Energieversorgungsunternehmen getroffenen Vertragsvereinbarungen entscheidend. Unterstellt man beispielsweise einmal einen ungezonten Leistungspreis von 15,- DM pro Kilowatt und Monat, so ergibt sich zwischen dem beschriebenen Maschineneinsatz ohne Glättung - mit einer angenommenen Maximalleistung von 9,9 Megawatt - und der Optimallösung - 8,7 Megawatt Maximalleistung - eine Monatskostendifferenz von 18.000,- DM. Im Vergleich des "Fahrplans" bei sukzessiv herbeigeführter Glättung - 8,95 Megawatt Maximalleistung - und der Optimallösung beläuft sich dieser Unterschiedsbetrag auf 3.750,- DM.

Es soll nun ein zweiter Beispielfall mit einer umfangreicheren Problemstellung, die die gesamte Dauer eines Einschichtbetriebes umfaßt, behandelt werden. Dabei sind für vierunddreißig Meßperioden die Einschaltphasen dreier zeitdisponibler Aggregate festzulegen.

Die autonomen Stromverbräuche belaufen sich vom ersten bis zum vierunddreißigsten Viertelstundenintervall auf
8,5 , 9,0 , 9,1 , 9,0 , 8,8 , 8,6 , 8,8 , 7,9 ,
8,9 , 7,9 , 7,7 , 8,1 , 8,5 , 8,0 , 7,5 , 7,3 ,
7,6 , 7,0 , 7,5 , 7,6 , 7,2 , 7,5 , 8,0 , 7,6 ,
7,9 , 8,2 , 8,2 , 8,3 , 8,5 , 8,7 , 8,5 , 8,2 ,
8,4 und 8,4 Megawatt. Die drei disponiblen Aggregate weisen einen Leistungsbedarf von 1,6 (Maschine 1), 0,9 (Maschine 2) und 0,6 (Maschine 3) Megawatt auf. Die benötigten Gesamteinschaltzeiten liegen bei 18 (Maschine 1), 22 (Maschine 2) und 20 (Maschine 3) Meßperioden.

Daneben seien die folgenden Beschränkungen der Einsatzzeitplanung vorgegeben: Maschine 1 muß jeweils mindestens eine halbe Stunde ohne Unterbrechung laufen. Bei Maschine 2 ist für jede halbe Stunde, beginnend mit dem Intervall von 8.00 - 8.30 Uhr, mindestens eine Einschaltperiode vorzusehen. Maschine 3 muß jeweils wenigstens eine halbe Stunde ohne zwischenzeitlichen Stillstand und außerdem jede volle Stunde, von 8.00 Uhr an bis 16.00 Uhr, wenigstens zweimal in Betrieb sein. Schließlich dürfen die Anlagen 1 und 3 in der Zeit von 11.30 - 13.30 Uhr nicht gemeinsam laufen.

Zur Lösung dieser Problemstellung wurde erneut der Ansatz (16) angewendet. Daraus resultierte ein Modell mit 102 Binärvariablen und 138 Nebenbedingungen - ohne die Binärdefinitionen der Einschaltvariablen [1].

---

1) Zielfunktion und Nebenbedingungen für diesen Beispielfall: Liste A2 des Anhangs.

Der Rechenvorgang wurde auf der auch für den ersten Beispielfall benutzten CDC 175-Anlage und wiederum mit Hilfe des Programmsystems APEX - nun allerdings in der Version APEX-IV - abgewickelt. Um die benötigte CPU-Zeit nicht zu sehr auszudehnen, wurde der Rechenvorgang nach knapp 13 Minuten abgebrochen. Der Optimalitätsnachweis für die vorliegenden Ergebnisse, die nach etwa 11 Minuten gefunden worden waren, konnte damit nicht geführt werden. Die Qualität der Lösung erscheint jedoch sehr hoch, zumal das angewendete Branch and Bound-Verfahren zugleich die Aussage lieferte, daß der vorliegende Zielfunktionswert höchstens noch um 3,1 % verbessert werden könnte.

Abbildung 33 zeigt das entsprechende Maschineneinsatzprogramm. Es wird deutlich, daß die Verbrauchsspitze von 10,4 Megawatt siebenmal auftritt.

Die Anwendung des im Zusammenhang mit dem ersten Beispielfall geschilderten sukzessiven Lösungsverfahrens führt dagegen zu einer Verbrauchsspitze von 11,0 Megawatt [1]. Unterstellt man wiederum einen ungezonten Leistungspreis von 15,- DM pro Kilowatt und Monat, so beläuft sich die Monatskostendifferenz zwischen dieser und der mit dem Simultanverfahren gefundenen Lösung auf 9.000,- DM.

---

1) Auch bei dem sukzessiven Verfahren kann man nicht umhin, Interdependenzen zwischen den Planungsstufen zu beachten: Um überhaupt eine zulässige Lösung zu erhalten, müssen nämlich bereits während des ersten Lösungsschrittes, der Festlegung der Einsatzzeiten von Maschine 1, die hiermit in Verbindung stehenden Beschränkungen für Maschine 3 berücksichtigt werden - und zwar durch Freihaltung zweier Meßperioden zwischen 12.00 und 13.00 Uhr.

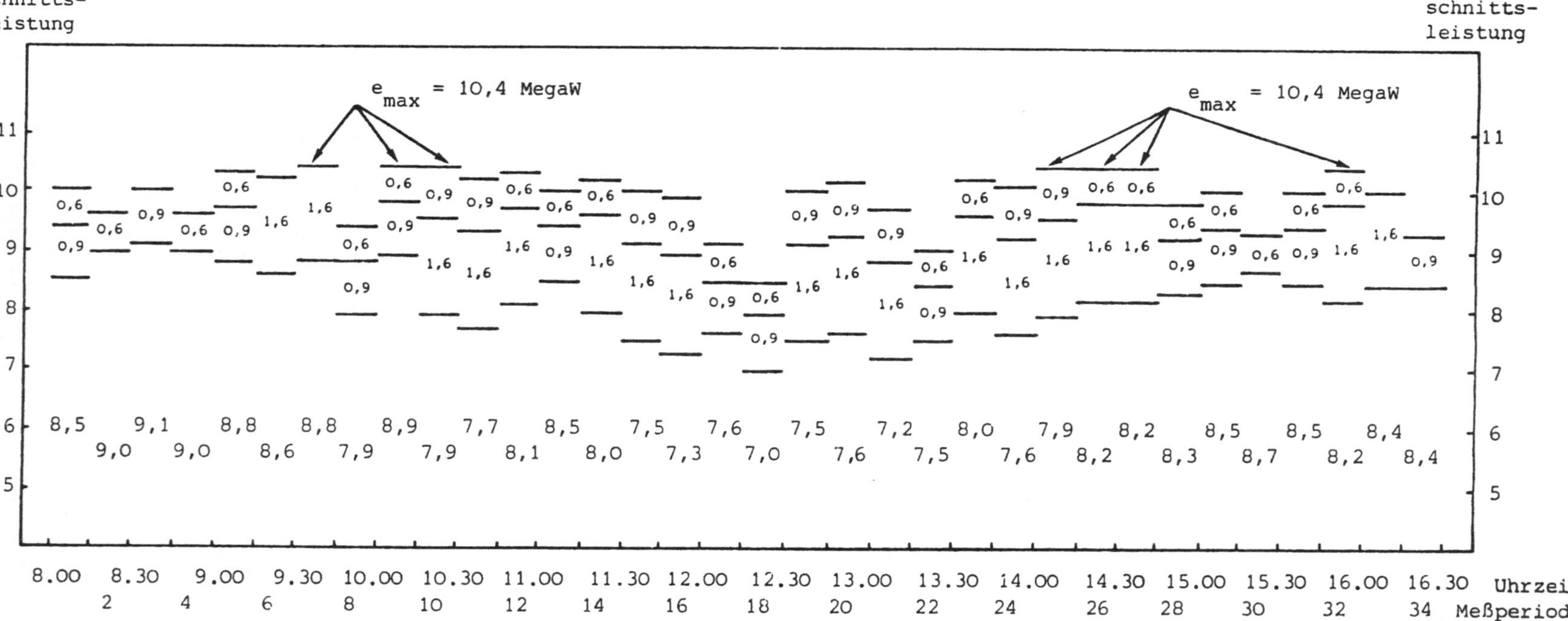

Abb. 33: Durch ein Simultanverfahren ermitteltes Maschineneinsatzprogramm für ein Problem mit vierunddreißig Meßperioden und drei zur Regulierung herangezogenen Anlagen

5. Zusammenfassung der Ergebnisse und weitere Tätigkeitsfelder

Zum Abschluß dieser Arbeit sollen nun zunächst die wichtigsten Ergebnisse noch einmal auf einen Blick zusammengefaßt werden. Anschließend folgen dann einige Bemerkungen zu weiteren Tätigkeitsfeldern im Bereich des industriebetrieblichen Energieeinsatzes, denen man sich künftig von seiten der Unternehmenspraxis wie auch der Forschung mit vorrangigem Interesse zuwenden sollte.

Bei der Untersuchung von Entwicklungslinien der industriebetrieblichen Energienutzung zeigte sich eingangs, daß zwischen der Wertschöpfung und dem Energieverbrauch der Industrie ein enger statistischer Zusammenhang bei insgesamt deutlich unterproportional gestiegenem Energieeinsatz nachweisbar war. Weiterhin konnten durch Preisentwicklungen zum großen Teil gut erklärbare Substitutionsprozesse zwischen den Produktionsfaktoren Arbeit, Kapital und Energie sowie den einzelnen Energieträgern herausgearbeitet werden. Den beträchtlichen Steigerungen der spezifischen Energiekosten standen deutliche Einsparungen beim spezifischen Energieverbrauch gegenüber. Für die Entwicklung einer bemerkenswerten und sich verstärkenden Investitionstätigkeit mit dem Ziel eines rationellen Einsatzes von Energie wurden deutliche Hinweise festgestellt. Die Anpassungsprozesse der Industrie ließen sich für die wesentlichen Analyseschwerpunkte schließlich auch in zwei als Referenzfälle herangezogenen Einzelunternehmen nachvollziehen und erklären.

Bei der Behandlung entscheidungsorientierter quantitativer Ansätze zur industriebetrieblichen Energienutzung, die die Teilgebiete der Produktionsplanung betreffen und als methodische Grundlage für einzelwirtschaftliche Anpassungsmaßnahmen dienen sollen, erwies es sich, daß Verfahrenswahlaspekte, wie Fragen der Energieträger- und Anlagenauswahl, in die Programmplanung einbezogen werden können. Eine entsprechende Integration in die Bestimmung des Produktionsprogramms ist auch für den Problemkomplex der Einsparinvestitionen, also einen Bereich der Potentialplanung, möglich. Da die Beiträge der Literatur zu energieorientierten Investitionsentscheidungen für Einzelobjekte mehr auf innerbetriebliche Energieversorgungsanlagen abzielen, bezogen sich die eigenen Ausführungen in erster Linie auf das Gebiet der Produktionsanlagen im engeren Sinn; hier wurde exemplarisch ein Entscheidungsproblem aus der Praxis aufgegriffen und unter dem Wirtschaftlichkeitsaspekt einer Lösung zugeführt. Schließlich läßt sich die Steuerung des Bezugs von leitungsgebundenen Energieträgern, ein wesentliches Aufgabenfeld der energieorientierten Produktionsprozeßplanung, mit Hilfe entscheidungsorientierter quantitativer Ansätze rationeller gestalten. Hierbei kann nach den Konzepten der Abnahmeunterbrechungen und der Maschineneinsatzprogramme verfahren werden. Das Hauptaugenmerk der eigenen Untersuchungen wurde auf den bislang wenig beachteten letzteren Ansatz gerichtet.

Dem Bemühen um einen wirtschaftlichen und gesicherten Energieeinsatz sollte auch ein - vorübergehendes - Nachgeben des Preisniveaus einzelner Energieträger keinen Abbruch tun. Im Hinblick auf längerfristige Perspektiven stimmt es bedenklich, daß die Rohölpreissenkungen in 1985/86 auf der Angebotsseite außerhalb der OPEC schnell dazu geführt haben, geplante Explorationen für Öl und Gas aufzugeben, relativ kostspielige Vorhaben zur Erschließung neuer Ölfelder fallenzulassen und verhältnismäßig aufwendige Fördermethoden einzustellen. Ähnliche Reaktionen der Nachfrageseite auf vorübergehend sinkende Energiepreise, etwa die Vernachlässigung der Energieeinsparung und Ölsubstitution, würden eine neuerliche Öl- bzw. Energiepreiskrise nur wahrscheinlicher machen und gegebenenfalls deren Folgen für die Betroffenen verschärfen. Die Möglichkeiten weiterer Anpassungsprozesse sind aber durchaus gegeben, denn trotz der im 3. Kapitel dieser Arbeit aufgezeigten Entwicklungslinien ist das energiebezogene Rationalisierungspotential in vielen Industriebetrieben sicherlich bei weitem noch nicht ausgeschöpft.

Um in den positiven Entwicklungen erfolgversprechend fortfahren zu können, ist in vielen Fällen der industriebetrieblichen Praxis eine weitere gezielte Fundierung der Energienutzung vonnöten. Die im folgenden genannten informationsbezogenen, organisatorischen und methodischen Aspekte sind dabei als Beispiele von besonderer Bedeutung anzusehen. So werden häufig durch eine verfeinerte Energiedatenerfassung, die insbesondere auch eine energiebezogene Kostenstellen- und -trägerrechnung ermöglicht und eine aussagekräftigere Basis für Planungsrechnungen schafft, bestehende Informationsdefizite zu decken sein. Mit Hilfe einer angemessenen Berücksichtigung im organisatorischen Gefüge sollte sichergestellt werden, daß die energiewirtschaftlichen Aufgaben in befriedigender Weise wahrgenommen werden; hierzu kann eine entsprechende Zuständigkeit in der Geschäftsleitung ebenso beitragen wie etwa eine neu eingerichtete zentrale Energieabteilung. Die Qualität energiebezogener Entscheidungen kann mit Gewißheit oftmals verbessert werden, indem verstärkt vorhandene methodische Konzepte zur Unterstützung der Planung, insbesondere aus dem Bereich der Statistik und des Operations Research, zum Einsatz gelangen.

Damit sind nun zugleich Problemfelder angesprochen worden, die eine weitere Forschungsaktivität lohnend erscheinen lassen - in diesem Zusammenhang soll auch noch einmal auf den bereits mehrfach erwähnten Sachverhalt hingewiesen werden, daß der Produktionsfaktor Energie unter ökonomischen Gesichtspunkten bislang in der Literatur verhältnismäßig wenig Beachtung gefunden hat. Es ist somit eine Fülle weiterer Forschungsmöglichkeiten gegeben, aus der hier einige Schwerpunkte aufgeführt seien: Untersuchungen zu den Gebieten energieorientierter betrieblicher Informationssysteme und der Organisation energiebezogener Entscheidungen können dazu beitragen, die Verfügbarkeit und sachgerechte Verarbeitung der entsprechenden Daten und die zielgerichtete Institutionalisierung der Energiebewirtschaftung zu fördern. Daneben scheint es geboten, die statistische Beobachtung energiewirtschaftlicher Entwicklungslinien fortzuführen und die betreffenden explikativen Ansätze weiterzuentwickeln; hier sei lediglich das Problem erwähnt, erreichte Einsparerfolge durch Aufspaltung in einen Technologie- und einen Branchenstruktureffekt zu erklären. Schließlich liegt ein sinnvoller Arbeitsschwerpunkt in der Nutzung bestehender bzw. Gestaltung neuer normativ ausgerichteter quantitativer Konzepte für energiewirtschaftliche Fragestellungen; dazu gehört beispielsweise die Entwicklung von Ansätzen für Simultanentscheidungen über die betriebliche Energienachfrage und ihre Deckung.

ANHANG

Tab. A1: Anteile der drei großen Verbrauchergruppen am Endenergieeinsatz in der Bundesrepublik Deutschland (in %)

	Industrie	Haushalte u. Kleinverbraucher	Verkehr	Rest
1960	47,9	33,6	15,5	3,0
61	46,8	34,2	16,2	2,8
62	43,4	37,9	15,9	2,8
63	40,5	41,1	15,5	2,9
64	42,5	38,4	16,3	2,8
65	42,2	38,7	16,4	2,7
66	40,7	39,6	17,3	2,4
67	40,4	39,7	17,4	2,5
68	40,5	40,1	17,0	2,4
69	39,6	41,3	16,6	2,5
70	39,0	41,5	17,1	2,4
71	37,9	41,5	18,4	2,2
72	37,0	42,2	18,5	2,3
73	37,3	42,6	18,0	2,1
74	38,9	41,1	18,0	2,0
75	35,6	42,7	19,8	1,9
76	35,2	43,6	19,5	1,7
77	35,0	42,7	20,5	1,8
78	33,9	43,7	20,9	1,5
79	33,9	43,7	20,8	1,6
80	34,0	42,3	22,1	1,6
81	34,1	41,9	22,3	1,7
82	32,5	42,2	23,5	1,8

Quellen: ARBEITSGEMEINSCHAFT ENERGIEBILANZEN (Hrsg.), versch. Jgge.; eigene Berechnungen.

Tab. A2: Bruttowertschöpfung zu Marktpreisen (Preise aus 1980) und Endenergieeinsatz in der Industrie

	Wertschöpfung		Endenergie	
	Mrd. DM	1960=100	Petajoule	1960=100
1960	218,1	100,0	2046	100,0
61	231,0	105,9	2056	100,5
62	241,9	110,9	2072	101,3
63	245,0	112,3	2094	102,3
64	268,4	123,1	2243	109,6
65	289,2	132,6	2279	111,4
66	292,4	134,1	2201	107,6
67	284,5	130,4	2189	107,0
68	314,6	144,2	2359	115,3
69	353,1	161,9	2525	123,4
70	370,5	169,9	2636	128,8
71	373,5	171,3	2560	125,1
72	385,2	176,6	2601	127,1
73	409,3	187,7	2775	135,6
74	408,2	187,2	2778	135,8
75	390,4	179,0	2439	119,2
76	421,4	193,2	2566	125,4
77	431,2	197,7	2560	125,1
78	438,5	201,1	2576	125,9
79	458,3	210,1	2679	130,9
80	456,2	209,2	2559	125,1
81	451,5	207,0	2461	120,3
82	440,4	201,9	2236	109,3

Quellen: ARBEITSGEMEINSCHAFT ENERGIEBILANZEN (Hrsg.), versch. Jgge.; STATISTISCHES BUNDESAMT (Hrsg.): Fachserie 18, Reihe S.8, 1985, S. 50 ff.; eigene Berechnungen.

Tab. A3: Wachstumsraten der Bruttowertschöpfung zu Marktpreisen (Preise aus 1980) und des Endenergieverbrauchs in der Industrie sowie die zugehörigen Elastizitätskoeffizienten

	Veränderungen gegenüber Vorjahr (in %)			Veränderungen gegenüber 1960 (in %)			
	Wachstumsrate Wertschöpfung (A)	Wachstumsrate Endenergie (B)	Elastizitäts-koeffizient (B : A)	Wachstumsrate Wertschöpfung (C)	Wachstumsrate Endenergie (D)	Elastizitäts-koeffizient (D : C)	
1961	5,9	0,5	0,08	5,9	0,5	0,08	
62	4,7	0,8	0,17	10,9	1,3	0,12	
63	1,3	1,1	0,85	12,3	2,3	0,19	
64	9,6	7,1	0,74	23,1	9,6	0,42	
65	7,7	1,6	0,21	32,6	11,4	0,35	0,35
66	1,1	-3,4	-3,09	34,1	7,6	0,22	(1960=100)
67	-2,7	-0,5	0,19*)	30,4	7,0	0,23	
68	10,6	7,8	0,74	44,2	15,3	0,35	
69	12,2	7,0	0,57	61,9	23,4	0,38	
70	4,9	4,4	0,90	69,9	28,8	0,41	
71	0,8	-2,9	-3,63	71,3	25,1	0,35	
72	3,1	1,6	0,52	76,6	27,1	0,35	
73	6,3	6,7	1,06*)	87,7	35,6	0,41	
74	-0,3	0,1	-0,33*)	87,2	35,8	0,41	
75	-4,4	-12,2	2,77	79,0	19,2	0,24	
76	7,9	5,2	0,66	93,2	25,4	0,27	-0,98
77	2,3	-0,2	-0,09	97,7	25,1	0,26	(1972=100)
78	1,7	0,6	0,35	101,1	25,9	0,26	
79	4,5	4,0	0,89	110,1	30,9	0,28	
80	-0,5	-4,5	9,00	109,2	25,1	0,23	
81	-1,0	-3,8	3,80	107,0	20,3	0,19	
82	-2,5	-9,1	3,64	101,9	9,3	0,09	

*) Nur in diesen Fällen liegt die Wachstumsrate des Endenergieverbrauchs über der der Wertschöpfung.

Quellen: ARBEITSGEMEINSCHAFT ENERGIEBILANZEN (Hrsg.), versch. Jgge.; STATISTISCHES BUNDESAMT (Hrsg.): Fachserie 18, Reihe S.8, 1985, S. 50 ff.; eigene Berechnungen.

Tab. A4: Erzeugerpreisindizes der wesentlichen Endenergieträger (1960 = 100)

	Erzeugnisse des Kohlenbergbaus	Mineralöl-erzeugnisse	Gas	Strom
1960	100,0	100,0	100,0	100,0
61	100,0	98,7	100,7	99,6
62	101,8	100,3	98,4	98,8
63	104,4	99,5	97,9	98,5
64	107,1	92,3	97,2	98,2
65	112,4	88,7	98,9	99,7
66	112,4	88,4	99,1	100,4
67	112,4	98,1	99,8	100,4
68	106,9	93,9	97,8	97,9
69	110,4	89,3	97,4	96,9
70	129,6	92,8	97,1	97,0
71	145,0	101,6	97,6	99,7
72	153,4	99,0	101,2	106,3
73	160,9	120,4	103,2	111,3
74	200,5	168,7	113,7	119,6
75	247,5	168,3	153,5	139,8
76	265,9	179,5	173,8	146,3
77	266,2	178,2	183,4	147,8
78	289,0	175,9	188,1	153,9
79	302,9	221,1	188,3	157,9
80	349,1	271,9	238,1	164,9
81	399,6	332,0	321,2	184,2
82	434,5	337,2	379,0	201,3

Quellen: STATISTISCHES BUNDESAMT (Hrsg.): Jahrbuch 1966, S. 472; dasselbe (Hrsg.): Jahrbuch 1972, S. 443; dasselbe (Hrsg.): Jahrbuch 1977, S. 460; dasselbe (Hrsg.): Jahrbuch 1982, S. 492; dasselbe (Hrsg.): Jahrbuch 1983, S. 491; eigene Berechnungen.

Tab. A5: Anteile am Endenergieeinsatz in der Industrie (in %)

	Erzeugnisse des Kohlenbergbaus	Mineralölerzeugnisse	Gas	Strom	Rest
1960	54,3	14,7	19,3	10,9	0,8
61	51,0	18,0	18,6	11,4	1,0
62	47,4	22,8	16,6	11,8	1,4
63	44,4	25,9	15,9	12,4	1,4
64	41,0	28,4	16,7	12,6	1,3
65	36,6	32,8	16,2	13,1	1,3
66	32,2	36,5	15,9	14,1	1,3
67	30,4	37,2	16,7	14,4	1,3
68	28,1	37,5	18,5	14,6	1,3
69	26,8	37,8	19,2	14,9	1,3
70	22,9	38,9	21,4	15,2	1,6
71	19,4	39,9	23,0	16,2	1,5
72	17,2	40,7	24,1	16,7	1,3
73	17,4	38,8	25,3	17,2	1,3
74	20,6	33,9	26,4	17,7	1,4
75	18,7	34,3	27,2	18,4	1,4
76	18,4	33,3	27,8	19,1	1,4
77	17,7	32,0	28,6	19,5	2,2
78	17,5	31,6	29,6	19,8	1,5
79	18,7	29,2	30,3	20,1	1,7
80	21,3	25,9	30,6	20,7	1,5
81	23,6	23,1	30,5	21,3	1,5
82	24,4	21,4	30,1	22,6	1,5

Quellen: ARBEITSGEMEINSCHAFT ENERGIEBILANZEN (Hrsg.), versch. Jgge.; eigene Berechnungen.

Tab. A6: Erzeugerpreise und auf die Industrie entfallende Einsatzmengen der wesentlichen Endenergieträger (jeweils 1960 = 100)

	Erzeugerpreise				Einsatzmengen in der Industrie			
	Kohle	Öl	Gas	Strom	Kohle	Öl	Gas	Strom
1960	100,0	100,0	100,0	100,0	100,0	100,0	100,0	100,0
72	153,4	99,0	101,2	106,3	40,1	353,3	158,6	194,2
82	434,5	337,2	379,0	201,3	49,1	159,3	170,6	225,5

Quellen: ARBEITSGEMEINSCHAFT ENERGIEBILANZEN (Hrsg.), versch. Jgge.; STATISTISCHES BUNDESAMT (Hrsg.): Jahrbuch 1966, S. 472; dasselbe (Hrsg.): Jahrbuch 1977, S. 460; dasselbe (Hrsg.): Jahrbuch 1983, S. 491; eigene Berechnungen.

Tab. A7: Spezifische Energiekosten (DM pro 1.000 DM Bruttowertschöpfung zu Marktpreisen in jeweiligen Preisen) in der Industrie, vier Untersektoren und vier Einzelbranchen

	Industrie insgesamt	Grundstoff- u. Produktions-gütergewerbe	Investitions-gütergewerbe	Verbrauchs-gütergewerbe	Nahrungs- u. Genußmittel-gewerbe	Inhalt/Anordnung der Tabellenwerte
1972	69,69	167,70	34,04	44,45	35,54	← spezifische Kosten insgesamt
76a	108,00	277,64	39,40	67,41	65,41	
76b	99,78	256,38	36,73	61,43	60,62	
80	122,37	337,71	44,54	70,34	78,26	

	Industrie insgesamt		Eisen-schaffende Industrie		Chemische Industrie		Maschinen-bau *)		Textil-gewerbe	
1972	69,69	20,22	407,04	36,12	147,78	55,98	32,41	11,32	62,52	18,03
	40,07	29,62	336,22	70,82	92,74	55,05	15,00	17,41	24,42	38,10
76a	108,00	42,41	573,50	62,87	253,55	151,44	36,13	19,23	99,82	41,07
	72,79	35,21	506,95	66,55	203,99	49,55	21,84	14,29	52,51	47,32
76b	99,78	40,09	525,24	58,90	237,04	144,34	33,57	18,30	91,38	38,17
	67,87	31,91	465,09	60,15	192,27	44,77	20,67	12,90	48,64	42,74
80	122,37	51,38	627,22	77,22	362,30	227,29	47,71	23,63	106,16	44,08
	87,09	35,28	552,13	75,09	307,79	54,51	28,09	19,62	63,82	42,34

spezifische Kosten insgesamt	spezifische Kosten für Mineralölprodukte
spezifische Brennstoffkosten	spezifische Stromkosten

1972 und 1976a: Bruttokonzept; 1976b und 1980: Nettokonzept.
*) incl. Herstellung von Büromaschinen, ADV.

Quellen: FILIP-KÖHN, R., und HORN, M., 1985, S. 213 ff.; STATISTISCHES BUNDESAMT (Hrsg.): Fachserie 18, Reihe S.8, 1985, S. 48 f.; eigene Berechnungen.

Tab. A8: Spezifischer Endenergieverbrauch (Gigajoule pro 1.000 DM Bruttowertschöpfung zu Marktpreisen in Preisen von 1980) in der Industrie und vier Untersektoren

	Industrie insgesamt	Grundstoff- und Produktionsgüter-gewerbe	Investitionsgüter produzierendes Gewerbe	Verbrauchsgüter produzierendes Gewerbe	Nahrungs- und Genußmittel-gewerbe
1960	9,38	31,24	1,93	3,86	3,76
61	8,90	30,18	1,82	3,71	3,49
62	8,57	28,98	2,03	3,49	3,41
63	8,55	28,60	2,14	3,78	3,72
64	8,35	27,81	1,98	3,57	3,61
65	7,88	26,22	1,94	3,42	3,48
66	7,53	24,95	1,85	3,39	3,51
67	7,69	24,99	1,84	3,43	3,54
68	7,50	23,46	1,85	3,40	3,53
69	7,15	22,13	1,76	3,32	3,53
70	7,11	21,73	1,80	3,49	3,58
71	6,85	21,00	1,76	3,48	3,64
72	6,75	20,31	1,79	3,44	3,57
73	6,78	20,38	1,72	3,41	3,58
74	6,81	20,42	1,57	3,36	3,66
75	6,25	18,59	1,59	3,36	3,68
76	6,09	17,83	1,58	3,30	3,61
77	5,94	17,22	1,59	3,45	3,66
78	5,88	17,12	1,63	3,42	3,46
79	5,85	16,90	1,59	3,32	3,35
80	5,61	16,70	1,53	3,20	3,22
81	5,45	16,54	1,46	3,19	3,08
82	5,08	15,54	1,41	3,10	3,00

Quellen: ARBEITSGEMEINSCHAFT ENERGIEBILANZEN (Hrsg.), versch. Jgge.; STATISTISCHES BUNDESAMT (Hrsg.): Fachserie 18, Reihe S.8, 1985, S. 50 ff.; eigene Berechnungen.

Tab. A9: Spezifische Verbräuche von Endenergie insgesamt, Mineralölprodukten, Brennstoffen und Fernwärme sowie Strom (Gigajoule pro 1000 DM Bruttowertschöpfung zu Marktpreisen in Preisen von 1980) in der Industrie und vier Einzelbranchen

	Industrie insgesamt		Eisen-schaffende Industrie		Chemische Industrie		Maschinen-bau		Textil-gewerbe	
1960	9,38	1,37	71,68	4,41	30,49	4,28	1,45	0,33	7,46	1,09
	8,35	1,02	68,24	3,44	24,02	6,47	1,21	0,25	6,43	1,04
61	8,90	1,60	73,21	5,55	29,09	4,96	1,35	0,36	7,16	1,49
	7,89	1,01	69,62	3,59	22,79	6,31	1,11	0,24	6,13	1,03
62	8,57	1,95	68,49	6,73	27,78	5,77	1,50	0,50	6,98	1,79
	7,56	1,01	64,81	3,68	21,71	6,06	1,25	0,25	6,00	0,98
63	8,55	2,21	67,93	7,43	27,10	5,96	1,62	0,62	7,13	2,18
	7,49	1,06	63,97	3,96	21,07	6,03	1,37	0,25	6,11	1,03
64	8,35	2,38	68,80	8,70	24,17	6,20	1,52	0,64	6,72	2,38
	7,30	1,05	64,77	4,03	18,54	5,63	1,27	0,26	5,72	1,00
65	7,88	2,58	62,26	8,70	22,17	7,17	1,50	0,69	6,46	2,63
	6,84	1,04	58,38	3,88	16,75	5,42	1,24	0,26	5,48	0,99
66	7,53	2,75	61,37	9,70	19,87	6,90	1,47	0,69	6,14	2,80
	6,47	1,06	57,12	4,25	14,75	5,12	1,20	0,27	5,14	0,99
67	7,69	2,86	62,45	9,78	19,19	6,76	1,46	0,72	6,32	3,10
	6,59	1,11	58,21	4,24	13,99	5,20	1,19	0,27	5,30	1,02
68	7,50	2,81	62,18	9,82	16,76	5,93	1,53	0,81	6,27	3,20
	6,40	1,09	57,86	4,32	12,18	4,58	1,25	0,28	5,23	1,04
69	7,15	2,70	60,78	9,74	15,32	5,30	1,46	0,76	6,18	3,25
	6,09	1,07	56,57	4,21	11,10	4,22	1,18	0,28	5,11	1,06
70	7,11	2,77	59,30	9,40	14,46	5,25	1,49	0,77	6,22	3,43
	6,03	1,08	55,15	4,15	10,28	4,17	1,22	0,28	5,11	1,11
71	6,85	2,74	60,33	10,63	14,10	4,43	1,41	0,75	6,06	3,41
	5,75	1,11	55,81	4,52	10,04	4,06	1,13	0,28	4,92	1,13
72	6,75	2,75	62,96	12,79	12,73	4,22	1,47	0,78	6,08	3,41
	5,62	1,13	58,03	4,93	8,83	3,91	1,17	0,29	4,91	1,17

Anordnung der Tabellenwerte

spezifischer Endenergieverbrauch insgesamt	spezifischer Verbrauch von Mineralölprodukten
spezifischer Verbrauch von Brennstoffen und Fernwärme	spezifischer Stromverbrauch

Fortsetzung der Tabelle auf der nächsten Seite

Fortsetzung der Tabelle A9

	Industrie insgesamt		Eisen-schaffende Industrie		Chemische Industrie		Maschinen-bau		Textil-gewerbe	
1973	6,78	2,63	63,87	12,03	12,59	4,12	1,48	0,79	6,25	3,41
	5,62	1,16	58,80	5,06	8,67	3,92	1,17	0,31	4,99	1,27
74	6,81	2,31	61,77	9,67	12,24	3,60	1,31	0,64	5,94	3,14
	5,60	1,21	57,01	4,76	8,28	3,95	1,00	0,31	4,72	1,23
75	6,25	2,14	48,18	7,65	12,16	3,08	1,36	0,67	5,78	3,01
	5,10	1,15	44,19	3,99	8,31	3,85	1,05	0,31	4,62	1,16
76	6,09	2,03	54,71	8,58	11,05	2,67	1,30	0,63	5,85	3,00
	4,93	1,16	50,09	4,62	7,51	3,54	1,00	0,30	4,64	1,21
77	5,94	1,90	50,29	6,84	10,98	2,73	1,46	0,68	5,93	2,95
	4,78	1,16	45,77	4,52	7,64	3,35	1,11	0,35	4,73	1,20
78	5,88	1,86	50,52	6,61	11,12	2,75	1,44	0,68	5,98	2,92
	4,71	1,16	45,89	4,63	7,75	3,37	1,10	0,35	4,78	1,20
79	5,85	1,71	50,66	6,11	10,76	2,38	1,41	0,63	5,91	2,74
	4,67	1,17	46,01	4,65	7,39	3,38	1,06	0,35	4,70	1,21
80	5,61	1,45	46,97	3,66	10,85	2,24	1,42	0,57	5,60	2,44
	4,45	1,16	42,48	4,49	7,37	3,48	1,05	0,37	4,40	1,19
81	5,45	1,26	45,58	1,95	11,35	2,59	1,37	0,50	5,47	2,20
	4,29	1,16	41,09	4,49	7,91	3,44	1,00	0,37	4,27	1,20
82	5,08	1,09	45,84	1,66	10,57	2,25	1,30	0,46	5,16	2,06
	3,93	1,15	41,14	4,70	7,30	3,27	0,94	0,36	3,92	1,24

Anordnung der Tabellenwerte

spezifischer Endenergieverbrauch insgesamt	spezifischer Verbrauch von Mineralölprodukten
spezifischer Verbrauch von Brennstoffen und Fernwärme	spezifischer Stromverbrauch

Quellen: ARBEITSGEMEINSCHAFT ENERGIEBILANZEN (Hrsg.), versch. Jgge.; STATISTISCHES BUNDESAMT (Hrsg.): Fachserie 18, Reihe S.8, 1985, S. 50 ff.; eigene Berechnungen.

Tab. A10: Spezifische Endenergieverbräuche (Gigajoule pro 1.000 DM Bruttowertschöpfung zu Marktpreisen in Preisen von 1980) und Branchenstruktur (Anteile an der Bruttowertschöpfung zu Marktpreisen in Preisen von 1980, in %) in der Industrie

	Spezifische Endenergieverbräuche				Branchenstruktur			
	1960	1970	1980	1982	1960	1970	1980	1982
Steine und Erden	35,12	25,86	17,98	16,53	3,32	3,22	3,16	2,80
Eisenschaffende Industrie	71,68	59,30	46,97	45,84	4,96	4,16	3,61	3,09
Gießereien	8,35	5,85	5,55	4,91	2,21	1,63	1,29	1,18
Ziehereien u. Kaltwalzwerke	1,46	1,81	1,15	1,00	3,58	3,01	2,63	2,44
Nicht-Eisenmetallindustrie	31,39	23,60	25,34	23,28	0,86	0,87	1,00	1,02
Chemie	30,49	14,46	10,85	10,57	5,05	7,92	9,14	9,34
Zellstoff, Papier, Pappe	33,62	34,46	28,30	27,70	0,92	0,77	0,80	0,84
Gummi- u. Asbestverarbeitung	5,58	5,12	4,30	4,12	1,20	1,44	1,28	1,23
Übrige Grundstoff- und Produktionsgüterindustrien	4,90	5,96	6,93	5,94	0,91	0,85	0,67	0,63
Maschinenbau	1,45	1,49	1,42	1,30	14,67	14,21	12,20	12,28
Fahrzeugbau	1,73	1,84	1,75	1,63	8,43	11,07	12,45	13,56
Elektrotechnik, ..., Optik	1,59	1,39	1,00	0,96	9,44	11,87	14,63	14,96
Eisen-, Blech-, Metallwaren	4,35	4,08	3,81	3,40	4,24	4,10	3,57	3,42
Übrige Investitionsgüter produzierende Industrien	2,53	1,52	1,06	0,96	2,75	2,73	3,64	4,00
Glas und Feinkeramik	18,04	15,41	12,70	12,42	1,80	1,60	1,51	1,42
Kunststoffverarbeitung	3,31	3,14	2,85	2,73	0,71	1,61	2,43	2,54
Textilgewerbe	7,46	6,22	5,60	5,16	4,52	3,65	2,77	2,57
Übrige Verbrauchsgüter produzierende Industrien	1,07	1,21	1,29	1,30	14,85	12,52	10,51	9,75
Nahrungs- und Genußmittelgewerbe	3,76	3,58	3,22	3,00	15,59	12,76	12,72	12,94
Industrie insgesamt	9,38	7,11	5,61	5,08	100	100	100	100

Quellen: ARBEITSGEMEINSCHAFT ENERGIEBILANZEN (Hrsg.), versch. Jgge.; STATISTISCHES BUNDESAMT (Hrsg.): Fachserie 18, Reihe S.8, 1985, S. 50 ff.; eigene Berechnungen.

Tab. A11: Tatsächliche und hypothetische Veränderungen des spezifischen Endenergieverbrauchs in der Industrie

	Spezifischer Verbrauch der Industrie*)	Technologie- u. intrasektoraler Struktureffekt*)	Intersektoraler Struktureffekt*)	Tatsächliche Einsparung*)	Hypothetische Einsparung*)	Abweichung in %
	$\sum_i e_{it} \cdot g_{it} = e_t$	$\sum_i e_{it} \cdot g_{io} = e'_t$	$\sum_i e_{io} \cdot g_{it} = e''_t$	$e_o - e_t = ET$	$e_o - e'_t + e_o - e''_t = EH$	(EH - ET): ET · 100
1960	9,38	9,38	9,38	-	-	-
61	8,90	9,22	9,07	0,48	0,47	-2,1
62	8,57	8,99	8,94	0,81	0,83	2,5
63	8,55	9,09	8,82	0,83	0,85	2,4
64	8,35	8,77	8,99	1,03	1,00	-2,9
65	7,88	8,25	9,00	1,50	1,51	0,7
66	7,53	8,01	8,94	1,85	1,81	-2,2
67	7,69	7,87	9,29	1,69	1,60	-5,3
68	7,50	7,69	9,42	1,88	1,65	-12,2
69	7,15	7,43	9,39	2,23	1,94	-13,0
70	7,11	7,40	9,42	2,27	1,94	-14,5
71	6,85	7,40	9,18	2,53	2,18	-13,8
72	6,75	7,40	9,21	2,63	2,15	-18,3
73	6,78	7,41	9,30	2,60	2,05	-21,2
74	6,81	7,18	9,70	2,57	1,88	-26,8
75	6,25	6,45	9,64	3,13	2,67	-14,7
76	6,09	6,62	9,51	3,29	2,63	-20,1
77	5,94	6,48	9,42	3,44	2,86	-16,9
78	5,88	6,45	9,36	3,50	2,95	-15,7
79	5,85	6,35	9,52	3,53	2,89	-18,1
80	5,61	6,06	9,34	3,77	3,36	-10,9
81	5,45	5,94	9,21	3,93	3,61	-8,1
82	5,08	5,79	8,90	4,30	4,07	-5,3

*) in Gigajoule pro 1000 DM Bruttowertschöpfung zu Marktpreisen in Preisen von 1980.

Fortsetzung der Tabelle auf der nächsten Seite

Fortsetzung der Tabelle A11

	Spezifischer Verbrauch der Industrie $\sum_i e_{it} \cdot g_{it} = e_t$ (1960=100)	Technologie- u. intrasektoraler Struktureffekt $\sum_i e_{it} \cdot g_{i0} = e'_t$ (1960=100)	Intersektoraler Struktureffekt $\sum_i e_{i0} \cdot g_{it} = e''_t$ (1960=100)
1960	100,0	100,0	100,0
61	94,9	98,3	96,7
62	91,4	95,8	95,3
63	91,2	96,9	94,0
64	89,0	93,5	95,8
65	84,0	88,0	95,9
66	80,3	85,4	95,3
67	82,0	83,9	99,0
68	80,0	82,0	100,4
69	76,2	79,2	100,1
70	75,8	78,9	100,4
71	73,0	78,9	97,9
72	72,0	78,9	98,2
73	72,3	79,0	99,1
74	72,6	76,5	103,4
75	66,6	68,8	102,8
76	64,9	70,6	101,4
77	63,3	69,1	100,4
78	62,7	68,8	99,8
79	62,4	67,7	101,5
80	59,8	64,6	99,6
81	58,1	63,3	98,2
82	54,2	61,7	94,9

i Branchenindex; t Periodenindex (t = O für 1960); e_{i0} bzw. e_{it} spezifischer Verbrauch der Branche i in Periode O bzw. t; g_{i0} bzw. g_{it} Gewicht der Branche i in Periode O bzw. t; e_0 bzw. e_t spezifischer Verbrauch der Industrie in Periode O bzw. t.

Quellen: ARBEITSGEMEINSCHAFT ENERGIEBILANZEN (Hrsg.), versch. Jgge.; STATISTISCHES BUNDESAMT (Hrsg.): Fachserie 18, Reihe S.8, 1985, S. 50 ff.; eigene Berechnungen.

Tab. A12: Spezifische Energiekosten 1972 (DM pro 1000 DM Bruttowertschöpfung zu Marktpreisen - BWS - in jeweiligen Preisen) und Reduzierungen des spezifischen Endenergieverbrauchs von 1972 bis 1982 (prozentuale Veränderung der Kennzahl Gigajoule pro 1000 DM BWS in Preisen von 1980) in verschiedenen Industriezweigen

	Spezifische Energiekosten 1972	Reduzierungen des spezifischen Endenergieverbrauchs zwischen 1972 und 1982
Steine und Erden	144,71	31,6
Eisenschaffende Industrie	407,04	27,2
Nicht-Eisenmetallind., Gießereien	171,52	-5,1
Ziehereien u. Kaltwalzwerke	50,06	35,1
Chemie	147,78	17,0
Zellstoff, Papier, Pappe	168,97	17,3
Gummi- u. Asbestverarbeitung	62,43	24,1
Übrige Grundstoff- und Produktionsgüterindustrien	73,87	-2,4
Fahrzeugbau	40,01	19,3
Elektrotechnik, ..., Optik	29,20	28,9
Eisen-, Blech-, Metallwaren	45,08	14,1
Übrige Investitionsgüter produzierende Industrien	31,36	14,7
Glas und Feinkeramik	130,61	20,2
Kunststoffverarbeitung	55,06	16,0
Textilgewerbe	62,52	15,1
Übrige Verbrauchsgüter produzierende Industrien	25,10	-6,6
Nahrungs- und Genußmittelgewerbe	35,54	16,0

Quellen: ARBEITSGEMEINSCHAFT ENERGIEBILANZEN (Hrsg.), versch. Jgge.; FILIP-KÖHN, R., und HORN, M., 1985, S. 213; STATISTISCHES BUNDESAMT (Hrsg.): Fachserie 18, Reihe S.8, 1985, S. 48 und 51 f.; eigene Berechnungen.

Tab. A13: Durchschnittskosten der Endenergieträger und deren Anteile am gesamten Endenergieeinsatz in einem Unternehmen des Maschinenbaus

Durchschnittskosten (1970 = 100)

	Koks	Heizöl	Erdgas	Strom
1970	100,0	100,0	100,0	100,0
71	108,6	103,0	72,0	104,1
72	117,2	101,0	75,8	113,5
73	133,3	132,6	82,8	116,2
74	154,5	217,0	94,3	133,8
75	182,8	215,7	133,8	151,4
76	206,1	224,8	147,1	147,3
77	208,6	233,5	149,7	147,3
78	215,2	228,3	153,5	154,1
79	206,1	306,7	163,1	155,4
80	222,2	391,7	189,8	168,9
81	239,4	514,5	263,7	177,0
82	269,7	519,1	307,6	187,8

Anteile am Endenergieeinsatz (in %)

	Koks	Heizöl	Erdgas	Strom
1970	19,0	43,8	13,9	23,3
71	18,6	44,4	13,2	23,8
72	19,0	42,0	15,5	23,5
73	21,4	38,5	17,2	22,9
74	21,4	38,4	17,7	22,5
75	20,4	38,0	17,3	24,3
76	20,7	37,3	16,8	25,2
77	19,9	37,8	16,7	25,6
78	20,4	37,2	16,8	25,6
79	19,7	37,3	16,4	26,6
80	16,8	39,8	15,7	27,7
81	19,9	35,7	16,4	28,0
82	16,3	29,4	24,2	30,0

Tab. A14: Rohstoffverarbeitung und Energieeinsatz in einem Unternehmen des Ernährungsgewerbes

1972 = 100

	Rohstoffeinsatz	Energieeinsatz
1972	100,0	100,0
73	96,1	105,2
74	103,5	105,9
75	101,0	99,6
76	98,0	94,3
77	111,5	105,9
78	124,5	112,3
79	123,8	113,8
80	129,4	113,7
81	135,9	114,7
82	142,0	117,0
83	145,6	115,0

Veränderungen gegenüber Vorjahr in %

	Wachstumsrate Rohstoffeinsatz	Wachstumsrate Energieeinsatz
1973	-3,9	5,2
74	7,7	0,6
75	-2,4	-5,9
76	-3,0	-5,3
77	13,8	12,3
78	11,7	6,0
79	-0,6	1,3
80	4,5	-0,1
81	5,0	0,9
82	4,5	2,0
83	2,5	-1,7

Tab. A15: Durchschnittskosten der Energieträger, ihre Anteile am gesamten Energieeinsatz und an den gesamten Energiekosten in einem Unternehmen des Ernährungsgewerbes

Durchschnittskosten (1972 = 100, für Erdgas 1977 = 100)

	Kohle	Heizöl	Erdgas	Fremdstrom
1972	100,0	100,0		100,0
73	105,2	100,7		121,6
74	125,2	199,2		121,2
75	155,7	243,1		117,6
76	176,1	238,1		115,5
77	182,8	264,1	100,0	114,2
78	194,1	243,3	104,3	120,1
79	202,7	272,6	110,8	125,0
80	226,2	389,4	142,3	120,4
81	256,6	554,0	178,6	135,5
82	280,9	566,6	207,7	143,1
83	288,6	538,3	225,6	142,0

Anteile am Energieeinsatz (in %)

	Kohle	Heizöl	Erdgas	Fremdstrom
1972	28,1	70,2		1,7
73	31,3	67,5		1,2
74	45,8	52,7		1,4
75	41,3	56,4		2,3
76	38,9	57,6		3,5
77	40,6	51,0	5,6	2,8
78	42,9	44,4	9,9	2,8
79	45,8	42,3	9,2	2,7
80	45,9	40,9	9,7	3,5
81	47,1	39,0	10,4	3,5
82	48,0	38,2	10,5	3,3
83	48,1	37,5	10,8	3,6

Anteile an den Energiekosten (in %)

	Kohle	Heizöl	Erdgas	Fremdstrom
1972	30,7	53,4		15,9
73	35,4	50,8		13,8
74	39,6	50,4		10,0
75	35,2	52,3		12,5
76	34,6	48,3		17,1
77	35,7	45,1	6,2	13,0
78	39,5	35,8	11,3	13,4
79	41,3	35,8	10,4	12,5
80	36,8	39,3	11,3	12,6
81	34,2	42,5	12,1	11,2
82	35,9	40,2	13,4	10,6
83	36,7	37,1	14,8	11,4

Tab. A16: Spezifische Energieverbräuche und -kosten in einem Unternehmen des Ernährungsgewerbes (Bezugsgröße der Energieverbräuche und -kosten jeweils die Menge des verarbeiteten Nahrungsmittelrohstoffes)

Spezifische Energieverbräuche (1972 = 100, für Gas 1977 = 100)

	Kohle	Heizöl	Erdgas	Fremdstrom	Gesamt
1972	100,0	100,0		100,0	100,0
73	122,2	105,2		79,2	109,5
74	167,1	76,9		83,6	102,3
75	145,1	79,2		131,0	98,6
76	133,4	79,0		193,3	96,2
77	137,6	69,0	100,0	153,9	95,0
78	137,8	57,1	167,9	145,6	90,2
79	150,1	55,4	158,9	141,3	91,9
80	143,8	51,2	160,2	178,4	87,9
81	141,9	46,9	165,5	169,5	84,4
82	140,9	44,9	162,3	156,9	82,4
83	135,4	42,2	160,4	164,6	79,0

Spezifische Energiekosten (1972 = 100, für Gas 1977 = 100)

	Kohle	Heizöl	Erdgas	Fremdstrom	Gesamt
1972	100,0	100,0		100,0	100,0
73	128,3	105,7		96,8	111,2
74	210,0	152,4		103,2	162,2
75	226,7	192,4		154,8	196,9
76	235,0	187,6		225,8	208,2
77	251,7	181,9	100,0	177,4	215,8
78	268,3	139,0	177,0	177,4	208,2
79	305,0	150,9	177,0	177,4	225,5
80	326,7	199,0	230,8	216,1	271,4
81	365,0	259,0	300,2	232,3	327,0
82	396,7	254,3	342,5	225,3	338,8
83	393,3	226,7	365,5	235,5	327,6

Tab. A17: Sensitivitätsanalyse für das Ergebnis der Basisrechnung zur Auswahl eines Glühofens in einem Maschinenbauunternehmen

Änderung jeweils eines Parameters gegenüber dem Basisfall in % und die entsprechende Kapitalwertdifferenz zugunsten des Elektroofens in 1000 DM

Preisanstieg des Heizöls		Strompreis-anstieg	
+ 75 %	1838,2	+ 75 %	- 649,8
+ 50 %	1258,0	+ 50 %	- 332,7
+ 25 %	731,1	+ 25 %	- 33,8
0 %	252,1	+ 22 %	1,6
- 14 %	3,9	0 %	252,1
- 25 %	- 181,0	- 25 %	518,8
- 50 %	- 575,7	- 50 %	773,8
- 75 %	- 935,5	- 75 %	1013,9

Nutzungsdauer beider Anlagen		Kalkulations-zinssatz	
+ 50 %	625,8	+ 50 %	250,0
+ 25 %	412,3	+ 25 %	249,4
0 %	252,1	0 %	252,1
- 25 %	166,6	- 25 %	254,0
- 50 %	161,9	- 50 %	261,0

Kombinationen des jährlichen Preisanstiegs für Strom und Heizöl, bei denen Gleichwertigkeit der beiden Öfen eintritt (Kapitalwertdifferenz = 0)

Strom-preis	Heizöl-preis
- 2,0 %	- 0,9 %
0,0 %	+ 1,5 %
+ 2,0 %	+ 3,8 %
+ 4,0 %	+ 6,0 %
+ 6,0 %	+ 8,2 %
+ 8,0 %	+ 10,4 %
+ 10,0 %	+ 12,6 %

Liste A1: Strombezugssteuerung mit Hilfe eines Maschineneinsatzprogramms - Modellformulierung für einen Beispielfall mit zehn Meßperioden und vier zur Regulierung herangezogenen Anlagen

Auflistung der Zielfunktion und Nebenbedingungen gemäß dem Ansatz (16), S. 200 ff. dieser Arbeit.

(16.0) $e_{max} \rightarrow$ Min!

(16.1) $e_{max} \geq 6{,}9 + 1{,}5\ v_{1\ 1} + 1{,}0\ v_{1\ 2} + 0{,}7\ v_{1\ 3} + 0{,}5\ v_{1\ 4}$

$e_{max} \geq 6{,}5 + 1{,}5\ v_{2\ 1} + 1{,}0\ v_{2\ 2} + 0{,}7\ v_{2\ 3} + 0{,}5\ v_{2\ 4}$

$e_{max} \geq 6{,}4 + 1{,}5\ v_{3\ 1} + 1{,}0\ v_{3\ 2} + 0{,}7\ v_{3\ 3} + 0{,}5\ v_{3\ 4}$

$e_{max} \geq 6{,}75 + 1{,}5\ v_{4\ 1} + 1{,}0\ v_{4\ 2} + 0{,}7\ v_{4\ 3} + 0{,}5\ v_{4\ 4}$

$e_{max} \geq 6{,}55 + 1{,}5\ v_{5\ 1} + 1{,}0\ v_{5\ 2} + 0{,}7\ v_{5\ 3} + 0{,}5\ v_{5\ 4}$

$e_{max} \geq 7{,}0 + 1{,}5\ v_{6\ 1} + 1{,}0\ v_{6\ 2} + 0{,}7\ v_{6\ 3} + 0{,}5\ v_{6\ 4}$

$e_{max} \geq 6{,}5 + 1{,}5\ v_{7\ 1} + 1{,}0\ v_{7\ 2} + 0{,}7\ v_{7\ 3} + 0{,}5\ v_{7\ 4}$

$e_{max} \geq 5{,}8 + 1{,}5\ v_{8\ 1} + 1{,}0\ v_{8\ 2} + 0{,}7\ v_{8\ 3} + 0{,}5\ v_{8\ 4}$

$e_{max} \geq 5{,}0 + 1{,}5\ v_{9\ 1} + 1{,}0\ v_{9\ 2} + 0{,}7\ v_{9\ 3} + 0{,}5\ v_{9\ 4}$

$e_{max} \geq 6{,}6 + 1{,}5\ v_{10\ 1} + 1{,}0\ v_{10\ 2} + 0{,}7\ v_{10\ 3} + 0{,}5\ v_{10\ 4}$

(16.2) $v_{1\ 1} + v_{2\ 1} + v_{3\ 1} + v_{4\ 1} + v_{5\ 1} + v_{6\ 1} + v_{7\ 1} +$
$v_{8\ 1} + v_{9\ 1} + v_{10\ 1} = 3$

$v_{1\ 2} + v_{2\ 2} + v_{3\ 2} + v_{4\ 2} + v_{5\ 2} + v_{6\ 2} + v_{7\ 2} +$
$v_{8\ 2} + v_{9\ 2} + v_{10\ 2} = 5$

$$v_{1\,3} + v_{2\,3} + v_{3\,3} + v_{4\,3} + v_{5\,3} + v_{6\,3} + v_{7\,3} +$$
$$v_{8\,3} + v_{9\,3} + v_{10\,3} = 6$$
$$v_{1\,4} + v_{2\,4} + v_{3\,4} + v_{4\,4} + v_{5\,4} + v_{6\,4} + v_{7\,4} +$$
$$v_{8\,4} + v_{9\,4} + v_{10\,4} = 7$$

(16.3) $v_{th} \in \{0,1\}$ $\quad h = 1,\ldots,4$
$\quad t = 1,\ldots,10$

(16.5) $v_{8\,1} = 0$

$v_{9\,1} = 0$

$v_{10\,1} = 0$

(16.7) $v_{1\,2} + v_{2\,2} \geq 1$

$v_{3\,2} + v_{4\,2} \geq 1$

$v_{5\,2} + v_{6\,2} \geq 1$

$v_{7\,2} + v_{8\,2} \geq 1$

$v_{9\,2} + v_{10\,2} \geq 1$

(16.8) $v_{2\,3} \geq v_{1\,3}$

(16.9) $v_{1\,3} + v_{3\,3} \geq v_{2\,3}$

$v_{2\,3} + v_{4\,3} \geq v_{3\,3}$

$v_{3\,3} + v_{5\,3} \geq v_{4\,3}$

$v_{4\,3} + v_{6\,3} \geq v_{5\,3}$

$v_{5\,3} + v_{7\,3} \geq v_{6\,3}$

$v_{6\,3} + v_{8\,3} \geq v_{7\,3}$

$v_{7\,3} + v_{9\,3} \geq v_{8\,3}$

$v_{8\,3} + v_{10\,3} \geq v_{9\,3}$

(16.10) $v_{9\,3} \geq v_{10\,3}$

(16.11) $v_{1\,1} + v_{1\,3} \leq 1$

$v_{2\,1} + v_{2\,3} \leq 1$

$v_{3\,1} + v_{3\,3} \leq 1$

$v_{4\,1} + v_{4\,3} \leq 1$

$v_{5\,1} + v_{5\,3} \leq 1$

$v_{6\,1} + v_{6\,3} \leq 1$

$v_{7\,1} + v_{7\,3} \leq 1$

(16.13) $v_{1\,2} - v_{1\,4} = 0$

$v_{2\,2} - v_{2\,4} = 0$

$v_{3\,2} - v_{3\,4} = 0$

$v_{4\,2} - v_{4\,4} = 0$

$v_{5\,2} - v_{5\,4} = 0$

$v_{6\,2} - v_{6\,4} = 0$

Liste A2: Strombezugssteuerung mit Hilfe eines Maschineneinsatzprogramms - Modellformulierung für einen Beispielfall mit vierunddreißig Meßperioden und drei zur Regulierung herangezogenen Anlagen

Auflistung der Zielfunktion und Nebenbedingungen gemäß dem Ansatz (16), S. 200 ff. dieser Arbeit.

(16.0) $e_{max} \rightarrow$ Min!

(16.1) $e_{max} \geq 8{,}5 + 1{,}6\ v_{1\ 1} + 0{,}9\ v_{1\ 2} + 0{,}6\ v_{1\ 3}$

$e_{max} \geq 9{,}0 + 1{,}6\ v_{2\ 1} + 0{,}9\ v_{2\ 2} + 0{,}6\ v_{2\ 3}$

$e_{max} \geq 9{,}1 + 1{,}6\ v_{3\ 1} + 0{,}9\ v_{3\ 2} + 0{,}6\ v_{3\ 3}$

$e_{max} \geq 9{,}0 + 1{,}6\ v_{4\ 1} + 0{,}9\ v_{4\ 2} + 0{,}6\ v_{4\ 3}$

$e_{max} \geq 8{,}8 + 1{,}6\ v_{5\ 1} + 0{,}9\ v_{5\ 2} + 0{,}6\ v_{5\ 3}$

$e_{max} \geq 8{,}6 + 1{,}6\ v_{6\ 1} + 0{,}9\ v_{6\ 2} + 0{,}6\ v_{6\ 3}$

$e_{max} \geq 8{,}8 + 1{,}6\ v_{7\ 1} + 0{,}9\ v_{7\ 2} + 0{,}6\ v_{7\ 3}$

$e_{max} \geq 7{,}9 + 1{,}6\ v_{8\ 1} + 0{,}9\ v_{8\ 2} + 0{,}6\ v_{8\ 3}$

$e_{max} \geq 8{,}9 + 1{,}6\ v_{9\ 1} + 0{,}9\ v_{9\ 2} + 0{,}6\ v_{9\ 3}$

$e_{max} \geq 7{,}9 + 1{,}6\ v_{10\ 1} + 0{,}9\ v_{10\ 2} + 0{,}6\ v_{10\ 3}$

$e_{max} \geq 7{,}7 + 1{,}6\ v_{11\ 1} + 0{,}9\ v_{11\ 2} + 0{,}6\ v_{11\ 3}$

$e_{max} \geq 8{,}1 + 1{,}6\ v_{12\ 1} + 0{,}9\ v_{12\ 2} + 0{,}6\ v_{12\ 3}$

$e_{max} \geq 8{,}5 + 1{,}6\ v_{13\ 1} + 0{,}9\ v_{13\ 2} + 0{,}6\ v_{13\ 3}$

$$e_{max} \geq 8{,}0 + 1{,}6\ v_{14\ 1} + 0{,}9\ v_{14\ 2} + 0{,}6\ v_{14\ 3}$$

$$e_{max} \geq 7{,}5 + 1{,}6\ v_{15\ 1} + 0{,}9\ v_{15\ 2} + 0{,}6\ v_{15\ 3}$$

$$e_{max} \geq 7{,}3 + 1{,}6\ v_{16\ 1} + 0{,}9\ v_{16\ 2} + 0{,}6\ v_{16\ 3}$$

$$e_{max} \geq 7{,}6 + 1{,}6\ v_{17\ 1} + 0{,}9\ v_{17\ 2} + 0{,}6\ v_{17\ 3}$$

$$e_{max} \geq 7{,}0 + 1{,}6\ v_{18\ 1} + 0{,}9\ v_{18\ 2} + 0{,}6\ v_{18\ 3}$$

$$e_{max} \geq 7{,}5 + 1{,}6\ v_{19\ 1} + 0{,}9\ v_{19\ 2} + 0{,}6\ v_{19\ 3}$$

$$e_{max} \geq 7{,}6 + 1{,}6\ v_{20\ 1} + 0{,}9\ v_{20\ 2} + 0{,}6\ v_{20\ 3}$$

$$e_{max} \geq 7{,}2 + 1{,}6\ v_{21\ 1} + 0{,}9\ v_{21\ 2} + 0{,}6\ v_{21\ 3}$$

$$e_{max} \geq 7{,}5 + 1{,}6\ v_{22\ 1} + 0{,}9\ v_{22\ 2} + 0{,}6\ v_{22\ 3}$$

$$e_{max} \geq 8{,}0 + 1{,}6\ v_{23\ 1} + 0{,}9\ v_{23\ 2} + 0{,}6\ v_{23\ 3}$$

$$e_{max} \geq 7{,}6 + 1{,}6\ v_{24\ 1} + 0{,}9\ v_{24\ 2} + 0{,}6\ v_{24\ 3}$$

$$e_{max} \geq 7{,}9 + 1{,}6\ v_{25\ 1} + 0{,}9\ v_{25\ 2} + 0{,}6\ v_{25\ 3}$$

$$e_{max} \geq 8{,}2 + 1{,}6\ v_{26\ 1} + 0{,}9\ v_{26\ 2} + 0{,}6\ v_{26\ 3}$$

$$e_{max} \geq 8{,}2 + 1{,}6\ v_{27\ 1} + 0{,}9\ v_{27\ 2} + 0{,}6\ v_{27\ 3}$$

$$e_{max} \geq 8{,}3 + 1{,}6\ v_{28\ 1} + 0{,}9\ v_{28\ 2} + 0{,}6\ v_{28\ 3}$$

$$e_{max} \geq 8{,}5 + 1{,}6\ v_{29\ 1} + 0{,}9\ v_{29\ 2} + 0{,}6\ v_{29\ 3}$$

$$e_{max} \geq 8{,}7 + 1{,}6\ v_{30\ 1} + 0{,}9\ v_{30\ 2} + 0{,}6\ v_{30\ 3}$$

$$e_{max} \geq 8{,}5 + 1{,}6\ v_{31\ 1} + 0{,}9\ v_{31\ 2} + 0{,}6\ v_{31\ 3}$$

$$e_{max} \geq 8,2 + 1,6\ v_{32\ 1} + 0,9\ v_{32\ 2} + 0,6\ v_{32\ 3}$$

$$e_{max} \geq 8,4 + 1,6\ v_{33\ 1} + 0,9\ v_{33\ 2} + 0,6\ v_{33\ 3}$$

$$e_{max} \geq 8,4 + 1,6\ v_{34\ 1} + 0,9\ v_{34\ 2} + 0,6\ v_{34\ 3}$$

(16.2)

$$v_{1\ 1} + v_{2\ 1} + v_{3\ 1} + v_{4\ 1} + v_{5\ 1} + v_{6\ 1} + v_{7\ 1} +$$
$$v_{8\ 1} + v_{9\ 1} + v_{10\ 1} + v_{11\ 1} + v_{12\ 1} + v_{13\ 1} + v_{14\ 1} +$$
$$v_{15\ 1} + v_{16\ 1} + v_{17\ 1} + v_{18\ 1} + v_{19\ 1} + v_{20\ 1} + v_{21\ 1} +$$
$$v_{22\ 1} + v_{23\ 1} + v_{24\ 1} + v_{25\ 1} + v_{26\ 1} + v_{27\ 1} + v_{28\ 1} +$$
$$v_{29\ 1} + v_{30\ 1} + v_{31\ 1} + v_{32\ 1} + v_{33\ 1} + v_{34\ 1} = 18$$

$$v_{1\ 2} + v_{2\ 2} + v_{3\ 2} + v_{4\ 2} + v_{5\ 2} + v_{6\ 2} + v_{7\ 2} +$$
$$v_{8\ 2} + v_{9\ 2} + v_{10\ 2} + v_{11\ 2} + v_{12\ 2} + v_{13\ 2} + v_{14\ 2} +$$
$$v_{15\ 2} + v_{16\ 2} + v_{17\ 2} + v_{18\ 2} + v_{19\ 2} + v_{20\ 2} + v_{21\ 2} +$$
$$v_{22\ 2} + v_{23\ 2} + v_{24\ 2} + v_{25\ 2} + v_{26\ 2} + v_{27\ 2} + v_{28\ 2} +$$
$$v_{29\ 2} + v_{30\ 2} + v_{31\ 2} + v_{32\ 2} + v_{33\ 2} + v_{34\ 2} = 22$$

$$v_{1\ 3} + v_{2\ 3} + v_{3\ 3} + v_{4\ 3} + v_{5\ 3} + v_{6\ 3} + v_{7\ 3} +$$
$$v_{8\ 3} + v_{9\ 3} + v_{10\ 3} + v_{11\ 3} + v_{12\ 3} + v_{13\ 3} + v_{14\ 3} +$$
$$v_{15\ 3} + v_{16\ 3} + v_{17\ 3} + v_{18\ 3} + v_{19\ 3} + v_{20\ 3} + v_{21\ 3} +$$
$$v_{22\ 3} + v_{23\ 3} + v_{24\ 3} + v_{25\ 3} + v_{26\ 3} + v_{27\ 3} + v_{28\ 3} +$$
$$v_{29\ 3} + v_{30\ 3} + v_{31\ 3} + v_{32\ 3} + v_{33\ 3} + v_{34\ 3} = 20$$

(16.3) $v_{th} \in \{0,1\}$ $\quad h = 1,2,3$

$t = 1,\ldots,34$

(16.7)

$$v_{1\,2} + v_{2\,2} \geq 1$$

$$v_{3\,2} + v_{4\,2} \geq 1$$

$$v_{5\,2} + v_{6\,2} \geq 1$$

$$v_{7\,2} + v_{8\,2} \geq 1$$

$$v_{9\,2} + v_{10\,2} \geq 1$$

$$v_{11\,2} + v_{12\,2} \geq 1$$

$$v_{13\,2} + v_{14\,2} \geq 1$$

$$v_{15\,2} + v_{16\,2} \geq 1$$

$$v_{17\,2} + v_{18\,2} \geq 1$$

$$v_{19\,2} + v_{20\,2} \geq 1$$

$$v_{21\,2} + v_{22\,2} \geq 1$$

$$v_{23\,2} + v_{24\,2} \geq 1$$

$$v_{25\,2} + v_{26\,2} \geq 1$$

$$v_{27\,2} + v_{28\,2} \geq 1$$

$$v_{29\,2} + v_{30\,2} \geq 1$$

$$v_{31\,2} + v_{32\,2} \geq 1$$

$$v_{33\,2} + v_{34\,2} \geq 1$$

$$v_{1\,3} + v_{2\,3} + v_{3\,3} + v_{4\,3} \geq 2$$

$$v_{5\,3} + v_{6\,3} + v_{7\,3} + v_{8\,3} \geq 2$$

$$v_{9\,3} + v_{10\,3} + v_{11\,3} + v_{12\,3} \geq 2$$

$$v_{13\,3} + v_{14\,3} + v_{15\,3} + v_{16\,3} \geq 2$$

$$v_{17\,3} + v_{18\,3} + v_{19\,3} + v_{20\,3} \geq 2$$

$$v_{21\,3} + v_{22\,3} + v_{23\,3} + v_{24\,3} \geq 2$$

$$v_{25\,3} + v_{26\,3} + v_{27\,3} + v_{28\,3} \geq 2$$

$$v_{29\,3} + v_{30\,3} + v_{31\,3} + v_{32\,3} \geq 2$$

(16.8) - (16.10) für Maschine 1

$$v_{2\,1} \geq v_{1\,1}$$

$$v_{1\,1} + v_{3\,1} \geq v_{2\,1}$$

$$v_{2\,1} + v_{4\,1} \geq v_{3\,1}$$

$$v_{3\,1} + v_{5\,1} \geq v_{4\,1}$$

$$v_{4\,1} + v_{6\,1} \geq v_{5\,1}$$

$$v_{5\,1} + v_{7\,1} \geq v_{6\,1}$$

$$v_{6\,1} + v_{8\,1} \geq v_{7\,1}$$

$$v_{7\,1} + v_{9\,1} \geq v_{8\,1}$$

$$v_{8\,1} + v_{10\,1} \geq v_{9\,1}$$

$$v_{9\,1} + v_{11\,1} \geq v_{10\,1}$$

$v_{10\ 1} + v_{12\ 1} \geq v_{11\ 1}$

$v_{11\ 1} + v_{13\ 1} \geq v_{12\ 1}$

$v_{12\ 1} + v_{14\ 1} \geq v_{13\ 1}$

$v_{13\ 1} + v_{15\ 1} \geq v_{14\ 1}$

$v_{14\ 1} + v_{16\ 1} \geq v_{15\ 1}$

$v_{15\ 1} + v_{17\ 1} \geq v_{16\ 1}$

$v_{16\ 1} + v_{18\ 1} \geq v_{17\ 1}$

$v_{17\ 1} + v_{19\ 1} \geq v_{18\ 1}$

$v_{18\ 1} + v_{20\ 1} \geq v_{19\ 1}$

$v_{19\ 1} + v_{21\ 1} \geq v_{20\ 1}$

$v_{20\ 1} + v_{22\ 1} \geq v_{21\ 1}$

$v_{21\ 1} + v_{23\ 1} \geq v_{22\ 1}$

$v_{22\ 1} + v_{24\ 1} \geq v_{23\ 1}$

$v_{23\ 1} + v_{25\ 1} \geq v_{24\ 1}$

$v_{24\ 1} + v_{26\ 1} \geq v_{25\ 1}$

$v_{25\ 1} + v_{27\ 1} \geq v_{26\ 1}$

$v_{26\ 1} + v_{28\ 1} \geq v_{27\ 1}$

$v_{27\ 1} + v_{29\ 1} \geq v_{28\ 1}$

$v_{28\ 1} + v_{30\ 1} \geq v_{29\ 1}$

$$v_{29\,1} + v_{31\,1} \geq v_{30\,1}$$

$$v_{30\,1} + v_{32\,1} \geq v_{31\,1}$$

$$v_{31\,1} + v_{33\,1} \geq v_{32\,1}$$

$$v_{32\,1} + v_{34\,1} \geq v_{33\,1}$$

$$v_{33\,1} \geq v_{34\,1}$$

(16.8) - (16.10) für Maschine 3

$$v_{2\,3} \geq v_{1\,3}$$

$$v_{1\,3} + v_{3\,3} \geq v_{2\,3}$$

$$v_{2\,3} + v_{4\,3} \geq v_{3\,3}$$

$$v_{3\,3} + v_{5\,3} \geq v_{4\,3}$$

$$v_{4\,3} + v_{6\,3} \geq v_{5\,3}$$

$$v_{5\,3} + v_{7\,3} \geq v_{6\,3}$$

$$v_{6\,3} + v_{8\,3} \geq v_{7\,3}$$

$$v_{7\,3} + v_{9\,3} \geq v_{8\,3}$$

$$v_{8\,3} + v_{10\,3} \geq v_{9\,3}$$

$$v_{9\,3} + v_{11\,3} \geq v_{10\,3}$$

$$v_{10\,3} + v_{12\,3} \geq v_{11\,3}$$

$$v_{11\,3} + v_{13\,3} \geq v_{12\,3}$$

$v_{12\ 3} + v_{14\ 3} \geq v_{13\ 3}$

$v_{13\ 3} + v_{15\ 3} \geq v_{14\ 3}$

$v_{14\ 3} + v_{16\ 3} \geq v_{15\ 3}$

$v_{15\ 3} + v_{17\ 3} \geq v_{16\ 3}$

$v_{16\ 3} + v_{18\ 3} \geq v_{17\ 3}$

$v_{17\ 3} + v_{19\ 3} \geq v_{18\ 3}$

$v_{18\ 3} + v_{20\ 3} \geq v_{19\ 3}$

$v_{19\ 3} + v_{21\ 3} \geq v_{20\ 3}$

$v_{20\ 3} + v_{22\ 3} \geq v_{21\ 3}$

$v_{21\ 3} + v_{23\ 3} \geq v_{22\ 3}$

$v_{22\ 3} + v_{24\ 3} \geq v_{23\ 3}$

$v_{23\ 3} + v_{25\ 3} \geq v_{24\ 3}$

$v_{24\ 3} + v_{26\ 3} \geq v_{25\ 3}$

$v_{25\ 3} + v_{27\ 3} \geq v_{26\ 3}$

$v_{26\ 3} + v_{28\ 3} \geq v_{27\ 3}$

$v_{27\ 3} + v_{29\ 3} \geq v_{28\ 3}$

$v_{28\ 3} + v_{30\ 3} \geq v_{29\ 3}$

$v_{29\ 3} + v_{31\ 3} \geq v_{30\ 3}$

$$v_{30\ 3} + v_{32\ 3} \geq v_{31\ 3}$$

$$v_{31\ 3} + v_{33\ 3} \geq v_{32\ 3}$$

$$v_{32\ 3} + v_{34\ 3} \geq v_{33\ 3}$$

$$v_{33\ 3} \geq v_{34\ 3}$$

(16.11) $$v_{15\ 1} + v_{15\ 3} \leq 1$$

$$v_{16\ 1} + v_{16\ 3} \leq 1$$

$$v_{17\ 1} + v_{17\ 3} \leq 1$$

$$v_{18\ 1} + v_{18\ 3} \leq 1$$

$$v_{19\ 1} + v_{19\ 3} \leq 1$$

$$v_{20\ 1} + v_{20\ 3} \leq 1$$

$$v_{21\ 1} + v_{21\ 3} \leq 1$$

$$v_{22\ 1} + v_{22\ 3} \leq 1$$

LITERATURVERZEICHNIS

Monographien, Sammelbände, Aufsätze, Artikel

ABILOCK, H., et al.: MARKAL, a Multiperiod Linear-Programming Model for Energy Systems Analysis (BNL Version), in: KAVANAGH, R. (Hrsg.): Energy Systems Analysis, Reidel - Dordrecht 1980, S. 482-493.

ACTON, J.P., et al.: British Industrial Response to the Peak-Load Pricing of Electricity, Santa Monica 1980.

ALBACH, H.: Produktionsplanung auf der Grundlage technischer Verbrauchsfunktionen, in: BRANDT, L. (Hrsg.): Arbeitsgemeinschaft für Forschung des Landes Nordrhein-Westfalen, Heft 105, Köln - Opladen 1962, S. 45-98.

ARBEITSGEMEINSCHAFT ENERGIEBILANZEN (Hrsg.): Energiebilanzen der Bundesrepublik Deutschland, Frankfurt/M., versch. Jgge.

ARBEITSGEMEINSCHAFT ENERGIEBILANZEN (Hrsg.): Energiebilanzen der Bundesrepublik Deutschland, Bd. II, Frankfurt/M. 1978.

ARBEITSGEMEINSCHAFT ENERGIEBILANZEN (Hrsg.): Energiebilanzen der Bundesrepublik Deutschland, Bd. II, Frankfurt/M. 1980.

ARBEITSGRUPPE ENERGIEBEDARF - UMWELT - KRAFTWERKSBETRIEB: Bericht zur Antwort auf die - verkürzte - Frage: "Wie kann der zukünftige Energiebedarf durch umweltfreundliche Kraftwerksbetriebe gedeckt werden?", Mannheim 1983.

ARNOLD, P.: Ein Simulationsverfahren für die Kraftwerksausbauplanung bei hydrothermischem Verbundbetrieb, in: Elektrizitätswirtschaft, 75. Jg. (1976), S. 233-236.

BASILE, P.S.:The IIASA Set of Energy Models: Its Design and Application, Laxenburg 1980.

BEAUJEAN, J.-M., und CHARPENTIER, J.-P. (Hrsg.): A Review of Energy Models: No. 3, Laxenburg 1976.

BEAUJEAN, J.-M., und CHARPENTIER, J.-P. (Hrsg.): A Review of Energy Models: No. 4, Laxenburg 1978.

BECKMANN, G., et al.: Integrierte leitungsgebundene Wärmeversorgung in Krefeld, Düsseldorf 1975.

BESCHORNER, D., et al.: Energieorientierte Unternehmensplanung, in: Die Betriebswirtschaft, 45. Jg. (1985), S. 511-523.

BESTE, T.: Fertigungswirtschaft und Beschaffungswesen, in: HAX, K., und WESSELS, T. (Hrsg.): Handbuch der Wirtschaftswissenschaften, 2. Aufl., Bd. I, Köln - Opladen 1966, S. 111-275.

BIBA, V., et al.: Mathematisches Modell zur Kohlevergasung unter Druck, in: Energietechnik, 26. Jg. (1976), S. 28-32 und 71-75.

BISSINGER, B.: KWK - plus/minus, in: Energie, 31. Jg. (1979), S. 372-374 und 387-389.

BITZ, M.: Die Strukturierung ökonomischer Entscheidungsmodelle, Wiesbaden 1977.

BÖNNER, U.: Die energiepolitischen Ziele der Bundesregierung und Versorgungskonzepte, in: Energiewirtschaftliche Tagesfragen, 32. Jg. (1982), S. 336-339.

BOGDANDY, L. v.: Über die Verflechtung von Energiewirtschaft und Stahlerzeugung, in: Die Betriebswirtschaft, 43. Jg. (1983), S. 211-215.

BONKA, H., et al.: Zukünftige radioaktive Umweltbelastung in der Bundesrepublik Deutschland durch Radionuklide aus kerntechnischen Anlagen im Normalbetrieb, Jülich 1975.

BOSSEL, H.: Neue Gesichtspunkte bei der Energienutzung, in: Sonnenenergie & Wärmepumpe, 6. Jg. (1981), S. 6-18.

BRAUER, K.M.: Optimale Produktionsplanung in Kraftwerken. Die simultane Lösung komplexer Lastverteilungsprobleme mit Hilfe der Binären Optimierung, in: ZfB, 43. Jg. (1973), S. 421-434.

BRENDL, E., und WAHL, B.: Man kann nicht ausweichen: Energie wird noch teurer und knapper, in: BdW (hrsg. v. der FAZ), Frankfurt/M., 23. Jg./ Nr. 115, 19.5.1980, S. 3.

BUCH, J.: Stromkostenrechnung - Die Berücksichtigung der Entgeltfunktion von Strombezugsverträgen im entscheidungsorientierten Rechnungswesen, in: ZfB, 55. Jg. (1985), S. 5-20.

BUNDESMINISTERIUM FÜR FORSCHUNG UND TECHNOLOGIE (Hrsg.): Künftiger Bedarf an elektrischer Energie in Abhängigkeit von wirtschafts- und gesellschaftspolitischen Entwicklungen und dessen Deckung, insbesondere mit Hilfe der Kernenergie, Eggenstein - Leopoldshafen 1976.

BUNDESMINISTERIUM FÜR WIRTSCHAFT (Hrsg.): Erste Fortschreibung des Energieprogramms der Bundesregierung, Bonn, November 1974.

BUNDESMINISTERIUM FÜR WIRTSCHAFT (Hrsg.): Energie-Programm der Bundes-Regierung - Zweite Fortschreibung vom 14.12.1977, Bonn-Duisdorf 1977.

BUNDESMINISTERIUM FÜR WIRTSCHAFT (Hrsg.): Energie-Programm der Bundes-Regierung - Dritte Fortschreibung vom 4.11.1981, Bonn-Duisdorf 1981.

BUSSE VON COLBE, W., und LASSMANN, G.: Betriebswirtschaftstheorie, Bd. 1: Grundlagen, Produktions- und Kostentheorie, 2. Aufl., Berlin - Heidelberg - New York 1983.

CARAMANIS, M.C., et al.: Optimal Spot Pricing: Practice and Theory, in: IEEE Transactions on Power Apparatus and Systems, Vol. PAS - 101 (1982), S. 3234-3245.

CHARPENTIER, J.-P.: A Review of Energy Models: No. 1, Laxenburg 1974.

CHARPENTIER, J.-P.: A Review of Energy Models: No. 2, Laxenburg 1975.

CHMIELEWICZ, K.: Forschungsschwerpunkte und Forschungsdefizite in der deutschen Betriebswirtschaftslehre, in: ZfbF, 36. Jg. (1984), S. 148-157.

CHRIST, P.: Kaputtes Kartell, in: Die Zeit, Hamburg, 38. Jg. /Nr. 5, 28.1.1983, S. 1.

CONSTANTOPOULOS, P., et al.: Decision Models for Electric Load Management by Consumers Facing a Variable Price of Electricity, in: LEV, B. (Hrsg.): Energy Models and Studies, Amsterdam - New York - Oxford 1983, S. 273-291.

CROWDER, H., et al.: Solving Large-Scale Zero-One Linear Programming Problems, in: Operations Research, Vol. 31 (1983), S. 803-834.

DAIMLER, B.H., und HUPJE, W.H.: Steigende Kosten verlangen laufend neue Entwicklungen, in: Handelsblatt, Düsseldorf - Frankfurt/M., Nr. 184, 24.9.1980, S. 28.

DECKER, E.: Energiebilanzen industrieller Prozeßwärmeverfahren, in: Elektrizitätswirtschaft, 82. Jg. (1983), S. 660-667.

DER BUNDESMINISTER FÜR WIRTSCHAFT (Hrsg.): Die Energiepolitik der Bundesregierung, Bonn, 26.9.1973.

DER RAT VON SACHVERSTÄNDIGEN FÜR UMWELTFRAGEN: Energie und Umwelt - Schlußfolgerungen und Empfehlungen des Sondergutachtens "Energie und Umwelt", in: Der Bundesminister des Innern (Hrsg.): Umweltbrief Nr. 23, Bonn 1981.

DEUTSCHER GEWERKSCHAFTSBUND: Grundsatzprogramm 1981, Düsseldorf 1981.

DEUTSCHER INDUSTRIE- UND HANDELSTAG (Hrsg.): Umfrage zur konjunkturellen Situation im Spätsommer 1981 aus Anlaß der Anhörung beim Sachverständigenrat im Herbst 1981, o.O., o.J.

DINKELBACH, W.: Sensitivitätsanalysen und parametrische Programmierung, Berlin - Heidelberg - New York 1969.

DINKELBACH, W.: Anmerkungen zum Produktionsfaktor Energie in der Betriebswirtschaftslehre, Diskussionsbeitrag des Fachbereichs Wirtschaftswissenschaft der Universität des Saarlandes, Saarbrücken 1983.

DIW, EWI und RWI (Hrsg.): Die künftige Entwicklung der Energienachfrage in der Bundesrepublik Deutschland und deren Deckung - Perspektiven bis zum Jahre 2000, Essen 1978.

DIW, EWI und RWI (Hrsg.): Der Energieverbrauch in der Bundesrepublik Deutschland und seine Deckung bis zum Jahre 1995, Essen 1981.

DRÜKE, K., und MAACK, J.: Strompreise für Sondervertrags- und Tarifkunden in der Bundesrepublik, in: Energiewirtschaftliche Tagesfragen, 31. Jg. (1981), S. 510-515.

DUTTON, R., et al.: The Optimal Location of Nuclear-Power Facilities in the Pacific Northwest, in: OR, Vol. 22 (1974), S. 478-487.

DYCKHOFF, H.: Handelsgewinne rohstoffarmer Industrieländer und rohstoffreicher Entwicklungsländer, Berlin - Heidelberg - New York 1983.

EBERSBACH, K.F., und GEIGER, B.: Überblick über die Gesamtentwicklung, in: SCHAEFER, H. (Hrsg.): Struktur und Analyse des Energieverbrauchs der Bundesrepublik Deutschland, Gräfelfing/München 1980, S. 70-79.

EBERSBACH, K.F., und SCHAEFER, H.: Begriffsbestimmungen, in: SCHAEFER, H. (Hrsg.): Struktur und Analyse des Energieverbrauchs der Bundesrepublik Deutschland, Gräfelfing/München 1980, S. 10-16.

ENGELMANN, U.: Zur "Dritten Fortschreibung" des Energieprogramms, in: ZfE, o.Jg. (1981), S. 269-272.

ENQUETE-KOMMISSION "ZUKÜNFTIGE KERNENERGIE-POLITIK" DES DEUTSCHEN BUNDESTAGES: Zukünftige Kernenergie-Politik, Teil I und II, Bonn 1980.

FANDEL, G.: Zum Stand der betriebswirtschaftlichen Theorie der Produktion, in: ZfB, 50. Jg. (1980), S. 86-111.

FANDEL, G.: Begriff, Ausgestaltung und Instrumentarium der Unternehmensplanung, in: ZfB, 53. Jg. (1983), S. 479-508.

FATTI, L.P.: Optimal Smoothing of Demand for Industrial Gas, in: The Journal of the Operational Research Society, Vol. 34 (1983), S. 583-590.

FATTI, L.P.: Modelling a Reservoir with Stochastic Outflows - Application to the Optimal Smoothing of Demand for Industrial Gas, in: Operational Research, Vol. 10 (1984), S. 864-873.

FEYNMAN, R.P., et al.: The FEYNMAN Lectures on Physics, 5th printing, Reading/Mass. et al. 1970.

FILIP-KÖHN, R., und HORN, M.: Gesamtwirtschaftliche und strukturelle Auswirkungen der Energieverteuerung und internationaler Energiepreisdifferenzen (DIW-Beiträge zur Strukturforschung, Heft 84), Berlin 1985.

FINSINGER, J., und KLEINDORFER, P.R.: Höchstlast- und Spitzenlastpreisbildung. Ein Vergleich der Strompreise für typische Sonderabnehmer in der Bundesrepublik Deutschland und Frankreich, in: ZfE, o. Jg. (1981), S. 48-55.

FISHBONE, L.G., und ABILOCK, H.: MARKAL, a Linear-Programming Model for Energy Systems Analysis: Technical Description of the BNL Version, in: Energy Research, Vol. 5 (1981), S. 353-375.

GÄLWEILER, A.: Produktionskosten und Produktionsgeschwindigkeit, Wiesbaden 1960.

GÄLWEILER, A.: Energiekosten, Abrechnung der, in: HWRewes, 2. Aufl., Stuttgart 1981, Sp. 463-471.

GARNREITER, F., und LEGLER, H.: Hypothesen über den Zusammenhang zwischen Energieverbrauch und Wirtschaftswachstum und -struktur, Beschäftigung und internationaler Wettbewerbsfähigkeit, ISI-Arbeitspapier, Karlsruhe 1980.

GEIGER, B.: Die Auswirkungen des urbanen Energieumsatzes auf das Stadtklima, in: Gesundheits-Ingenieur, 96. Jg. (1975), S. 156-165.

GEIGER, B.: Rationelle Verwendung neuer Techniken zur Wärmeversorgung privater Haushalte, in: Bayerisches Landwirtschaftliches Jahrbuch, 59. Jg., Sonderheft 2/1982, S. 171-178.

GEISSLER, E.: Energiemodelle: Grundlagen, Methoden und Anwendungen, in: ZfE, o. Jg. (1978), S. 271-282.

GERTHSEN, C., und KNESER, H.O.: Physik, 11. Aufl., Berlin - Heidelberg - New York 1971.

GRENON, M. (Hrsg.): Methods and Models for Assessing Energy Resources, New York 1979.

GROCHLA, E.: Grundlagen der Materialwirtschaft, 3. Aufl., Wiesbaden 1978.

GÜNTHER, H.H., und HOMANN, K.: Planungs- und Entscheidungsprobleme bei der Deckung von Bedarfsspitzen in der Gaswirtschaft, in: ORSpektrum, 6. Jg. (1984), S. 239-249.

GUTENBERG, E.: Grundlagen der Betriebswirtschaftslehre, Bd. 1: Die Produktion, Berlin - Göttingen - Heidelberg 1951.

GUTENBERG, E.: Grundlagen der Betriebswirtschaftslehre, Bd. 1: Die Produktion, 24. Aufl., Berlin - Heidelberg - New York 1983.

HAKE, B.: Eine Alternativ-Strategie für den Unternehmer, in: BdW (hrsg. v. der FAZ), Frankfurt/M., 23. Jg./Nr. 166, 21.7.1980, S. 3.

HALBRITTER, G.: Vektorwertige Optimierung und Standortwahl von großtechnischen Anlagen, in: BILLETER, E., et al. (Hrsg.): Overlapping Tendencies in Operations Research, Systems Theory and Cybernetics, Basel - Stuttgart 1976, S. 169-185.

HAMPICKE, U.: Wirtschaftspolitische Maßnahmen zur Einsparung von Energie in der Industrie, in: MEYER-ABICH, K.M. (Hrsg.): Energieeinsparung als neue Energiequelle, München - Wien 1979, S. 101-200.

HARBOE, R.: Deterministische Optimierungsmodelle für Speichersysteme, in: Wasserwirtschaft, 66. Jg. (1976), S. 221-226.

HAUSER, U., et al.: Der Einfluß des technologischen Fortschritts und der Produktstrukturentwicklung auf den Energieverbrauch der Verarbeitenden Industrie, in: FhG-Berichte, Nr. 4 - 1980, S. 17-22.

HEINEN, E.: Betriebswirtschaftliche Kostenlehre, 5. Aufl., Wiesbaden 1978.

HENNIGER, C.: Wieviel Energie braucht eigentlich mein Unternehmen?, in: BdW (hrsg. v. der FAZ), Frankfurt/M., 23. Jg./Nr. 157, 10.7.1980, S. 3.

HERZ, H., und JOCHEM, E.: Unsicherheiten in der Prognose von Energiebedarfsentwicklungen, in: FhG-Berichte, Nr. 4 - 1980, S. 3-8.

HILLEBRAND, B.: Input-Output-Tabellen für die Bundesrepublik Deutschland 1960 - 1980 (RWI-Papiere Nr. 12), Essen, in Vorbereitung.

HÖCKER, K.H., und UNGER, H.: Simulation des Systems Energie-Wirtschaft-Umwelt für begrenzte Wirtschaftsräume am Beispiel Baden-Württembergs, Stuttgart 1979.

HOFFMAN, K.C.: A Unified Framework for Energy System Planning, in: SEARL, M.F. (Hrsg.): Energy Modeling, Washington 1973, S. 108-143.

HUGEL, G., und DITTRICH, E.: Wirtschaftlich investieren bei energetischen Anlagen, Berlin 1981.

HUGEL, G., und SCHMITZ, H.: Betriebliche Energiewirtschaft, Berlin - Köln 1977.

IHK KOBLENZ UND DÜSSELDORF und INDUSTRIE-KREDITBANK AG - DEUTSCHE INDUSTRIEBANK (Hrsg.): Auswirkungen des Energiepreisanstiegs auf die Kostenstrukturen in der Industrie 1974 - 1979, o.O., o.J.

INTERNATIONAL ATOMIC ENERGY AGENCY: Market Survey for Nuclear Power in Developing Countries, Wien 1973.

INTERNATIONAL ENERGY AGENCY: World Energy Outlook, Paris 1982.

JACOB, H.: Produktionsplanung und Kostentheorie, in: KOCH, H. (Hrsg.): Zur Theorie der Unternehmung, Wiesbaden 1962, S. 205-268.

JETTER, U.: Anleitung zum Erstellen von Material- und Energiebilanzen im Produktionsbetrieb, Frankfurt/M. 1977.

JOCHEM, E., et al.: Entwicklung eines Verfahrens zur Technikfolgen-Abschätzung (TA) mittels dynamischer Simulation am Beispiel eines veränderten Mineralölangebots, ISI-Bericht, o.O., 1976.

KARL, H.-D.: Die Entwicklung des spezifischen Energieverbrauchs der Industrie, in: Ifo-Schnelldienst, Berlin - München, 33. Jg./Nr. 17/18, 24.6.1980, S. 47-57.

KARL, H.-D., et al.: Effizienz der staatlichen Energiesparpolitik, in: Ifo-Schnelldienst, Berlin - München, 36. Jg./Nr. 26/27, 22.9.1983, S. 9-18.

KARRENBERG, R., und SCHEER, A.-W.: Ableitung des kostenminimalen Einsatzes von Aggregaten zur Vorbereitung der Optimierung simultaner Planungssysteme, in: ZfB, 40. Jg. (1970), S. 689-706.

KAVRAKOĞLU, I., und KIZILTAN, G.: Multiobjective Strategies in Power Systems Planning, in: EJOR, Vol. 12 (1983), S. 159-170.

KEMMER, H.-G.: Da gibt es solche Strauchdiebe ..., in: Die Zeit, Hamburg, 37. Jg./Nr. 32, 6.8.1982a, S. 21.

KEMMER, H.-G.: Sie produzierten nur einen Sommer, in: Die Zeit, Hamburg, 37. Jg./Nr. 34, 20.8.1982b, S. 23.

KERN, W.: Aktuelle Anforderungen an die industriebetriebliche Energiewirtschaft, in: Die Betriebswirtschaft, 41. Jg. (1981), S. 3-22.

KERN, W.: Konzepte zur Energiebewirtschaftung in industriellen Betrieben, in: BFuP, 36. Jg. (1984), S. 107-119.

KHAN, A.M., und HOELZL, A.: Evolution of Future Energy Demands till 2030 in Different World Regions: An Assessment Made for the Two IIASA Scenarios, Laxenburg 1982.

KILGER, W.: Optimale Produktions- und Absatzplanung, Opladen 1973.

KILGER, W.: Flexible Plankostenrechnung und Deckungsbeitragsrechnung, 8. Aufl., Wiesbaden 1981.

KREBS, J., und LIGAZZOLO, E.: Prognose der Luftqualität, in: REGIONALE PLANUNGSGEMEINSCHAFT UNTERMAIN (Hrsg.): Lufthygienisch-metereologische Modelluntersuchung in der Region Untermain, Frankfurt/M. 1974, S. 218-232.

KRIEGSMANN, K.-P., und NEU, A.D.: Sektoraler Strukturwandel und Energieverbrauch, in: ZfE, o.Jg. (1980), S. 216-231.

KRIEGSMANN, K.-P., und NEU, A.D.: Substitutionsbeziehungen zwischen den Produktionsfaktoren Energie, Kapital und Arbeit in der Bundesrepublik Deutschland, in: ZfE, o.Jg. (1981), S. 56-67.

LAMBERTS, W.: Wettbewerbsfähigkeit und Energieversorgung, in: Mitteilungen des Rheinisch-Westfälischen Instituts für Wirtschaftsforschung, 33. Jg. (1982), S. 99-111.

LAMBSDORFF, O. GRAF: Dritte Fortschreibung des Energieprogramms der Bundesregierung vom 4. November 1981, in: VIK-Mitteilungen, 30. Jg. (1981), S. 114-119.

LAYER, M., und STREBEL, H.: Energie als produktionswirtschaftlicher Tatbestand, in: ZfB, 54. Jg. (1984), S. 638-663.

LEUSSINK, H.: Wenn das Licht in die Falle geht, in: Die Zeit, Hamburg, 36. Jg./Nr. 50, 4.12.1981, S. 40.

LIMAYE, D.R., und SHARKO, J.R.: Analytical Techniques for Energy Policy Evaluation, in: SEARL, M.F. (Hrsg.): Energy Modeling, Washington 1973, S. 316-368.

MAIER, K.H.: Energieversorgung, betriebliche, in: HWProd, Stuttgart 1979, Sp. 470-488.

MANNE, A.S.: Scheduling of Petroleum Refinery Operations, Cambridge/Mass. 1956.

MANNE, A.S.: Waiting for the Breeder, in: Review of Economic Studies, Vol. 41 (1974), S. 47-65.

MANNE, A.S.: Energy-Economy Interaction: An Overview of the ETA-MACRO Model, in: ROBERTS, F.S., et al. (Hrsg.): Energy Modeling and Net Energy Analysis, Colorado Springs 1978, S. 341-351.

MANNE, A.S., et al.: Energy Policy Modeling: A Survey, in: OR, Vol. 27 (1979), S. 1-36.

MICHAELIS, H.: Die Bedeutung des Strukturwandels im Energiebereich für die Industriebetriebe, Essen 1981.

MICHAELIS, H.: Energiepolitik im weltwirtschaftlichen Zusammenhang, in: ZfE, o.Jg. (1983), S. 14-20.

MICHAELIS, H., und KASPER, K.: Die Arbeit der Enquête-Kommission "Zukünftige Kernenergie-Politik", in: Energiewirtschaftliche Tagesfragen, 30. Jg. (1980), S. 658-667.

MIES, W., und NAUJOKS, W.: Die Reaktion der Unternehmen auf den zweiten Ölpreisschub. Energiekostenentwicklung 1978 - 1980, Ergebnisse einer Untersuchung der IHK Koblenz und Düsseldorf sowie der Industriekreditbank AG - Deutsche Industriebank, o.O., o.J.

MOOZ, W.E.: Projecting California's Electrical Energy Demand, in: SEARL, M.F. (Hrsg.): Energy Modeling, Washington 1973, S. 266-289.

MUELLER, H.F.: Energiewirtschaft, in: HDSW, Bd. III, Stuttgart - Tübingen - Göttingen 1961, S. 210-222.

NEU, A.D.: Substitutionsbeziehungen zwischen Energie, Arbeitskräften und Investitionsgütern in der Bundesrepublik Deutschland, in: Gesellschaft für Energiewissenschaft und Energiepolitik (Hrsg.): Substitutionspotentiale im Energiebereich, Bonn 1982, S. 32-45.

NEU, A.D.: Strukturwandel und Substitutionsprozesse im sektoralen Energieverbrauch, in: ZfE, o.Jg. (1983), S. 47-59.

NEUMANN, F.: Energieverteuerung gewinnt als Investitionsmotiv erheblich an Bedeutung, in: Ifo-Schnelldienst, Berlin - München, 34. Jg./ Nr. 13, 8.5.1981, S. 3-11.

NEWTON, J.K.: Modelling Energy Consumption in Manufacturing Industry, in: EJOR, Vol. 19 (1985), S. 163-169.

OHKUMA, R., et al.: Energy Problems and Energy Control System in the Japanese Steel Industry, in: AIIE Transactions, Vol. 13 (1981), S. 164-174.

O'NEILL, R.P., et al.: A Mathematical Programming Model for Allocation of Natural Gas, in: OR, Vol. 27 (1979), S. 857-873.

O.V.: Der Einfluß des zweiten Ölpreisschocks auf die Wirtschaft der Bundesrepublik Deutschland, in: Monatsberichte der Deutschen Bundesbank, 33. Jg. (1981), H. 4, S. 13-17.

O.V.: Enquête-Kommission des Deutschen Bundestages - Kritik des BDI, in: Der Bundesminister für Forschung und Technologie (Hrsg.): Energiediskussion, Heft 3/4, 1981, S. 30-33.

O.V.: Investitionsimpulse aus der Energieverteuerung, in: Ifo-Schnelldienst, Berlin - München, 34. Jg./ Nr. 3, 26.1.1981, S. 1.

O.V.: Milliarden-Nachteile für die deutsche Industrie, in: FAZ, Frankfurt/M., Nr. 259, 7.11.1981, S. 13.

O.V.: Nippon Kokan verdient noch am Stahl, in: FAZ, Frankfurt/M., Nr. 266, 16.11.1981, S. 17.

O.V.: CWH will Strukturschwächen ausmerzen, in: FAZ, Frankfurt/M., Nr. 27, 2.2.1982, S. 13.

O.V.: Umweltfreundliches Energiekonzept vorgestellt, in: Handelsblatt, Düsseldorf - Frankfurt/M., Nr. 97, 22.5.1985, S. 15.

PACK, L.: Die Ermittlung der kostenminimalen Anpassungsprozeßkombination, in: ZfbF, 18. Jg. (1966), S. 466-476.

PACK, L.: Optimale Produktionsplanung als Entscheidungsproblem, in: ZfB, 40. Jg. (1970), S. 67-90.

PILGRIM, E. v.: Rohstoffpreise bis zuletzt gesunken, in: Ifo-Schnelldienst, Berlin - München, 35. Jg./Nr. 7/8, 15.3.1982, S. 7-12.

POPYRIN, L.S., und SAUER, A.: Die Optimierung von Kraftwerksanlagen bei Ungewißheit der Eingangsinformation, in: Energietechnik, 24. Jg. (1974), S. 231-235.

PORTER, R.W., und MASTANAIAH, K.: Thermal-Economic Analysis of Heat-Matched Industrial Cogeneration Systems, in: Energy, Vol. 7 (1982), S. 171-187.

RAMMNER, P.: "Weg vom Öl" durch Substitution und neue Technologien, in: Ifo-Schnelldienst, Berlin - München, 33. Jg./Nr. 17/18, 24.6.1980, S. 35-46.

RATH-NAGEL, S.: Alternative Entwicklungsmöglichkeiten der Energiewirtschaft in der BRD, Jülich 1975.

RATH-NAGEL, S., und VOSS, A.: Energy Models for Planning and Policy Assessment, in: EJOR, Vol. 8 (1981), S. 99-114.

REICHERT, K.: Fragen zur Verdrängung des Öls durch Kohle im industriellen Wärmemarkt, in: Glückauf, 117. Jg. (1981), S. 1395-1399.

REISTER, D.B., und DEVINE, W.D.: Total Costs of Energy Services, in: Energy, Vol. 6 (1981), S. 305-315.

RHEINISCH-WESTFÄLISCHE ELEKTRIZITÄTSWERKE (Hrsg.): Energieflußbild der Bundesrepublik Deutschland 1981, in: Sachverhalte, 9. Jg. (1983), Nr. 2.

RICHARTS, F.: Energieeinsparung und verbesserte Energieausnutzung im industriellen und gewerblichen Bereich, in: IHK zu Köln (Hrsg.): Energie wirtschaftlicher einsetzen, Köln 1976, S. 73-92.

ROSTEK, H., und VOSSEN, W.: Energiekosten im Griff, in: Energie, 33. Jg. (1981), S. 74-77.

SACHS, L.: Angewandte Statistik, 5. Aufl., Berlin - Heidelberg - New York 1978.

SACHVERSTÄNDIGENRAT ZUR BEGUTACHTUNG DER GESAMTWIRTSCHAFTLICHEN ENTWICKLUNG: Herausforderung von außen - Jahresgutachten 1979/80, Stuttgart - Mainz 1979.

SACHVERSTÄNDIGENRAT ZUR BEGUTACHTUNG DER GESAMTWIRTSCHAFTLICHEN ENTWICKLUNG: Unter Anpassungszwang - Jahresgutachten 1980/81, Stuttgart - Mainz 1980.

SACHVERSTÄNDIGENRAT ZUR BEGUTACHTUNG DER GESAMTWIRTSCHAFTLICHEN ENTWICKLUNG: Investieren für mehr Beschäftigung - Jahresgutachten 1981/82, Stuttgart - Mainz 1981.

SACHVERSTÄNDIGENRAT ZUR BEGUTACHTUNG DER GESAMTWIRTSCHAFTLICHEN ENTWICKLUNG: Gegen Pessimismus - Jahresgutachten 1982/83, Stuttgart - Mainz 1982.

SACHVERSTÄNDIGENRAT ZUR BEGUTACHTUNG DER GESAMTWIRTSCHAFTLICHEN ENTWICKLUNG: Ein Schritt voran - Jahresgutachten 1983/84, Stuttgart - Mainz 1983.

SAKISAKA, M.: A Model for Assessing Long Term Energy Demand in Japanese Economy, Tokio 1973.

SALANT, S.W.: Imperfect Competition in the International Energy Market: A Computerized Nash-Cournot Model, in: OR, Vol. 30 (1982), S. 252-280.

SAMMET, R.: Die Energiesituation in den 80er und 90er Jahren aus der Sicht der chemischen Industrie, in: GEMPER, B.B. (Hrsg.): Energieversorgung, München 1981, S. 243-249.

SAMOUILIDIS, J.E.: Modelling for Energy Policy, in: Omega, Vol. 10 (1982), S. 445-448.

SANDNER, N.: Die Grenzen der mittel- und langfristigen Prognosen des Energieverbrauchs, in: Glückauf, 108. Jg. (1972), S. 1147-1160.

SCHAEFER, H. (Hrsg.): Struktur und Analyse des Energieverbrauchs der Bundesrepublik Deutschland, Gräfelfing/München 1980.

SCHINDLER, H.-G.: Energiewirtschaft (wirtschaftsgeographisch), in: HWB, 3. Aufl., Bd. I, Stuttgart 1956, Sp. 1630-1636.

SCHMITT, D., und SCHÜRMANN, H.J.: Die unterstellte Entkoppelung von Wirtschaftswachstum und Energieverbrauch - keine neue Alternative, in: ZfE, o.Jg. (1978), S. 147-155.

SCHMITT, D., und SCHÜRMANN, H.J. (Hrsg.): Die Energiewirtschaft zu Beginn der 80er Jahre, München 1980.

SCHNEIDER, H.K.: Energiewirtschaft, in: Staatslexikon, 6. Aufl., Bd. IX, Freiburg 1969, Sp. 661-672.

SCHNEIDER, H.K.: Energiewirtschaft, Produktion in der, in: HWProd, Stuttgart 1979, Sp. 488-504.

SCHNEIDER, H.K.: Unternehmenspolitische Folgerungen aus der aktuellen Energieversorgungssituation, in: Die Betriebswirtschaft, 41. Jg. (1981), S. 171-181.

SCHRATTENHOLZER, L.: The Energy Supply Model MESSAGE, Laxenburg 1981.

SCHREYÖGG, G.: Zielsetzung und Planung - Normative Aspekte der Unternehmensplanung, in: STEINMANN, H. (Hrsg.): Planung und Kontrolle, München 1981, S. 105-132.

SCHÜRMANN, H.-J.: Zur "Zweiten Fortschreibung des Energieprogramms", in: ZfE, o.Jg. (1978), S. 33-42.

SEARL, M.F. (Hrsg.): Energy Modeling, Washington 1973.

SELLIEN, R., und SELLIEN, H. (Hrsg.): Dr. Gablers Wirtschafts-Lexikon, Bd. I und II, 9. Aufl., Wiesbaden 1976.

SKEA, J.F.: Switching from Oil to Coal Firing for Steam Raising, in: Energy Policy, Vol. 9 (1981), S. 205-215.

SPILLER, L.N.: The Energy Wolf is still out there, in: Harvard Business Review, Vol. 63 (1985), S. 119-127.

STADLER, F.: Alternativen der industriellen Kraftwerkstechnik, in: Energie, 30. Jg. (1978), S. 105-109.

STATISTISCHES BUNDESAMT (Hrsg.): Fachserie 4 - Produzierendes Gewerbe, Reihe 4.3 - Kostenstruktur der Unternehmen im Bergbau und im Verarbeitenden Gewerbe, Stuttgart - Mainz, versch. Jgge.

STATISTISCHES BUNDESAMT (Hrsg.): Fachserie 17 - Preise, Reihe 2 - Preise und Preisindizes für gewerbliche Produkte (Erzeugerpreise), Stuttgart - Mainz, versch. Jgge.

STATISTISCHES BUNDESAMT (Hrsg.): Fachserie 18 - Volkswirtschaftliche Gesamtrechnungen, Reihe 2 - Input-Output-Tabellen, Stuttgart - Mainz, versch. Jgge.

STATISTISCHES BUNDESAMT (Hrsg.): Fachserie 18 - Volkswirtschaftliche Gesamtrechnungen, Reihe S.8 - Revidierte Ergebnisse 1960 bis 1984, Stuttgart - Mainz 1985.

STATISTISCHES BUNDESAMT (Hrsg.): Statistisches Jahrbuch für die Bundesrepublik Deutschland, Stuttgart - Mainz, versch. Jgge.

STATISTISCHES BUNDESAMT (Hrsg.): Lange Reihen zur Wirtschaftsentwicklung 1984, Stuttgart - Mainz 1984.

STEHFEST, H.: A Methodology for Regional Energy Supply Optimization, Laxenburg 1976.

SYMONDS, G.H.: Linear Programming: The Solution of Refinery Problems, New York 1955.

THE WORLD ENERGY CONFERENCE: Standard Terms of the Energy Economy, Oxford et al. 1978.

TIEDTKE, J.: Die direkten und indirekten Energiekosten in der Industrie, in: ZfE, o.Jg. (1980), S. 148-150.

TINTNER, G., et al.: Ein Energiekrisenmodell, in: Empirica, 2. Jg. (1975), S. 125-164.

TRÖSCHER, H., und LANGE, H.-W.: Ein Modell zur Produktionskostensimulation und langfristigen Ausbauplanung für die Elektrizitätserzeugung, in: Elektrizitätswirtschaft, 75. Jg. (1976), S. 110-116.

UMWELTBUNDESAMT (Hrsg.): UMPLIS - Verzeichnis rechnergestützter Umweltmodelle, Berlin 1978.

VERBAND DER ENERGIEABNEHMER (Hrsg.): Energietips für Einkauf und Betrieb, bearbeitet von BISCHOFF, G., et al., Hannover 1978.

VOSS, G.: Energie, Köln 1981.

VOSS, G., und WARTMANN, R.: Untersuchung von Abschaltstrategien zum Vermeiden von Stromverbrauchsspitzen, in: ZfbF-Kontaktstudium, 29. Jg. (1977), S. 83-90.

WAHL, B., et al.: Technologien zur Einsparung von Energie - Kurzfassung und Erläuterung des technischen Teils -, durchgeführt von FICHTNER Beratende Ingenieure, Stuttgart 1977.

WEBER, H.K.: Zum System produktiver Faktoren, in: ZfbF, 32. Jg. (1980), S. 1056-1071.

WILLIAMS, H.P.: Model Building in Mathematical Programming, Chichester et al. 1978.

WILLMANN, W.: Schlechte Noten für die Energiepolitik, in: Energiewirtschaftliche Tagesfragen, 31. Jg. (1981), S. 192-193.

WOLOBRINSKI, S.D., und SORIN, B.P.: Die Regelung der täglichen Belastungskurven von Industrie- und Verkehrsbetrieben, in: Energietechnik, 26. Jg. (1976), S. 459-461.

ZAPF, R.: Energieeinsparung in der Industrie, in: Fortschrittliche Betriebsführung und Industrial Engineering, 34. Jg. (1985), S. 289-293.

ZIEMANN, W.: Investitions- und Wirtschaftlichkeitsrechnungen in der Elektrizitätswirtschaft, Bochum 1983.

Gesetze, Verordnungen

Atomgesetz in der Fassung vom 31.10.1976, BGBl. 1976, I, S. 3053 ff.

Bundes-Immissionsschutzgesetz vom 15.3.1974, BGBl. 1974, I, S. 721 ff.

Bundestarifordnung Elektrizität vom 26.11.1971, BGBl. 1971, I, S. 1865 ff., in Verbindung mit der 2. Änderungsverordnung vom 30.1.1980, BGBl. 1980, I, S. 122 ff.

Einkommensteuer-Durchführungsverordnung in der Fassung vom 23.6.1982, BGBl. 1982, I, S. 700 ff., in Verbindung mit der Änderungsverordnung vom 7.3.1984, BGBl. 1984, I, S. 385 ff.

Energieeinsparungsgesetz vom 22.7.1976, BGBl. 1976, I, S. 1873 ff., in Verbindung mit dem 1. Änderungsgesetz vom 20.6.1980, BGBl. 1980, I, S. 701 f.

Energiesicherungsgesetz vom 20.12.1974, BGBl. 1974, I, S. 3681 ff., in Verbindung mit dem 1. Änderungsgesetz vom 19.12.1979, BGBl. 1979, I, S. 2305.

Energiewirtschaftsgesetz vom 13.12.1935, RGBl. 1935, I, S. 1451 ff.

Gesetz gegen Wettbewerbsbeschränkungen in der Fassung vom 24.9.1980, BGBl. 1980, I, S. 1761 ff.

Gesetz über Einheiten im Meßwesen vom 2.7.1969, BGBl. 1969, I, S. 709 ff., in Verbindung mit der Ausführungsverordnung vom 26.6.1970, BGBl. 1970, I, S. 981 ff.

Investitionszulagengesetz in der Fassung vom 4.6.1982, BGBl. 1982, I, S. 646 ff.

Technische Anleitung zur Reinhaltung der Luft in der Fassung vom 27.2.1986, GMBl. 1986, S. 95 ff.

Verordnung über Großfeuerungsanlagen vom 22.6.1983, BGBl. 1983, I, S. 719 ff.